U0189913

中国海洋大学教材建设基金资助

海洋调查方法

主　　编　　侍茂崇　　高郭平　　鲍献文

参与编写人员　　陈洪举　　李培良　　李　春

李安龙　　米铁柱　　宋　波

苏　洁　　于华明　　于方杰

朱庆林　　周良明

中国海洋大学出版社

CHINA OCEAN UNIVERSITY PRESS

图书在版编目（CIP）数据

海洋调查方法／侍茂崇，高郭平，鲍献文主编. —青岛：
中国海洋大学出版社，2016.8（2020.2重印）
高等学校海洋科学类本科专业基础课程规划教材
ISBN 978-7-5670-1136-6

Ⅰ.①海… Ⅱ.①侍… ②高… ③鲍… Ⅲ.①海洋调查—
调查方法—高等学校—教材 Ⅳ.①P714

中国版本图书馆CIP数据核字（2016）第080909号

出版发行	中国海洋大学出版社
社　　址	青岛市香港东路23号　266071
网　　址	http://www.ouc-press.com
出 版 人	杨立敏
责任编辑	冯广明　　**电　　话**　0532-85902469
印　　制	青岛国彩印刷股份有限公司
版　　次	2016年8月第1版
印　　次	2020年2月第3次印刷
成品尺寸	185 mm × 260 mm
印　　张	24.25
字　　数	500千
印　　数	1~3000
定　　价	68.00元
订购电话	0532-82032573（传真）

高等学校海洋科学类本科专业基础课程规划教材
编委会

主　　任　吴德星

副主任　李巍然　陈　戈　杨立敏

编　　委　（按姓氏笔画为序）

王　宁　王旭晨　王真真　刘光兴　刘怀山　孙　松

李华军　李学伦　李建筑　李巍然　杨立敏　吴常文

吴德星　张士璀　张亭禄　陈　戈　陈　敏　侍茂崇

赵进平　高郭平　唐学玺　傅　刚　焦念志　鲍献文

翟世奎　魏建功

总前言

　　海洋是生命的摇篮、资源的宝藏、风雨的故乡,贸易与交往的通道,是人类发展的战略空间。海洋孕育着人类经济的繁荣,见证着社会的进步,承载着文明的延续。随着科技的进步和资源开发的强烈需求,海洋成为世界各国经济与科技竞争的焦点之一,成为世界各国激烈争夺的重要战略空间。

　　我国是一个海洋大国,拥有18000多千米的大陆海岸线和约300万平方千米的主张管辖海域。这片广袤海疆蕴藏着丰富的海洋资源,是我国经济社会持续发展的物质基础,也是国际安全的重要屏障。我国是世界上利用海洋最早的国家,古人很早就已从海洋获得"舟楫之便,渔盐之利"。早在2000多年前,我们的祖先就开启了"海上丝绸之路",拓展了中华民族与世界其他国家的交往通道。郑和下西洋的航海壮举,展示了我国古代发达的航海与造船技术,比欧洲大航海时代的开启还早七八十年。然而,到了明清时期,由于实行闭关锁国的政策,我们错失了与世界交流的机会和技术革命的关键发展期,我国经济和技术发展逐渐落后于西方。

　　新中国建立以后,我国加强了海洋科技的研究和海洋军事力量的发展。改革开放以后,海洋科技得到了迅速发展,在海洋各个组成学科以及海洋资源开发利用技术等诸多方面取得了大量成果,为开发利用海洋资源,振兴海洋经济,作出了巨大贡献。但是,我国毕竟在海洋方面错失了几百年的发展时间,加之多年来对海洋科技投入的严重不足,我国的海洋科技水平远远落后于其他海洋强国,在国际海洋科技领域仍处于跟进模仿的不利局面,不能最大限度地支撑我国海洋经济社会的持续快速发展。

　　当前,我国已跨入实现中华民族伟大复兴中国梦的征程,党的"十八大"提出了 "提高海洋资源开发能力，发展海洋经济，保护海洋生态环境，坚决维护国家海洋权益，建设海洋强国"的战略任务。推动实施的"一带一路"战略，开启了"21世纪海上丝绸之路"建设的宏大工程。这些战略举措进一步表明了海洋开发利用对中华民族伟大复兴的极端重要性。

实施海洋强国战略，海洋教育是基础，海洋科技是脊梁。培养追求至真至善的创新型海洋人才，推动海洋技术发展，是涉海高校肩负的历史使命！在全国涉海高校和学科如雨后春笋快速发展的形势下，为了提高我国涉海高校海洋科学类专业的教育质量，教育部高等学校海洋科学类专业教学指导委员会（2013～2017）根据教育部的工作部署，制定并由教育部发布了《海洋科学类专业本科教学质量国家标准》，并依据本标准组织全国涉海高校和科研机构的相关教师与科技人员编写了"高等学校海洋科学类专业基础课程规划教材"。本教材体系共分为三个层次：第一层次为涉海类本科专业通识课：《普通海洋学》；第二层次为海洋科学专业导论性质通识课：《海洋科学概论》《海洋技术概论》和《海洋工程概论》；第三层次为海洋科学类专业核心课程:《物理海洋学》《海洋气象学》《海洋声学》《海洋光学》《海洋遥感及卫星海洋学》《海洋地质学》《化学海洋学》《海洋生物学》《海洋生态学》《海洋资源导论》《生物海洋学》《海洋调查方法》等，将由中国海洋大学出版社陆续出版发行。

本套教材覆盖海洋科学、海洋技术、海洋资源与环境和军事海洋学等四个海洋科学类专业的通识与核心课程，知识体系相对完整，难易程度适中，作者队伍权威性强，是一套适宜涉海本科院校使用的优秀教材，建议在涉海高校海洋科学类专业推广使用。

当然，由于海洋学科是一个综合性学科，涉及面广，且限于编写团队知识结构的局限性，其中的谬误和不当之处在所难免，希望各位读者积极指出，我们会在教材修订时认真修正。

最后，衷心感谢全体参编教师的辛勤努力，感谢中国海洋大学出版社为本套教材的编写和出版所付出的劳动。希望本套教材的推广使用能为我国高校海洋科学类专业的教学质量提高发挥积极作用！

教育部高等学校海洋科学类专业教学指导委员会

主任委员　吴德星

2016年3月22日

前　言

　　海洋是全球生命支持系统的关键组成部分，在全球环境中具有极其重要的地位和作用。海洋是保障社会可持续发展的宝贵物质基础，海洋文明和文化又为人类相互交流、理解、合作，创造了永续的精神财富。海洋调查是人类认识海洋的第一步。

　　海洋调查是以实践作为第一性的科学，是理论发展源泉和检验理论真伪的标准。任何轻视海洋调查的人都会导致研究萎缩和固步自封。海洋科学中里程碑式重大发现都是和前期海洋调查密切相关的。例如，阿尔文潜水器的水下探索，发现一种全新生态系；大洋底地磁和热流测量，导致板块构造理论问世；微体古生物的测量，导致地球古气候重建；大洋钻探导致海洋灾变论产生！凡此种种，都清楚表明，海洋调查是通向海洋科学殿堂的必由之路。

　　作者编著本书的目的，在于传播海洋调查的基本知识。既培养直接从事海洋调查的技术人员，又能以此为基础，使他们成为海洋研究的专家。因此本书在介绍海洋仪器的同时，又重点介绍海洋仪器的正确使用方法；在介绍各种海洋调查方法的同时，又重点介绍正确的站位设置和有效的协调和组织；既介绍常规的资料处理方法，又对一些计算中最容易忽视的问题，做出谆谆善诱的解释。为了提高海洋调查首席科学家决策的科学性，在书又专门增加一章有关调查范例和有效规避风险的内容，讲述保证安全的种种措施。

　　此外，本书除去讲授科学的调查方法之外，还提倡追求真理和献身精神。只有对海洋万千之谜孜孜不倦的探奇之志，对海洋开发充满热爱和献身精神，才能推陈出新。

　　本书共分19章，它们分别为：绪论，海洋调查内容及方式，观测平台，水温观测，盐度观测，海色和海发光，海冰观测，海浪与内波观测，潮汐观测，海流观测，海洋气象观测，海洋化学调查，海洋生物调查，海洋地质、地貌与地球物理调查，海洋声学、光学要素调查，观测实例，各种分析图表的绘制，海洋调查的数据处理，海洋调查方法理论研究。可供大学有关海洋科学专业教材之用，也可以供从事海洋科学工作的中高级技术人员阅读。限于作者水平所限，错误与不当之处在所难免，请读者给予批评指正。

目　录

第一章 绪 论

　　海洋调查是用各种仪器、仪表对海洋中能表征物理学、化学、生物学、地质学、地貌学、气象学及其他相关学科的特征要素进行观测和研究的科学。

　　海洋调查方法是指在海洋调查实施过程中,关于仪器使用、站位设置、资料整理与信息分析的方法和原则。

　　通过海洋调查的科学活动,获取海洋环境要素资料,揭示并阐明其时、空分布和变化规律,为海洋科学研究、海洋资源开发、海洋工程建设、航海安全保证、海洋环境保护、海洋灾害预防提供基础资料和科学依据。

第一节　海洋调查发展简史

一、航海时期

　　史前、上古时期的中国海洋先民,正是通过海上交通建立起大陆与沿海之间、沿海与岛屿之间、岛屿与岛屿之间的联系网络。他们不断向大海挺进,促成了"环中国海"海洋文化圈的形成。

　　秦汉时代是我国海疆开发的重要时期。近海捕捞、海盐生产、航海海路的开辟都进入了一个崭新的阶段。在汉代早期成书的《尔雅》中,记述了20余种鱼的名称,其中海鱼有五六种。东汉许慎的《说文解字》记载各类鱼的名字70余种,海鱼有一二十种。对风力、潮汐、海上天文和气象知识有一定的认识,还利用太阳和北极星作为海上导航的标志。

　　西汉时期,开辟了从徐闻经南海、印度洋到今印度南部、斯里兰卡的航线。人们已能利用"重差法"精确测量海底地形、地貌。东汉的王充,在《论衡·书虚》篇中提出

"涛之起也，随月盛衰"，对潮汐和月亮的关系进行了论述。

唐代李淳风《海岛精算》给出了求海岛高度和与船的距离的方法，这对后世航图的测绘及航程的推算具有深远的影响。唐初开辟"广州通夷海道"，远洋航线延伸到了波斯湾及非洲东海岸。我国最迟在唐代末年已有测深的设备，一种是"下钩"测深，一种是"以绳结铁"测深，测深深度可达到60多尺。

五代十国时期，东南沿海的吴越、闽、南汉、南唐四国向海洋开放。到了宋代以后，中国经济重心南移东倾，东南沿海地区成为向海洋发展的驱动力。明朝永乐三年（1405年）开始的"郑和下西洋"，是传统王朝体制下中央政权经略海洋最为开放的一次。记载海洋地貌最为详尽的是《郑和航海图》，比较准确地绘有中外岛屿846个，并分出岛、屿、沙、浅、石塘、港、礁、映、石、门、洲等各种地貌类型。

中国很早就以风作动力、用帆助航。东汉时，利用季风航海已有文字记载。唐、宋以后，利用季风航海十分广泛。明代郑和7次出海多在冬、春季节，利用东北季风起航；又多在夏、秋季节利用西南季风返航。说明当时的人们已较充分地认识和利用了亚洲南部、北印度洋上风向和海流季节性变化的规律。

与此同时，处于明朝中期的1542年，哥伦布（Columbus Christopher）奉西班牙国王之命，横越大西洋，寻求通往印度之路；1547年，葡萄牙人达·伽马（Vasco da Game），率领船队绕过非洲好望角，循印度洋北上，到达印度，开辟了东方航线。

1615年，在西班牙支持下，麦哲伦（Mogellan Ferdinand）作绕地球的航行，历时三年的艰辛奋斗，但他不幸死在太平洋中一个岛上，而由他的伙伴卡诺（Cano Juan Sebastian del）完成绕航全球一周的创举，用事实证明地球是一个球形，"天圆地方"之说终于被证明是错误的。

十五六世纪，船只远涉重洋，"发现"了北美洲、南美洲，"巡礼"了非洲沿岸，"找到"了印度和其他许多岛屿。于是，把这一时期叫做伟大的"地理大发现"时代，又称为周游世界活动时期。实际上，在东方，我国航海家郑和于15世纪初就曾率领庞大船队七下西洋，其规模之大、声威之猛，都不是"地理大发现"时代所能比拟的。

英国人科克（Cock James）在1768~1779年间进行了三次世界航行，在航行中已经开始注意和航行有关的一些科学考察。第一次航行期间，他在悉尼到托列斯（Tores）海峡一带，测量了水深、水温、海流和风，考察了珊瑚礁，绘制了发现的岛屿与大陆海岸线，以及具有水深、海流、潮流、风的正确海图。但是，作为有目的的海洋科学考察是从"挑战者"（Challenger）开始的。

二、科学调查时期

1831~1836年，英国达尔文（Darwin Charles Robert）在"贝格尔"（Beagle）舰上，作南半球的航行，进行了地质和生物的考察，1859年发表了《物种起源》一书，提出生物进化论，引发生物科学的巨大革命。

"挑战者"号（H.M.S Challenger）是由一艘载重2 000 t的英国军舰改装的。自1872年12月至1876年5月，历时三年多，游弋于太平洋、大西洋和南极冰障附近，全部航程127 650 km，在362个点上进行了测深和生物采集。它还测量了世界各地海域的地磁值；海底地形、海底地质；海洋深层水温的季节变化（首先采用颠倒温度计测温）；发现世界大洋中盐类组成具有恒定性的规律（这是海洋学中一个最基本的发现）；测量了海流、透明度、海洋动植物等，奠定了现代海洋物理学、海洋化学、海洋地质学的基础。

"挑战者"号调查报告问世之后，在当时科学界掀起一阵狂澜。原来，海洋远不是那么单调和简单。这是一个运动的、到处充满生机的浩瀚水界，有许多秘密还未为人所发现。世界各国，争相效仿，海洋调查事业像雨后春笋般发展起来。

1873~1875年，美国"特斯卡洛拉"号（Tuscarora）在太平洋中考察了水深、水温、海底沉积物等，发现了特斯卡洛拉海渊（日本海沟的一部分）。

1874~1876年，德国"羚羊"号（Gazelle）在大西洋、太平洋进行了以海洋物理学为主的调查。

1877~1905年，美国"布莱克"号（Blake）、"信天翁"号（Albatross）在西印度群岛、印度洋、太平洋上进行了以浮游生物、底栖动物以及珊瑚礁为主的调查。

1885~1915年，摩纳哥"希隆德累"号（Hirondelle）、"普伦西斯·阿里斯"号（Pincess Alice）等由赤道至北极圈的大西洋、北冰洋、地中海的海洋物理、海洋生物的观测，发现了新的海洋生物，获得了大西洋的表层海流图，出版了《世界海深图》，还发现地中海深层水流向大西洋等现象。

1886~1889年，俄国"勇士"号（ВИТЯЗЬ）在世界航行中调查了中国海、日本海、鄂霍茨克海。

1889年，德国"国家"号（National）在北大西洋进行了名为"浮游生物探险"的调查，汉森（Victor Andreas Christian Hensen）进行了浮游生物的垂直和水平分布量的研究。

1893~1896年，挪威人南森（Nansen Fridtjof）乘"弗腊姆"号（Fram）在格陵兰、北冰洋进行横断闭合调查，其主要发现有：① 死水现象；② 风海流偏离风向右面30°~40°；③ 记述了北极海流系，其研究结果促使了厄克曼风海流理论的产生。

这一段的海洋调查，虽然只有短短的20年，但是，在海洋学各个领域都有重要发现，对当时各国的政治、军事及经济都有很大的促进作用。同时也暴露了海洋调查中存在的一些问题。例如：当时的调查都是分散地进行，"八仙过海，各显神通"，调查方法不统一，给海洋资料交流带来了很大困难。所以，1901年，北欧诸国召开了国际海洋研究理事会，研究统一调查方法问题，丹麦人柯纽森（Martin Hans Christinl Knudsen）制成供分析盐度的标准海水，并在汉森（Helland Hansen）等人的帮助下，出版了海洋常用表。与此同时，海洋学家深切体会到单船走航式调查太落后了：首先单船的调查能力有限，完成一定海域的调查可能需要相当长的时间；对于某些海域每年只有数个月内有适合开展海洋调查的海况,一旦错过这段时间,调查就会被耽搁。而多船调查时,在调查海域的所有船可同时展开调查,可大大缩短调查所需的时间并大大增加调查资料数量与质量。其次,单船调查的采样点密度受到限制,因此对于小范围的水文现象可能会"漏测",如海流在几十千米的范围内,流向可能完全相反,而且海流还显示出相当大的时间变化。如果采样点过稀,这些水文现象可能会被忽略掉。对于一些大范围短期的海洋水文现象,单船调查一遍,其水文现象前后已发生了变化,对海洋的认识,只能通过少得可怜的数据,加上人为想象才能得出。但是,那时世界正处于多事之秋,要想做到多船多国联合实非易事。只有到了第二次世界大战之后,多国多船联合调查才变为可能。

三、多船联合调查时期

早在1950~1958年期间,美国加利福尼亚大学斯克里普斯(Scripps)海洋研究所发起并主持了包括北太平洋在内的一系列调查,最初由秘鲁和加拿大参加,嗣后又有美、日、苏等十余艘调查船参加。

1957~1958年国际地球物理年(IGY)、1959~1962年国际地球物理合作(IGC)的联合海洋考察,其规模之大是空前的,调查范围遍及世界大洋,调查船有70艘之多,参加国达17个以上。

到了20世纪60年代,海洋调查联合参加国越来越多,其中主要有1960~1964年国际印度洋的调查(IIOE),1963~1965年国际赤道大西洋合作调查(ICITA),1965~1970年(后又延至1972年)黑潮及其毗邻海区合作调查(CSKC)等。其中1960~1964年国际印度洋调查系由联合国教科文组织发起,有13国、36艘调查船参加,是迄今为止对印度洋规模最大的一次调查。1955年由美国加利福尼亚大学斯克里普斯海洋研究所发起并主持的北太平洋联合调查计划(代号:NORPAC),有美、日、苏、加等国的10余艘调查船参加。由于参加调查船为数较多,大大缩短了对一个海域进行调查所需的时间,并大大地增加了调查资料的数量,提高了调查资料的质量。这次联合调查,乃是尔后接着进行的一系列大规模联合调查的先声。

1970年,前苏联应用几十个资料浮标站,五六艘由最新仪器装备起来的调查船,在大西洋东部进行以海流为主的调查,由于浮标阵是按多边形方式布置的,因而这次调查代号取名为"多边形"(POLYGON)。经过半年多的观测,发现在这个弱流区域内(平均速度为1 cm/s),存在着速度达到10 cm/s,空间尺度约为100 km,时间尺度为几个月的中尺度涡旋。

这一发现,立即引起海洋学界的重视。1973年3月至6月间,美、英、法三个国家的15个研究所,利用几十个浮标、六艘调查船和两架飞机组成联合观测网,对北大西洋西部一个弱流海区内,进行了一次代号为"MODE"的大洋动力学实验,观测结果表明,那里也存在中尺度的涡旋。

1986～1992年中日黑潮合作调查，对台湾暖流、对马暖流的来源、路径和水文结构等提出了新的见解，对海洋锋、黑潮路径和大弯曲等有了进一步的认识。

1990年之后，进行了世界大洋范围内的环流调查，即"WOCE"计划，我国承担了116°E～141.5°E、23°N～3°S的广阔西太平洋海域多学科综合科学考察。

热带海洋与全球大气-热带西太平洋海气耦合响应试验，即"TOGA–COARE"调查，旨在了解热带西太平洋"暖池区"（Warm Pool）通过海气耦合作用对全球气候变化的影响，从而进一步改进和完善全球海洋和大气系统模式。其强化观测期为1992年11月1日～1993年2月28日，在热带西太平洋暖池区进行连续四个月的海上外业调查。有19个国家或地区以不同形式参加了此项活动。

四、立体化海洋调查

随着对海洋了解的深入，传统的观测方法已无法满足对许多重要海洋过程在时空尺度上进行有效的采样，不能进行深入的研究。随着卫星遥感技术、水声探测技术、雷达探测技术、各种观测平台技术、传感器技术、通讯技术（包括水声通信技术）和水下组网技术的进步，海洋观测技术向自动、实时、同步、长期连续观测和多平台集成、多尺度、高分辨率观测方向发展，形成从空间、水面、沿岸、水下、海床的立体观测（图1-1-1）。

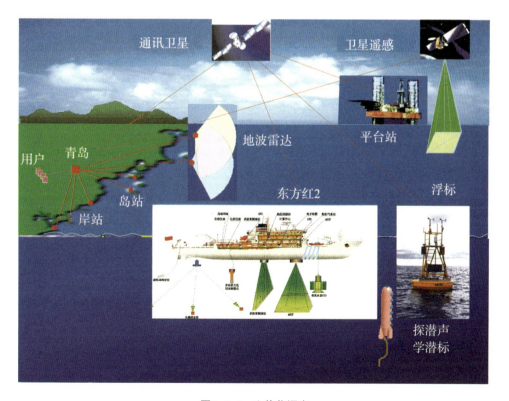

图1-1-1　立体化调查

第二节　全球海洋观测系统简述

一、大尺度气候研究计划

（一）热带海洋与全球大气计划（TOGA-COARE）

TOGA-COARE（Tropical Ocean Global Atmosphere-Coupled Ocean Atmosphere Response Experiment），全称是：热带海洋与全球大气-热带西太平洋海气耦合响应试验。TOGA是1991年以前中美合作项目，在此基础上，经过中、美双方多次磋商，一致认为，TOGA的研究应进一步深入下去。COARE项目即中、美热带西太平洋海气耦合响应试验，于1991年7月在夏威夷达成协议，并经中、美海洋和渔业科技合作联合工作组第十次会议确认。该项目旨在了解热带西太平洋"暖池区"（Warm Pool）通过海气耦合作用对全球气候变化的影响，从而进一步改进和完善全球海洋和大气系统模式。其强化观测期为1992年11月1日~1993年2月28日，在热带西太平洋暖池区进行连续四个月的海上外业调查。有19个国家或地区以不同形式参加了此项活动。此次调查中，由3个卫星系统、7架飞机、14条调查船、31个地面探空站、34个锚系浮标和几十个漂流浮标构成一个立体观测网进行观测。作为双边合作和对国际计划的贡献，中国参加调查的单位有国家海洋局、中国科学院、国家教育委员会、中国气象局等，并派国家海洋局"向阳红五号"、中国科学院"科学一号"、"实验3"号等3艘海洋调查船参加了全过程的观测。随船参加调查的科技人员和船员共300多人作业，调查取得了满意的成果。

（二）世界大洋环流实验（WOCE）

世界大洋环流实验为全球范围内观测和了解海洋各种时间尺度变化及其对全球气候产生影响的全球性试验协作活动。一方面是为了确定全球海洋当前状况和热、水、不溶物质间的交换率，观测整个海区（从海面到海底）的海流、水压、水温、盐度、密度和生物周期内的营养物，以及人类活动引起的如氟、氚-3、碳-14、氟、氯、烷烃等微量气体与化合物等在海洋内部的扩散情况。另一方面了解并建立各个时间尺度内的控制海水与大气交换的水-气过程模式，其中包括：① 对应于短时间尺度的全球能量和水周期试验；② 对应于中时间尺度的热带海洋全球大气试验；③ 对应于研究海洋中铅直循环的、长时间尺度的21世纪气候的预测等。中国参加了该项试验。该计划从1990年开始实施，头五年集中观测，2002年结束。

（三）极地计划

极地计划为以南极区域在全球变化中所起的作用为核心的研究计划，是由国际科学联盟理事会（ICSU）和世界气象组织（WMO）主持的国际地圈-生物圈计划

（IGBP）和世界气候研究计划（WCRP）的重要组成部分。主要内容包括：① 南极海水在全球陆圈和生物圈系统中的相互作用和反馈作用；② 南极冰盖、海洋和陆地沉积物中的全球环境记录；③ 南极冰盖物质平衡和海平面；④ 南极平流层臭氧、对流层化学和紫外线辐射对生物圈的作用；⑤ 南极地区在全球生物地球化学循环和交换中的作用；⑥ 在南极地区监测和探测全球环境变化等。

（四）联合全球海洋通量研究（JGOFS）

联合全球海洋通量研究是研究海洋在碳的全球通量中所起的控制作用对全球气候变暖影响、多学科相互渗透的全球性实验研究计划。1990年召开的联合国海洋研究专门委员会（GOFSC）和全球海洋通量研究委员会（ICSU）的会议通过该项计划。目的是确定和了解控制碳和海洋中相关元素随时间变化通量的全球过程，估计海洋与大气、海底与陆架间的交换量，加强对人类活动引起的、海洋生物地球化学过程的全球规模响应的预测能力，尤其是对气候变化的预测能力。计划共分10部分。中国参加了该项计划。

（五）全球能量和水循环实验（GEWEX）

全球能量和水循环实验是国际科联理事会与世界气象组织，为了研究气候异常、解决长期预报和以减灾防灾、保证粮食生产为目的而设立的世界研究计划。为了执行GEWEX，成立了国际委员会，中国也是这个委员会的一个成员。

二、全球观测系统

（一）GOOS计划

GOOS计划即全球海洋观测系统（Global Oceanography Observational System）。

1. 研究方法

（1）研究气候季节至年际变化，尤其是厄尔尼诺现象。

（2）开展海洋生物资源调查：观测浮游生物的生物量、分布及组成的大尺度变化。

（3）开展海洋环境调查：调查富营养化、水华、赤潮及有机物污染调查。

以上三方法及其物理参数重点在沿海、近海区域集成，进行业务化服务。

2. 研究目的

进行中长期气候预测；发布台风、大风警报——风暴潮及大浪；为港口、湾区的管理提供服务；进行水质监测、赤潮预报；为捕捞、养殖管理提供科学依据；提供海洋旅游条件预报、航线保证和海冰预报；优化海洋工程设计及使用。

该计划提出之后，迅速得到澳大利亚、加拿大、法国、德国、日本、韩国等10多个国家的响应和支持，并已成为全球气候观测系统（GCOS）、全球大洋观测系统（GOOS）、全球气候变异与观测试验（CLIVAR）和全球海洋资料同化试验（GODAE）等大型国际观测和研究计划的重要组成部分，也得到2000年在法国巴黎召开的国际海委会（IOC）认可。

GOOS计划的系统设计就是海洋高技术的大规模集成,包括海洋遥感遥测、自动观测、水声探测和探查技术,以及卫星、飞机、船舶、潜器、浮标、岸站等制造技术,相互连接形成立体、实时的海洋环境观测及监测系统。

(二)近海海洋观测系统(NEAR-GOOS)

许多国家和地区正在陆续制订和执行各自的区域性海洋观测计划,例如美国的Coast Watch计划,德国等国家发展的河口和近海地区的一体化遥控监测系统的MERAID计划。

为了响应GOOS计划,中国、俄罗斯、日本和韩国,又联合组成东北亚区域GOOS计划(North-East Asian Regional GOOS)。即全球海洋实时监测中全球海洋观测系统的东北亚地区性示范系统。中国为该系统参加国、计划的策划者和组织者。数据库是由日本气象局(JMA)运作,它搜集全球气象组织通过远程通讯系统传来的资料,也有日本气象局自己搜集的资料和来自四国的观测资料,这些资料在参加的四国之间可以交换使用。

(三)ARGO计划

全球海洋观测正面临一场新的革命:它将从少量的定点浮标或船只走航的非同步方式,发展到一种由高技术组成的、全新的、自动沉浮的浮标阵系统(简称ARGO全球观测站网——Array for Real-time Geostrophic Oceanography)。这种新型的、沉浮式浮标,如同气象观测中的探空气球,可以获得海水内部不同层次的海流、温度、盐度等资料,从而了解海洋水文的立体特征、空间结构和依时的运动状态。这既是海洋观测方法划时代的革新,又是海洋科学必然的发展方向。

ARGO全球观测系统,是由美国等国家的大气和海洋科学家于1998年提出的。旨在快速、准确、大范围搜集全球海洋上层的海水温度、盐度剖面资料,从根本上解决目前天气预报中对海洋内部信息缺少了解的局面,以提高气候预报精度,防御和减少日益严重的气候灾害(如飓风、龙卷风、台风、冰雹、洪水和旱魃)。

该计划用3~4年时间(2000~2004年),在全球大洋中每隔300 km布放ARGO浮标,总计3 000个,组成全球海洋观测站网。

这种新型沉浮式浮标,每年可在全球提供多达10万个剖面(0~2 000 m水深)的海水温度和盐度资料,如同气象观测中使用的探空气球一样,可以帮助人们了解全球海洋各层的物理状态,也如同气象学上可以画出同时的天气图那样,监视海洋各个时刻的运动状态。帮助人们加深对海洋过程的了解,并揭示海-气相互作用的机理,从而提高对较长周期天气预报和短期气候预测的能力,有效防御全球日益严重的气候和海洋灾害(如台风、龙卷风、冰暴、洪水和干旱以及风暴潮、赤潮和海洋异常现象等)给人类造成的威胁。改善模式的初始场,进一步完善海气耦合模式,提高长期天气预报和短期气候的预测能力,其中包括与ENSO有关事件(如洪水、干旱等)的预报能力和对太平洋十年涛动等的再认识。

第三节 实践是开启真理的钥匙，也是检验真理的标准

实践是开启真理的钥匙，也是检验真理的唯一标准。随着实践不断深入和发展，一些新的理论也就相应地诞生了。

一、阿尔文潜水器的水下探索，发现一种全新生态系

在海洋学界，多数人认为长度不超过7 m的阿尔文潜水器是伍兹霍尔海洋研究所的一个玩具，它的潜水基本上是在作秀，照片刊登在流行杂志上可以增加销量，作为严肃的科学工具就有点力不从心了。但是，1979年，当阿尔文潜水器在加拉帕戈斯群岛外面下潜到3 000 m海底时，意外地发现水温高达350℃以上的热液喷泉，在沸腾的海水中，生活着约30 cm甚至更长的大型蛤类和2~3 m长的管状蠕虫后，生物海洋学家在思维上经历了一次前所未有的震撼：为什么能在如此深度、完全缺少阳光的环境里生活着如此多的生物？是什么营养物质能使这些生物长得如此苗壮？以前总认为，所有形式的生命都要依赖光合作用，依赖有阳光参与的新陈代谢过程。即使是生活在海洋深处阴暗角落的海参，也依赖于从有阳光照射的海洋表面沉降下来的有机物质生存。但是在热液喷泉口地带，动物群落却能靠一种以微生物的硫化氢代谢作用为始点的化学合成过程而生存。于是，一种新的生态系统刺激着每一个人的想象力，改变了我们星球上生命的最早起源的一些传统观点。有人甚至把目光转向火星上的火山岩体，木卫二的具有冰盖的海洋。

二、大洋底地磁和热流测量，导致板块构造理论问世

直到20世纪50年代，对地球成长历史仍然缺乏统一的意见：地球是膨胀的还是收缩的？大陆是漂移的还是固定不动的？争论不休，莫衷一是。

20世纪60年代，斯克里普斯海洋研究所在太平洋上测量洋底岩石中的剩余磁性，发现岩石中磁性条带东西宽度仅有几十到几百千米，而南北方向却长达数千千米。并且以洋中脊作为对称线，两边磁性条带强弱和宽度呈对称分布。洋中脊地质年龄最新，离开洋中脊越远，岩石年龄越老。在大西洋和印度洋都发现类似现象。

继之而来的海底热流通量测量表明，洋中脊处热流最高，而大洋边缘海沟内热流只有洋中脊的1/10。当时就有人预言，这是一个划时代发现，将如启明星那样出现在人类视野的天际。

20世纪60年代初，H.H.赫斯和R.S.迪茨提出了"海底扩张说"：新的洋壳沿着大洋中脊轴部产生，因此这里地壳是最年轻的也是最热的。新的地壳物质在上升过程中不断将老的洋壳推向两边，形成两条巨大的背道而驰的地质传送带，将地壳从它产生的地方运移出去，运移速度每年1~5 cm。

20年代中后期,威尔逊等一大批科学家根据更多的陆地和海底资料,将海洋和陆地的构造运动统一考虑,提出了使地球一元化的全球构造理论——"板块学说"。它认为地球表层的岩石圈被构造活动带分隔成若干个板块,其中最基本的有六大板块,即太平洋板块、欧亚板块、印度洋板块、美洲板块、非洲板块和南极板块,这些板块处在不断的运动中。用板块学说,清晰地解释了地震和火山的分布;精确地预测了生物相关种属的分布和演化模式;正确地勾勒出海底循环的可能途径(洋脊处地壳生成和海沟处地壳消亡)和这种循环引起的海水化学性质的改变。在热液喷泉口的化学合成地区,板块构造理论甚至可以解释生命起源问题。

三、微体古生物的测量,导致地球古气候重建

生物学家利用海洋微体古生物的钙壳和硅壳,研究岩芯的生物地层学。这些岩芯表明,由于某些未知的原因,海洋中碳酸盐的补偿深度是随时间而变化的,海平面也是如此。更进一步研究表明,历史的气候曾经发生过突然的波动,喜暖的到喜冷的海洋浮游生物随着气候也迅速变动,速率之快,不可能用板块漂移(这种漂移速度小得多)到不同的气候带来解释。

然而,生物地层的分辨率太低了,用它不能计算出气候变化速率,也不能建立绝对的全球内在联系。后来,英国海洋地质学家沙克尔顿,以生物地层学为基础,使用高分辨率质谱仪分析井下岩芯重氧同位素(^{18}O)与轻氧同位素(^{16}O)比率的变化。发现这些变化与气候的改变存在着明显的相关关系。

四、大洋钻探导致海洋灾变论产生

这个计划已经在全球大部分海域1 000多个位置取得了海洋沉积物和地壳的岩芯,并验证了一些重要的假说,如海底扩张假说等。它为分辨率不断提高的地质年代表提供了坚实基础,得到了来自深海海底以下包括洋壳的组成和演化方面由其他方法无法获得的数据,使我们可能追溯到1.8亿万年前的更为详细的全球古海洋史。

两个特殊的事件更引起了科学界广泛注意:白垩纪末宇宙火流星与地球撞击和中新世末地中海干涸的事实。火流星事件所依赖的数据一半来自于陆上出露的岩石,一半来自于海上钻探岩芯;而地中海干涸的发现,则几乎完全是深海钻探的结果:在地中海几个凹陷底部存在有盐类矿床,这些矿床只能在浅水盐碱沼泽和卤水海盆中形成。这些发现动摇了地学界中传统渐变论的顽固立场,灾变尽管概率很小,但在历史上确实发生过。

五、卫星遥感出现,导致全球信息的同时覆盖

卫星海洋遥感涉及的电磁波范围包括:可见光、红外线和微波。可见光遥感是利用太阳光源,红外遥感是利用海面热辐射,微波遥感分为海面微波辐射被动源和星载

微波遥感主动源两种。

卫星构成了现代最重要的技术新发明。海洋学家开始是保守的，他们对卫星的重要作用是半信半疑的。1970年，艾普尔专门到斯克里普斯学院和伍兹霍尔海洋研究所寻求海洋学家对SEASAT（美国海洋资源探测卫星）规划的建议和支持。当他提到卫星高度计能够测量动力高度时，一个知名的海洋学家回答说："如果你把那些东西给我，我不知道用它来干什么。"

但是，卫星观测在海洋科学领域却取得了突飞猛进的发展。观测参数包括：海表温度、大气水汽、叶绿素浓度、悬浮质浓度、DOM浓度、海洋初级生产力、海洋光学参数、大气气溶胶、海平面高度、大地水准面、海流、重力异常、海洋降雨、有效波高、波浪方向谱、海面白帽、内波、浅海地形、海面风场、海面油膜、海面污染、CO_2在海-气界面交换等。卫星的工作平台大都在离地面800~1 000 km的轨道上，与传统的船舶、浮标数据相比，大面积同步测量是其重要优点，且具有较高的空间分辨率、多时相、多平台的组合观测，可以满足各种海洋现象变化研究乃至全球变化研究的需求。尽管第一颗海洋专用卫星SEASAT只运行了108天就因电源故障而中断使用，但是在评价这颗卫星的价值时，很多海洋学家认为，它所采集的数据和提供的信息，比以前所获得的观测数据总和还要多。如今，这个数据集覆盖了大部分海洋环境参数和信息，全球大洋非常不充分取样的时代已成为过去。

六、每一种先进海洋仪器问世，都带来深刻的物理海洋学理论革命

(一)声学浮标测流问世，导致赤道潜流的发现

声学浮标，又叫声呐浮标。把这种浮标投到既定水深处，浮标上的水声装置就能把浮标位置发送给海面船只，从而得知浮标向何处漂移。在赤道处船只无法抛锚观测海流的情况下可用漂流声呐浮标，测得赤道潜流，即在赤道附近海域次表层中，位于赤道流之下，自西向东的海流。其流速大于位于其上的赤道流。赤道潜流有三种：① 太平洋赤道潜流（又名"克伦威尔海流"），位于海平面下约100 m深处，厚度约200 m，最大流速达1.5 m/s，流长几乎横跨太平洋。② 大西洋赤道潜流（亦称"罗蒙诺索夫海流"），位于海平面下约70 m处，厚度约200 m，最大流速达1 m/s。③ 印度洋赤道潜流，只有在3~4月间才有微弱出现。

(二)CTD问世，发现了温、盐的阶梯状结构，双扩散理论应运而生

早在20世纪40年代，海洋学者已对海水温度和盐度铅直分布细结构（尺度为1~100 m）进行过研究。原来认为温盐的铅直分布基本是由均匀层和跃层组成，在每个层中温盐变化光滑而连续。但是XBT，CTD，STD等高分辨率快速取样海洋调查仪的使用，证实了在铅直方向除混合层、跃层等较大尺度的结构外，还存在着许多时空尺度较小的复杂结构。其中特别明显的是，在铅直方向上有一系列近乎均匀的水层和较薄的强梯度分层相间叠置的阶梯状结构，强梯度薄层内梯度值比铅直平均的梯度值高2个量级。为解释这种奇特的现象，导致了双扩散理论的产生。

第二章　海洋调查对象、仪器及方式

第一节　海洋调查对象

一、以变化快慢来划分

(一)基本稳定的调查对象

基本稳定的海洋调查对象即被测对象随着时间推移变化过程极为缓慢。例如，各种岸线、海底地形和底质分布等（图2-1-1）。这些牵涉到地球的物质组成、内部构造、外部特征、各层圈之间的相互作用和演变等观测对象，在缺少人为干预的情况下，几年、甚至几十年过程中，都很难看出它们显著的变化。因此，对基本稳定的要素调查，可几年进行一次。

图2-1-1　大长山岛海蚀岸线（韩宗珠供图）

（二）缓慢变化的调查对象

这类被测对象一般对应海洋中的大尺度过程，它们在空间上可以跨越几千千米，在时间上可以有季节性的变化。例如世界大洋环流（图2-1-2），其中典型的有著名的"湾流"、"黑潮"等。黑潮流系是北太平洋的西边界强流，具有流速大、高温、高盐等水文特性。在东经130°以西、北纬30°以南流域，夏季表层水温在28℃~30℃、盐度在33.6~34.5范围内变化，冬季水温在20℃~26℃、盐度在34.5~34.8范围内变化。此外，黑潮的流轴、流核、流量等都有季节性变化。因此，对黑潮的调查，最好进行季节性观测。

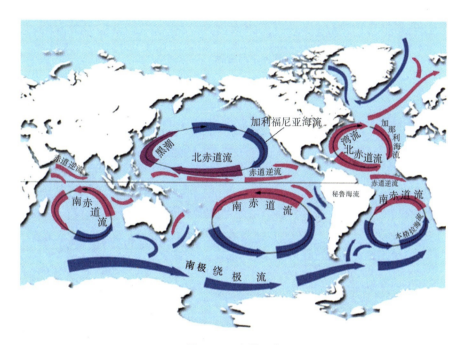

图2-1-2 大洋环流

（三）有显著变化的调查对象

这类被测的对象对应于海洋中的中尺度过程，它们生存的时间尺度在数天至数月之间，占据的空间尺度在数十至数百千米之间。典型的如海洋的中尺度涡，近海的区域性水团等。图2-1-3是用卫星高度计观测的南海中尺度涡。其中左图是2009年11月1日海面中尺度涡分布，右图为11月8日海面中尺度涡分布。在短短的7天中涡形就有了明显变化。

（四）迅变的调查对象

这类被测对象对应于海洋中的小尺度过程。它们的空间尺度在十几千米到几十千米范围，而生存周期则在几天到十几天之间。典型的如入海河口的羽状锋，它随着径流入海的多少、涨落潮流速和流向的变化而变化。

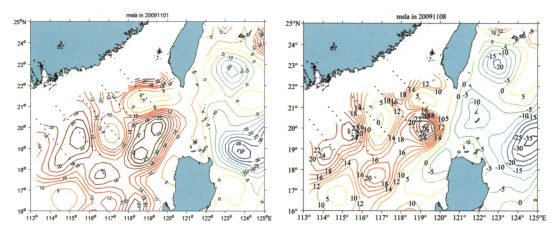

图2-1-3　南海中尺度涡

图2-1-4　黄河口羽状锋（image.haosou.com）

（五）瞬变的调查对象

这类被测对象对应于海洋中的微细过程，其空间尺度在米的量级以下，时间尺度则在几天到几小时甚至分、秒的范围内。典型的如近地面风的脉动，海洋中团块的湍流运动和对流过程等。

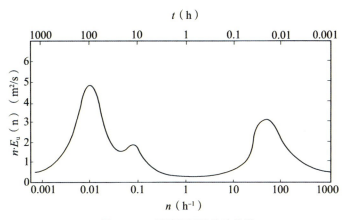

图2-1-5　近地面风速脉动能谱

二、以研究内容来划分

（一）海洋水文要素观测

观测内容：温度、盐度、潮汐、海流、波浪、水色、透明度等。

（二）海洋气象要素观测

观测内容：气温、气压、湿度、降雨量、风速、风向、云量、云状、海气边界层等。

（三）海洋声学观测

观测内容：不同水文条件和底质条件下的声波传播规律；海底对声波传播的影响；海水对声的吸收，声波的起伏、散射和海洋噪声等问题。

（四）海洋光学观测

观测内容：日光射入海洋后，经过辐射传递过程所产生的、由海洋表层向上的光谱辐射场；水中能见度；激光与海水的相互作用；海洋水体的光学传递函数等。

（五）海洋生物调查

（1）按分类系统可分为海洋原核生物界、海洋原生生物界、海洋真菌界、海洋植物界和海洋动物界；按其生活方式可分为浮游生物、游泳生物、底栖生物和寄生生物。

（2）生态系统调查，是指在特定的时间和空间条件下，生物与非生物环境通过物质循环和能量交换所形成的一个相互联系、相互作用并具有自我调节能力的自然整体。非生物成分是生态系统的生命支持系统，生物成分是生态系统的主体。

（六）海洋化学调查

主要内容有以下几方面。

（1）常规的海洋化学要素调查，包括pH、溶解氧及其饱和度、总碱度、活性酸盐、活性磷酸盐、硝酸盐、亚硝酸盐、铵盐、氯化物、总磷、总氮、总有机碳（TOC）、溶解有机碳（DOC）。

（2）海洋污染物调查，包括油类、化学需氧量、生化需氧量、重金属、六六六、

DDT、多氯联苯、狄氏剂、硫化物、挥发性酚、氰化物等。

（3）海水溶解气体，包括二氧化碳、甲烷气、氧化氮、DMS、卤代烃等。

（4）大气化学：大气中的悬浮颗粒、甲基磺酸盐、营养元素等。

（七）海洋地质调查

主要内容有海洋沉积、海洋（海岸、海岛、水下）地貌和海底构造（通过地质、重力、磁力和热流等调查方法等）。

（八）其他

其他还有渔业调查、资源调查等。

三、以研究对象来划分

以研究对象来命名调查的分类法是海洋界最常用的方法，至今为止，不下千个调查都是以此为标准。以下仅举几例说明。

（一）深海钻探计划

美国拉蒙特地质研究所，1964年发起的四国"深海钻探计划"和后来1985年多国"大洋钻探计划"。由于其他地球物理探测技术特别是人工地震技术的发展，除对洋底表层现象外，还对洋底以下较深部分的情况也有了越来越深入的了解。这就导致了完全起源于海洋地质的板块构造假说，于20世纪60年代异军突起，很快就统治了几乎所有的地质界。重力测量业已证实地球内部的密度分布与岩石圈的增生和消亡有关，磁力异常更是板块构造赖以立说的支柱。地震工作证实了洋壳由扩张中心向两侧随着年龄增加而变厚；地热测量同样证实了地热流从扩张中心向两侧变小。

（二）大洋多金属结核调查

多金属结核是分布在水深3 000~6 000 m海底表层的一种矿产资源。它以储量丰富和富含铜、钴、镍、锰、铁等元素而著称。全世界储量约为3×10^{12} t，太平洋占一半以上，尤以中太平洋北部最多。按目前每年的使用量来看，仅太平洋锰储量就够人类使用3万年。美、苏、日、德等国通过太平洋锰资源的勘查，获得了相应开采权。1983年5月，我国的"向阳红16号"开始中太平洋多金属结核调查，1985～1986年由中太平洋迅速扩展到东太平洋一带，用先进技术勘探出数万平方千米的富矿区。1991年5月，联合国国际海底管理局筹委会批准中国大洋矿产资源研究开发协会申请的矿区，即夏威夷东南C—C区7.5万平方千米的多金属结核勘探开发区，从而开创了我国多金属结核和海底热液矿产的调查和开采的新纪元。

（三）南极及南大洋调查

人类早期的南极探险活动可以追溯到17世纪末叶。其根本目的除了寻找未知的南方大陆外，更重要的是为其国家宣布对新发现"疆域"的领土拥有权提供依据。至1959年国际上提出建立《南极条约》体系前，先后有阿根廷、澳大利亚、智利、法国、挪威、英国、新西兰等7个国家宣布对南极大陆的部分领土拥有所有权；其他国家，如美国和俄罗斯等国政府也都宣布保留提出领土要求的权利。

1957/58年的国际地球物理年（IGY）将人类探索南极的300年历史分成了南极探险与南极科学考察两个主要的历史时代。科学考察活动使参加国际地球物理年（IGY）的12个国家，认识到了在南极地区开展旨在解决人类生存环境的全球性大尺度科学问题研究和国际合作的重要性。我国从20世纪80年代才有计划地介入南极及南大洋调查和研究，主要目的：研究东南极冰盖的气候环境记录与全球变化关系；南极地区气候异常和冰区异常过程观测及其对我国气候变化的影响；南极磷虾资源调查和综合开发利用；南大洋关键水团及其输运过程；南印度洋海区碳的生物地球化学通量计算；极区高空大气观测及其对太阳活动的响应等。

（四）北冰洋观测

针对近30年来北极海洋与海冰的变异，研究北极海水结构，海洋环流变化和水体交换过程，海冰结构、厚度和范围的变化及其气候效应，入海径流水体的输运和扩散对海冰、海水稳定度及气候过程的重要作用，指示性化学和生物过程对海洋和海冰变异的响应，北极对全球气候变化的响应与反馈，揭示北冰洋的冰-海-气关键变异过程及其对全球气候变化的贡献。

（五）近海海洋调查

全球一半以上人口居住在离岸100 km以内，我国40%人口居住在沿海11个省、市、自治区；全球鱼类资源的70%，其生命史中栖息地一部分是在近岸或河口；近海占海洋总面积的8%，总体积的0.5%，但是却提供了90%的海洋捕捞生物量；生产几乎所有的海洋油气；为75%~90%河流输出物质（泥沙、营养盐、污染物等）的归宿地。因此，近海海洋调查，是防灾减灾、保障海上交通安全、海洋工程和海岸工程建设、海洋资源开发和海洋经济发展、国家安全等方面必不可少的行为。

1. 海岸带调查

海岸带系指沿海潮间带（海涂）及其两侧一定范围的陆地和浅海的海陆过渡地带，是一种在地理意义和社会意义独具特征的区域。在潮下带，有海湾、岛、屿、沙洲及不同的底质等；在潮间带，有海滩（沙、砾石、滩涂）、岩礁等；在潮上带，有岩壁、丘陵、山地、沙丘、滨海沼泽、退海平原等。由此可见，它是地球上四大自然圈层——岩石圈、水圈、大气圈、生物圈会聚交接的地带。

海岸带蕴藏着丰富的自然资源：生物资源（鱼、虾、贝、藻及其他野生植物）、化学燃料资源（石油、天然气、煤等）、其他矿物资源（砂、砾石、金刚石等）、化学资源（海水、盐、稀有元素等）、动力资源（潮汐能、波浪能等）及旅游资源等。此外，还有大量可供人类开发利用的土地、空间。因此成为人口密集、人类社会活动频繁的地区。

在美国，海岸带调查属于沿岸科学。美国的沿岸科学大致经历了四个发展阶段。从20世纪40年代开始为源起阶段，研究是由个别科学家依照兴趣单独进行的；50年代中期进入基础研究的第二阶段，初步形成了沿岸科学体系；60年代中期进入第三阶段，为集中从事海岸带调查的阶段，政府机构、各大学和私人企业均积极从事海岸带调查,为资源利用提供相关条件。60年代后期进入海岸带开发和管理的第四阶段。

我国大体经历了与美国相同的过程,只是起步时间较晚罢了。自1980年开始的历时7年的全国海岸带和海涂资源综合调查胜利结束,标志着我国对海岸带开发利用进入一个新的历史时期。调查内容有:自然环境要素、资源状况和社会经济条件,具体专业有水文、气象、地质、地貌、海洋生物、海水化学、环境保护、植被、林业、土壤、土地利用、社会经济等。资源状况包括土地资源、生物资源、盐和盐化工资源、矿产资源、海洋能源,以及港口旅游资源等。

2. 海岛调查

海岛是海陆兼备的重要海上疆土,具有丰富的自然资源和特殊的功能区位,对国家政治、经济和国防安全具有极为重要的战略意义。自1988年国务院批准实施中国海岛资源综合调查以来,已于1991年年底完成了海岛调查的海上和陆上的外业调查,实地调查大潮高潮之上面积在500 m以上的海岛4 000个左右,在水文、气象、地质、地貌、海水化学、海洋生物、林业植被、土地利用、环境质量和社会经济等十多个学科的外业调查中获得了丰硕成果。2013年,国家海洋局再次开展2 810个海岛的调查工作,并择机开展三沙其他海岛的调查工作。

第二节 传感器和仪器

一、传感器类型

国家标准GB7665-87对传感器下的定义是:"能感受规定的被测量并按照一定的规律转换成可用信号的器件或装置,通常由敏感元件和转换元件组成。"传感器是一种检测装置,通过它可以满足信息的传输、处理、存储、显示、记录和控制等要求。

可以从不同的角度对传感器进行分类:如根据它们的转换原理(传感器工作的基本物理或化学效应),它们的用途,它们的输出信号类型以及制作它们的材料和工艺等。

根据工作原理,传感器可分为物理传感器、化学传感器和生物传感器三大类。

(一)物理传感器

物理传感器应用的是物理效应。诸如,物体运动的重力与加速度、压力变成弹簧应力、流体运动伯努利效应、压电效应,磁致伸缩现象,离化、极化、热电、热阻、光电、磁电等效应。被测信号量的微小变化都将转换成电信号。

(二)化学传感器

化学传感器包括那些以化学吸附、电化学反应、盐度的导电效应等现象为因果关系的传感器,被测信号量的微小变化也将转换成电信号。

物理传感器中起导电作用的主角是电子,而化学传感器中起导电作用的主角是离子。电子仅一种,而离子种类繁多,故物理传感器简单,而化学传感器复杂多变。

(三)生物传感器

生物传感器是用生物活性材料(酶、蛋白质、DNA、抗体、抗原、生物膜等)与物理、化学传感器有机结合的一门交叉学科,是发展生物技术必不可少的一种先进的检测方法与监控方法,也是物质分子水平的快速、微量分析方法。生化需氧量(BOD)是水质评价过程中最常用、最重要的指标之一。目前国内外普遍采用5日生化需氧量标准稀释测定法,但是这种方法有许多不足之处,例如操作复杂、重现性差、耗时耗力、干扰性大、不宜现场监测。而现在选用一些耐高压的酵母菌作为敏感材料,可以实现对BOD的快速测定。美国研究人员将海豹、海狮、海象、金枪鱼和鲨鱼(总共23种)变成为"海洋传感器",在它们身上固定能通过卫星发送数据的必需装置,生物学家和海洋学家期望用这种方法获得有价值的信息。因此,我们也将它们归于生物传感器。

二、传感方式

(一)点式传感器

点式传感器,感应空间某一点被测量的对象。例如,用水银温度表观测海面温度,悬挂的多层颠倒温度表观测不同层次温度,验潮仪、测波仪、安德拉海流计等都属于这类传感器。美国的海洋地质调查手段,一直向着深、精、直观和综合方向发展。所谓深,就是探测的深度越来越大。所谓精,就是对沉积层、地壳甚至上地幔探测的精度越来越高。所谓直观,就是通过各种仪器和潜艇使海底现象可以直接观察到,并通过深海钻探可以直接取到较老沉积和洋壳资料。

(二)线式传感器

当传感器沿某一方向运动,或者传感器不动,但是传感信号可以穿透一定水层,从而获得某种海洋特征变量沿这一方向的分布,如温盐深自动记录仪(CTD)、ADCP声学传感器等。现在,各种仪器也朝着组合使用和长期连续观测的方向发展。如斯克里普斯海洋研究所的深拖,就是把各种水下仪器,如采样(包括水样和生物样)设备,深度、能见度、温度、差异压力和磁力等测定仪器,照相机、电视、声呐(包括上视、下视和旁视)等设备综合组装于一个能用船拖着走的架子上。在调查船行进时,此仪器系统距洋底很近,可记录并观察到洋底及其附近的许多真实情况。

(三)面式传感器

近代航空和航天遥感器能提供某些海洋特征量在一定范围内的海面(X、Y)上分布。高频地波雷达(HF Surface Wave Radar)是当今国际上海洋观测的先进设备,利用海洋表面对高频电磁波的一阶散射和二阶散射机制,可以从雷达回波中提取风场、浪场、流场等海况信息,实现对海洋环境大范围、高精度和全天候的实时监测。

（四）传感器的发展方向

1. 微型化

微型化传感器具有体积小、重量轻、反应快、灵敏度高以及成本低等优点。其核心技术是研究微电子和微机械加工与封装技术的巧妙结合，期望能够由此而制造出体积小巧但功能强大的新型系统。经过几十年的发展，尤其最近十多年的研究与发展，微机械加工与封装技术已经显示出了巨大的生命力。在当前技术水平下，微切削加工技术已经可以生产出具有不同层次的3D微型结构，从而可以生产出体积非常微小的微型传感器敏感元件。

2. 多功能化

通常情况下一个传感器只能用来探测一种物理量，但在许多应用领域中，为了能够完美而准确地反映客观事物和环境，往往需要同时测量大量的物理量。由若干种敏感元件组成的多功能传感器则是一种体积小巧而多种功能兼备的新一代探测系统，它可以借助于敏感元件中不同的物理结构或化学物质及其各不相同的表征方式，用单独一个传感器系统来同时实现多种传感器的功能。随着传感器技术和微机技术的飞速发展，目前已经可以生产出将若干种敏感元件组装在同一种材料或单独一块芯片上的一体化多功能传感器。

3. 智能化

智能化传感器是指那些装有微处理器的，不但能够执行信息处理和信息存储，而且还能够进行逻辑思考和结论判断的传感器系统。这一类传感器就相当于是微型机与传感器的综合体，其主要组成部分包括主传感器、辅助传感器及微型机的硬件设备。如智能化压力传感器，主传感器为压力传感器，用来探测压力参数，辅助传感器通常为温度传感器和环境压力传感器；采用这种技术时可以方便地调节和校正由于温度的变化而导致的测量误差，而环境压力传感器测量工作环境的压力变化并对测定结果进行校正；而硬件系统除了能够对传感器的弱输出信号进行放大、处理和存储外，还执行与计算机之间的通信联络。

4. 无线网络化

传感器网络综合了传感器技术、嵌入式计算技术、现代网络及无线通信技术、分布式信息处理技术等，能够通过各类集成化的微型传感器协作地实时监测、感知和采集各种环境或监测对象的信息，通过嵌入式系统对信息进行处理，并通过随机自组织无线通信网络以多跳中继方式将所感知信息传送到用户终端，从而真正实现"无处不在的计算"理念。传感器网络的研究采用系统发展模式，因而必须将现代的先进微电子技术、微细加工技术、系统SOC芯片设计技术、纳米材料与技术、现代信息通讯技术、计算机网络技术等融合，以实现其微型化、集成化、多功能化及系统化、网络化，特别是实现传感器网络特有的超低功耗系统设计。

但是，目前，传感器的广泛应用仍面临着一些困难，今后一段时间里，传感器的研究工作将主要是选择灵敏度高的敏感元件，提高信号检测器的使用寿命和传感器的稳定性以及传感器的微型化、便携式等问题。

三、海洋仪器

海洋仪器是观察和测量海洋现象的基本工具。可用于采样、测量、观察、分析和数据处理。传感器并不是仪器,它只是仪器的重要组成部分。只有传感器经过组装,再配以外壳防水、防腐、防压和信息输出等部件后,才能进行实地测量。早在15世纪中叶,便有人研制测量海水深度的仪器,比较简便而又可靠的测温工具是1874年研制出的,随后又设计出埃克曼海流计。20世纪50年代以前,海洋观测主要使用机械式仪器,回声测深仪是唯一的电子式测量装置。60年代以后,海洋观测仪器在设计上大量采用新技术,逐步实现了电子化。海洋观测仪器的电子化,是从单项测量仪器开始的,以后又发展为多要素的综合仪器。

根据目前使用情况,海洋观测仪器可以分为以下几种:

(一)海洋物理性质观测仪器

海洋物理性质观测仪器通常按所测要素分类,例如测温仪器、测盐仪器、测水位仪器、测波仪器、测流仪器、声学仪器、光学仪器。因为海水密度不便直接测定,通常用温度、盐度和压力值计算得到,所以盐度取代密度成为一个必测参数。对海水温度、盐度和压力的观测,20世纪60年代以前只能用颠倒温度表、滴定管和机械式深温计(BT),现在则用电子式盐温深测量仪(STD或CTD)等。船只走航测温常用投弃式深温计(XBT);空中遥感观测海水温度则用红外辐射温度计;岸边潮汐观测使用浮子式,外海测潮采用压力式自容仪,大洋潮波的观测依靠卫星上的雷达测高仪。海浪观测仪器的品种比较繁杂,有各种形式的测波杆,压力式、光学原理的测波仪,超声波式测波仪,近年用得较多的是加速度计式测波仪。海流观测相当困难,或用仪器定点测量,或用漂流物跟踪观测。定点测流是海洋观测中常用的方法,所用仪器有转子式海流计、电磁式海流计、声学海流计等,其中最流行的是转子式海流计。海洋声参数仪器主要用于观测声波在海水里的传播速度。海洋光参数仪器有透明度计和照度计,用以观测海水对光线的吸收和海洋自然光场的强度。

(二)海洋化学性质观测仪器

海洋观测中所用的化学仪器,主要用来测定海水中各种溶解物的含量。20世纪60年代以前,除少数几项可在船上用滴定管和目力比色装置完成外,大部分项目要保存样品带回陆上实验室分析。60年代以后,调查船上逐渐采用船用pH计、溶解氧测定仪,以及船用分光光度计和船用荧光计。近年来船用单项化学分析仪器与自动控制装置相结合,形成船用多要素的自动测定仪器。这种综合仪器还可配备电子计算机,提高其自动化程度。船用化学分析仪器的工作原理大致分两类:一类用传感器(主要为电极)直接测定化学参数;一类通过样品显色进行光电比色测定。目前,海水中的各种营养盐靠比色仪器测定,pH值、溶解氧、氧化-还原电位等利用电极式仪器测定。

（三）海洋生物观测仪器

海洋生物种类繁多，从微生物、浮游生物、底栖生物到游泳生物，相应有不同的观测仪器。海水中的微生物需采样后进行研究，采样工具有复背式采水器和无菌采水袋。浮游生物采样器主要有浮游生物网和浮游生物连续采集器。底栖生物采样使用海底拖网、采泥器和取样管。游泳生物采样依靠渔网，观察鱼群使用鱼探仪。海洋初级生产力的观测，除利用化学仪器测营养盐，利用光学仪器测定光场强度之外，还用荧光计测定海水中的叶绿素含量。为了观察海洋生物在海中的自然状态，需要利用水中摄像，有时还得使用潜器。潜器可使人们在海底停留较长时间，是观察海洋生物活动情况的良好设备。

（四）海洋地质及地球物理观测仪器

底质取样设备是最早发展的海洋地质仪器，分表层取样设备与柱状取样设备两类。表层取样设备又称采泥器，有重力式采泥器、弹簧式采泥器和箱式采泥器，其中箱式采泥器能保持沉积物原样。底质柱状采样工具有重力取样管、振动活塞取样管、重力活塞取样管和水下浅钻，还有一种靠玻璃浮子装置使柱状样品上浮的重力取样管称为自返式取样管。结合底质取样，还可进行海底照相。回声测深仪是观测水深、地貌和地层结构最常用的仪器，又称地貌仪，安装在船壳上或拖曳体上，可以观测海底地貌。利用声波在海底沉积物中的传播和反射测出地层结构。海洋地球物理仪器有重力仪、磁力仪和地热计等。

第三节　施测方法

20世纪80年代以来，海洋观测呈现"多元化、立体化、实时化"的发展趋势。例如，我国西沙观测系统就包括自动气象站、岛屿外缘坐底式海底和海底边界层观测子系统、生物捕获器、西沙上层海洋环境观测子系统和海洋光学监测子系统等。显然在这一节中我们是无法全面讨论的，至于施测方法中包括仪器的精度要求、校正方法等内容，也将由其他章节来完成，这里只就调查船的常规调查方法作一论述。

一、随机观测

所谓随机观测，就是非专业性调查船，在执行自己主体任务过程中，如运输、捕捞等，顺路对一些海洋科学要素进行测定。这是海洋部门为广泛搜集现场资料，按统一要求组织的一些常规的、不定期的海洋观测活动，其内容偏重于海洋水文与气象。

（一）由商船和渔船的航路观测

我国选择了大约120艘商船装备自动观测仪器，进行志愿船测报工作，主要进行表层海水温度,以及海面上空气温、气压、湿度和风速风向的观测。其中,对在航率高、船舶性能好和主要在国内航线上航行的30艘志愿船装备了海事卫星通信设备,在青岛、上海和广州建立了三个海事卫星接收站,实现了观测数据的卫星通信。其他志愿船仍由船上通信部门向岸台传输数据。三个海区的船舶测报管理站负责非实时志愿船测报数据的搜集、处理、存档及通信工作。

表2-3-1　志愿船测报系统的测量要素、测量范围、测量精度

测量要素	测量范围	测量精度
风速	0 ~ 75 m/s	当$V \leqslant 5$ m/s时:±0.5 m/s 当$V > 5$ m/s时:±10%×读数
风向	0 ~ 360°	±10°
气压	150 ~ 1 050 hPa	±1 hPa
气温	−25℃ ~ +45 ℃	±0.2 ℃
相对湿度	0 ~ 100%	当相对湿度≤50%时:±5% 当相对湿度>50%时:±2%
表层水温	−4℃ ~ +35 ℃	±0.5 ℃

一些渔船在捕鱼过程中也附带温度和盐度观测,国外的商船还安装ADCP进行海流观测,如图2-3-1所示。

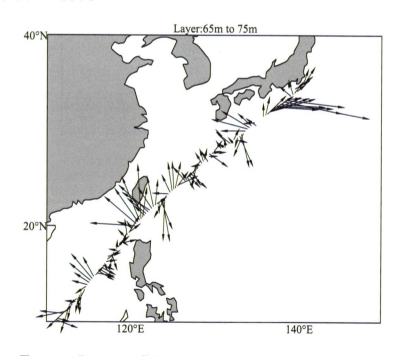

图2-3-1　"First Jupiter"号1997年4月6 ~ 12日走航观测的65 ~ 75 m流速

（二）调查船走航观测

严格来说，调查船走航观测，由于走航路线的不确定性，也属于随机观测。走航观测是极地考察的一个重要组成部分，通过走航观测可以获得跨越多个纬度的海洋生物、海洋化学、海洋物理、大气等学科数据，有助于科研人员进行系统的对比研究。例如，南大洋调查，从澳大利亚弗里曼特尔起航后，航路的选择，就成为船长智慧的体现，他要根据前方气旋和波浪预报，根据南极极锋线之南、特别是南极大陆周边冰况，来选择最佳航线（图2-3-2）。最佳航线无疑是从弗里曼特尔沿110°E直插南极，但是多数情况下是无法实现的。其原因之一是天气，根据天气预报，预定航线上将有大的气旋出现，这时为了避开危险天气，只好斜航至中山站，节约时间，避开旅途风险；原因之二，直航到南极大陆边缘然后西进，水域多冰山和厚冰，船也要冒一定风险。

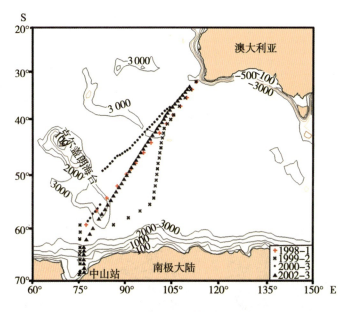

图2-3-2　南大洋走航面观测站位

二、非随机观测

除去随机观测方法之外，其他观测都是非随机观测，最典型的就是岸边台站观测、锚定浮标观测和船只观测。船只观测方法有三：大面观测、断面观测和连续观测。

（一）大面观测

为了解一定海区环境特征（如水文、气象、物理、化学、地质和生物）的分布和变化情况，以及彼此间的联系，在该海区设置若干观测点，隔一定时间作一次巡回观测。每次观测应争取在最短时间内完成，以保证资料具有较好的代表性。为此，一般船只到站不抛锚（流速大例外），一次性观测完成后，即向下一站航行。观测时的测点称为

"大面观测站"。

按其操作方式又可分为走航式、投弃式、自返式、拖曳式等。投弃式仪器使用时将其传感器部分投入海中，观测的数据通过导线或无线电波传递到船上，传感器用后不再回收。自返式仪器观测时沉入海中，完成测量或采样任务后卸掉压载物，借自身浮力返回海面。拖曳式仪器工作时从船尾放入海中，拖曳在船后进行走航观测。

（二）断面观测

在调查海区设置由若干具有代表性的测点组成的断面线，沿此线由表到底进行观测。设置方式有固定式（设置在海岸边、岛屿和灯塔上）、浮动式（设置在船舶或浮动平台上）。按观测规范或特殊要求的观测方式定时进行水文和气象观测，并按规定时间将观测的水文气象要素报告水文气象中心。

同样，在调查海区内设置由若干个具有代表性的测点所组成的断面线，沿此线由表到底进行的季度观测，也属于定点观测。这是为进一步探索该海区各种海洋要素的逐年变化规律所采用的一种观测方式。每次观测都要在既定点上进行。这里所说"季度观测"，即在冬、春、夏、秋的代表月2、5、8、11月各进行一次水文、化学和生物要素的观测，至少要进行冬、夏季代表月的观测。其目的是对测区的主要海洋现象，实施长期调查观测，以了解和掌握其相互关系和变化的基本规律，为生产、科研、军事、预报和环境保护等部门提供海洋基础资料。中国近海海洋水文标准断面调查自1960年1月至1962年年末，由中央气象局在渤海、黄海、东海3个海区布设20条调查断面，进行每月一次的标准断面调查。1966年1月以后，由国家海洋局负责组织实施中国近海标准断面调查。1975年4月至1980年年末，国家海洋局在渤海、黄海、东海和南海4个海区布设26条标准断面，进行每月一次的标准断面调查。1986年1月改按新方案实施中国近海海洋水文断面调查，确定在4个海区共设14条调查断面，其中，渤海1条、黄海4条、东海5条、南海4条，并由每月调查改为2、5、8、11月的季度调查。

（三）连续观测

为了解水文（特别是海流）、气象、生物活动和其他环境特征的周日变化或逐日变化情况所采用的一种调查方式。在调查海区选具有代表性的某些测点，按规定的时间间隔连续进行25个小时以上的观测。观测项目包括海流、海浪、水温、盐度、水色、透明度、海发光、海冰、气象、生物、化学、水深和研究所需的特定项目等。观测时的测点称为"连续观测站"。

（四）漂流观测

为了取得海流运行的拉格朗日轨迹，可以释放自由漂移浮标，这些系统有的十分先进，可在海上工作达一年以上；有的结构简单，工作寿命短；有的甚至是投弃式的。自由漂流浮标使用比较先进的通讯技术，因此，在表层和次表层海流轨迹的获取中得到广泛应用。如果依靠卫星数据传输系统，我们还可以实时地获取全球浮标资料。有的漂流浮标，不仅随流运动，而且可以下潜到深层，测得垂线上的温、盐资料，再次浮到海面上时，将数据发送到通讯卫星上，传输到地面站。

第三章　观测平台

　　海洋观测与其他观测的最大不同是海洋观测的实现必须搭载测量传感器的观测平台，没有平台就不能实现观测。而观测平台的特征决定了观测的方式和方法，例如传统的浮标、潜标这种系留式平台，实现的是海表层或海水中的定点观测。现代又发展成沿系留缆垂直上下移动的系留式升降平台，可实现定点垂直剖面观测。海床基这种固定式平台，实现的是海底定点观测。现代大量涌现的移动式平台，包括拖曳式、AUV、滑翔器、漂流浮标、剖面漂流浮标等，可实现自动或随动的水平扫描、垂直扫描或者任意形状扫描式的观测。被观测要素的主要特征也对观测平台提出特定的要求，例如矢量参数的测量对平台自身稳定性有较高的要求，而对同一观测要素其观测方法不同，对平台的要求也不相同，例如测量波浪，在浮标上测量波浪要求浮标V的随波性要好，而用声学方法测量波浪，则要求平台稳定性要高。海洋观测平台不仅要满足观测的要求，还要抵抗恶劣的海洋环境，甚至是人为的破坏。

第一节　岸基观测平台

　　岸基台站观测是指在沿岸或石油平台设站，作为固定式的海洋观测平台，对沿岸海域的水文气象环境进行观测，或对环境质量进行监测。岸基台站是我国海洋环境监测网的主要组成部分，发展岸基台站观测技术是发展我国海洋观测技术的重要内容。

一、海洋台站观测

　　目前我国建在沿海（部分建在河口）的海洋观测站有130多个，一部分为水利部门、交通部门和地质部门所有，它们大多为潮位站。而同时进行海浪、温盐、气象等多要素观测的站，约有60个，主要为国家海洋局所有。其分布现状见图3-1-1、图3-1-2

和图3-1-3。水文观测在以潮位观测为主的基础上，增加了海浪、海发光、表层海水温度、密度、盐度等的观测；气象观测项目有气温、气压、湿度、风向风速、云、能见度、天气现象、降水、蒸发等要素。1961年起，增加海冰要素的观测。1995年7月1日起，根据（GBT14914-2006）《海滨观测规范》，取消云和天气现象要素的观测。

岸基台站观测仪器设备主要有：SCA222型压力式无井验潮仪、浮子式数字记录有井验潮仪、空气声学水位计、声学测波仪、加速度计式遥测波浪仪、自动测风仪、感应式实验室盐度计、电极式实验室盐度计、pH计、DO测定仪、ZQA型海洋水文气象自动观测系统等。

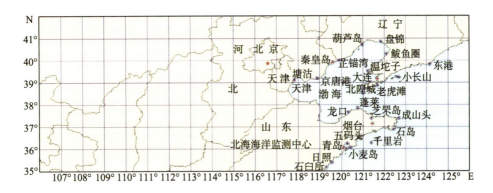

图3-1-1 海洋局北海观测站分布

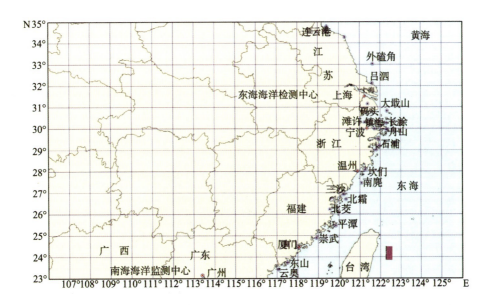

图3-1-2 海洋局东海观测站分布

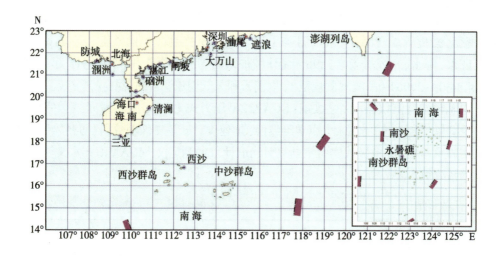

图3-1-3　海洋局南海观测站分布

二、石油井架观测

固定平台最常见的就是海上石油平台,其抗风浪能力是其他观测平台所不能比拟的。因此,国内利用石油平台观测海流是很常见的现象。但是,从图3-1-4中可以看出这种观测方法存在诸多问题:为了安全和方便,仪器通常悬挂在平台边缘,粗大的石油平台立柱,无疑会改变水流的方向,同时也影响水流速度。加之,平台的立柱是钢结构,海流计的方向传感器是磁铁式结构,在地磁场中钢柱是带磁性的,这种磁性要远强于海流计中感应方向的铁磁体,从而改变了铁磁体的正确方向。笔者分析了渤海石油平台中7个悬挂海流计的观测结果,发现石油井架观测的海流资料与同步的船测资料是有很大差别的。

图3-1-4　石油井架

第二节　船基观测平台

海洋调查船是最具代表性的船基观测平台。

一、调查船的优势

调查船是用于海洋科学调查、考察、研究、测量或勘探的专用船舶和其他海洋运载工具,设有专用实验室及仪器、设备。利用船舶作活动平台进行海洋调查和观测是海洋调查观测技术发展的重要方面,是建设海洋环境立体监测网的重要内容。

同一般船只相比,海洋调查船的主要特点是:

(1)装备有执行考察任务所需的专用仪器装置、起吊设备、工作甲板、研究实验室和能满足全船人员长期工作和生活需要的设施,要有与任务相适应的续航力和自持能力。

(2)船体坚固,有良好的稳定性和抗浪性。

(3)具有良好的操纵性能和稳定的慢速推进性能。海洋调查船经济航速一般为12~15节,但常需使用主机额定低速以下的慢速进行测量和拖网。大多采用可变螺距推进器或柴电机组解决慢速航行问题。为了提高操纵性能,大多在船首与船尾安装侧向推进器,或者安装"主动舵",或者两者兼有。

(4)具有准确可靠的导航定位系统。现代海洋调查船多装有以卫星定位为中心,包括欧米伽、劳兰A/C和多普勒声呐在内的组合导航系统。该系统使用电子计算机控制,随时可以提供船位的经纬度,精确度一般为±0.1海里,最佳可达±0.4 m。

(5)具有充足完备的供电能力。船上的电站要能提供满足工作、生活的电气化设备,精密仪器,计算机等所需的电力,以及不同规格的稳压电源。

图3-2-1　"东方红2"号调查船

二、 调查船分类

海洋调查船按其调查任务可分为综合调查船、专业调查船和特种海洋调查船。

（一）综合调查船

在综合调查船上，仪器设备系统可同时观测和采集海洋水文、气象、物理、化学、生物和地质基本资料和样品，并进行数据整理分析、样品鉴定和初步综合研究（如图3-2-1）。

（二）专业调查船

专业调查船船体较综合调查船小，任务单一。常见的有海洋水文调查船、海洋地质调查船、海洋气象调查船、海洋渔业调查船、海洋水声调查船、海洋气象调查船、海洋地球物理调查船、海洋渔业调查船和打捞救生船。

（三）特种海洋调查船

其中有：航天用远洋测量船，接收卫星或宇宙飞船等太空装置发来的信号，并可向太空装置发布指令等；极地考察船，船体特别坚固，具破冰行驶能力和防寒性能；深海钻探船（如图3-2-2）。

图3-2-2　中国极地考察船"雪龙"号

第三节　浮标和潜标

一、海面锚系浮标

将一艘船长时间抛锚在海里观测，显然是不经济的。因此锚定浮标测流逐渐取代有人的船只。其方法是将观测仪器安置在一个浮标体中，浮标既是海流计的载体，又是小型气象站和数据传输的工具（图3-3-1）。

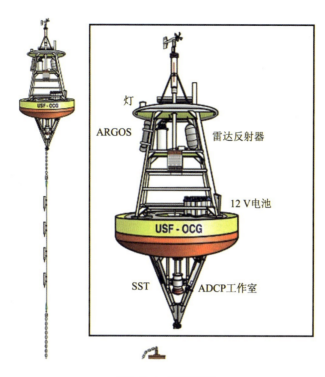

图3-3-1 锚系浮标

浮标观测站有固定式、自由漂浮式等，其中以锚定在海上的观测浮标为主体。而自由漂浮式浮标能随波逐流，可测量不同位置的海洋要素，并且其漂流的轨迹反映了海流情况，因此，现在广泛应用在大洋。

安置在浮标体内ARGOS系统，是全球定位和数据采集系统。可以为分布在地球周围，包括海洋、陆地和空中的数千个活动及固定平台进行定位并完成数据采集的工作，然后将采集的数据传递到岸站的资料接收和处理中心，再分发到用户。当然，这种将观测、传输集于一身的锚系浮标，费用自然不菲，通常在近岸情况下，只用小型测流浮标作为浮动载体，仪器取放、安全监控都由人工完成，这样费用就可大大降低。

山东省科学院仪器仪表研究所研制的小型锚泊海流观测浮标，适合于水深小于50 m的沿海港口、近海渔场、海水养殖基地等近海海域工作（图3-3-2）。该浮标可搭载海流传感器（如电磁海流计或安德拉海流计）进行海水流速、流向与水温监测，并可扩展测量小于8 m的波高与波向参数。浮标每隔1小时（或设定时间）向岸站自动传输测量数据。浮标采用小型太阳能电池与蓄电池混合供电，保证了浮标长期在位运行的供电需要；采用PRS/CDMA通信方式；浮标内壳体及外部支架均

图3-3-2 小型锚系浮标

为全钢结构；浮标外围浮体采用高强度成型泡沫塑料，表面为高耐磨弹性体保护层；锚系采用高强度尼龙缆、锚链与锚的组合方式，具有重量轻（100 kg）、能在恶劣天气下很好工作的特点（风速<35 m/s）。

（一）浮标观测站特点

1. 全天候

它能按规定要求长期、连续地为海洋科学研究、海上石油（气）开发、港口建设和国防建设收集所需海洋水文气象资料，特别是能收集到调查船难以收集的恶劣天气及海况的资料。而调查船作业只能在适宜海况下进行。

2. 连续工作

这是调查船做不到的，调查船能在到达观测点时，停船作业，这样不断地停留观测，测量速度慢，所得到的数据离散、非同步、有限。

（二）锚系浮标研究建站

随着科学技术的进步，浮标的自动化水平、通信能力、可靠性、工作寿命都越来越高。近几年，海洋资料浮标技术向多参数、多功能及立体监测方向发展，其进展主要表现在以下几个方面。

1. 新技术、新材料的广泛使用

浮标体采用铝、泡沫塑料或玻璃钢混合结构，重量轻，布放和回收方便，新研制的螺旋形弹性系留索具有高强度、高弹性、螺旋形伸缩、能通电等优点，可从水面向水下仪器供电，又能将水下仪器的观测数据送回平台进行储存和遥测。

2. 多参数

除资料浮标通常用的气象水文传感器外，增加了其他测量传感器如光辐射传感器、生物光学传感器、温度传感器、电导率传感器、ADCP等，增强了功能。

3. 先进的数据采集和通信系统

实现水面和水下环境参数的立体监测与数据的实时传输；利用低轨地球通信卫星，实现浮标遥测遥控指令和数据的双向传输，使浮标发出的信息量大幅度提高，同时可将岸站的遥测遥控指令通过卫星传送到浮标上，使浮标在受控条件下全天候和全天时作业。海洋资料浮标在海洋动力环境监测、海洋污染监测、卫星遥感数据真实性校验、水声环境监测、水声通讯和水下GPS定位等方面正发挥着越来越重要的作用。

一般来说，全项目的海洋浮标分为水上和水下两部分。水上部分装有多种气象要素传感器，分别测量风速、风向、气压、气温和湿度等气象要素；水下部分有多种水文要素的传感器，分别测量波浪、海流、潮位、海温和盐度等海洋传感要素。各传感器产生的信号，通过仪器自动处理，由发射机定时发出，地面接收站将收到的信号进行处理，就得到了人们所需的资料。有的浮标建立在离陆地很远的地方，便将信号发往卫星，再由卫星将信号传送到地面接收站。

二、潜标

为了减少浮标和仪器的损失，在深海大洋中，通常使用潜标观测海流（图3-3-3）。图中支持整个观测系统的浮标，位于水下100 m，海流计和温盐传感器位于500 m以下，观测系统锚定于水下3 000 m。

潜标系统的主要关键技术包括系留技术、应答释放技术、定位和寻找技术、布放回收技术、防护技术等。机械故障是释放器失效的主要形式之一。在深海高被压状态下，耐压密封及防腐性能良好的释放结构是大深度释放器可靠工作的基础。设计动作灵活、可靠，同时结构紧凑、体积小的释放机构也是释放器研制的难点之一。另外，水声换能器也是实现声学指令传输的关键部件，必须通过优化换能器结构设计，筛选换能器压电陶瓷及封装材料、填充介质，提高换能器在工作带宽、接收灵敏度、发射声源级、发射与接收指向性、耐压性能等方面的技术指标。潜标系统常用的电池有铅酸电池和锂电池，另一种是海水电池。如我国自行研发的铝海水电池以水中溶氧作为氧化剂，使铝不断氧化而产生电流。有很高的能量比和性能价格比。发电量受外界影响小，可以在海洋中的任何深度使用。

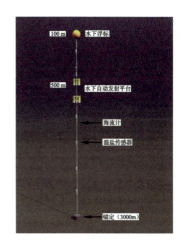

图3-3-3　潜标测流

三、坐底式潜标

海床基是放置在海底的观测系统，主要采用各种仪器探测海底附近的海洋参数，还可以采用声学仪器测量海洋的剖面参数。它是为进行深海观测而发展起来的一种调查辅助设备。可以长期放于海底或大洋底部进行连续观察的三脚架系统，可以根据不同目的进行不同设计。如为了研究多金属结核生成与洋底所发生的化学与生物过程之间的关系，特研制了一种能够放在洋底的很大的三脚架形组合仪器系统，这种仪器组合可在洋底6 000米水深处放置一年。为了查明海底沉积物的运动过程，也设计了一种三脚架，可放于海底进行为期半年的连续观测。

为了回收，海床基系统有声学释放装置。以美国为首的西方国家近几年比较重视水下长期无人监测站的建设，相继建成了多个深水和浅

图3-3-4　坐底ADCP观测方式

水海底观测站, 主要用于长期监测海洋生态系统环境变化的趋势。

在浅海中, 通常使用坐底式ADCP观测全层海流。例如, AWAC 1MHz ADCP、WHS 600 kHz ADCP都是适合几十米水深测流的。坐底式测流有许多方式, 但是, 大多是小异而大同。图3-3-4给出的两种方式, 基本概括了当前经常使用的形式: 第一种, ADCP海流计和锚系装置分开, 这样可以避免上层浮标的晃动对ADCP的影响; 第二种, 是表层标识浮标, 直接系于ADCP顶端环扣, ADCP下端通过重物沉于海底, 简化了观测装置。

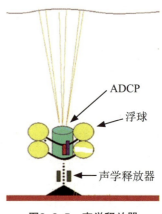

图3-3-5　声学释放器

有的为了避免人为破坏, 表层浮标沉没于水下, 到观测结束, 专用船只到释放地点, 用特定频率的超声波作用于ADCP下端声学应答器 (图3-3-5)。这个应答器接收到船上的超声波信号之后, 与下面重物脱钩, 在浮标的浮力作用下, 浮出水面。在20世纪80年代, 声学应答器不能顺利运行的竟有30%, 使用者在释放仪器之后, 内心总是有些担心。

四、漂流观测

漂流浮标是随着全球定位和卫星通信技术的进展而发展起来的一种十分有效的大尺度海洋环境监测手段。近年来, 漂流浮标技术的进展主要表现在以下几个方面:

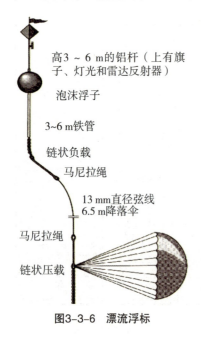

高3～6 m的铝杆 (上有旗子、灯光和雷达反射器)

泡沫浮子

3~6 m铁管

链状负载

马尼拉绳

13 mm直径弦线
6.5 m降落伞

马尼拉绳

链状压载

图3-3-6　漂流浮标

(一) 漂流浮子

浮标法测流最简单的方法是采用一块木头或装有少量水的瓶, 在木头上或瓶口上插小旗作为标志, 利用手表测定浮标通过在海湾或河流中相距一定距离的两点的时间即可求出流速。利用上述方法只能测出表层的流速。如要测深层水的流速, 就需使用下面这个装置 (图3-3-6): 降落伞状篷布或塑料, 放在要观测的深度, 在海流作用下, 张起篷头, 拉着浮子和浮子上的标识物一起运动。在不同时间用GPS定出浮标的不同位置, 就可以求出漂流速度。由于海面塑料泡沫浮子, 半沉浮于海面, 受力很小, 垂直系绳和铁管受海流作用的力更是微乎其微, 主要受力载体则是降落伞状拖曳体。因此, 流速主要反映伞状物所在深度的真实情况。

漂流浮子真正成为海洋水文观测工具是在20世纪

70年代以后。它利用ARGOS（卫星定位与数据传输）系统定位及传输数据，这才有较高的可靠性、数据接收率和定位精度。

（二）漂流浮标

图3-3-7所示是南海分局在南海搜救系统实验中使用的漂流浮标，该系统由浮标体、采集处理器、北斗卫星传输系统、传感器系统、供电系统组成。受风压影响小，主要受海流驱动。

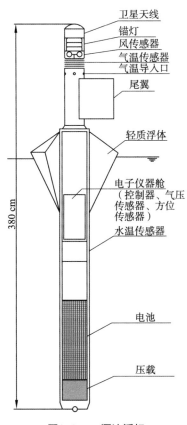

图3-3-7 漂流浮标

1. 浮标系统组成

（1）浮标体：浮标体采用柱形结构，总高度约为3.8 m，浮标直径约0.3 m，整体为不锈钢壳体。浮标下部为电池与压载，中部外围安装轻质浮体材料，内部安装电子设备，上部安装卫星天线与传感器，浮标整体重心较低，保证在水中拥有较小的摇摆角。同时保证浮标水上与水下体积比为1∶4。浮标水下部分为对称结构，水上安装尾翼，保证浮标的舵向与风向吻合。

（2）浮标采集系统：采集处理系统为整个系统的核心，根据一定的时序控制各类传感器的加断电，采集及处理各类传感器的信号，浮标实时数据及时存储于固态存储器中，将处理后的数据通过通信传输系统发送到用户的接收站。

（3）通信传输系统：通信传输系统采用嵌入式北斗通讯模块，将采集处理系统的数据，通过北斗通讯定位卫星传送给岸基接收站。每1小时传输一次信息。

（4）传感器系统：传感器系统由风传感器、气压传感器、气温传感器、方位传感器、GPS、水温传感器等组成，两套浮标采用三杯式风速传感器，另外两套采用超声风速风向传感器。浮标测量项目和传感器技术指标如表3-3-1所示。

表3-3-1　传感器技术指标

序号	测量参数	测量范围	测量准确度
1	风速	0～60 m/s	±（0.3＋0.03V）m/s*
2	风向	0～360°	±5°
3	气温	−50℃～+50℃	±0.2℃
4	气压	850～1 100 hPa	±0.3 hPa
5	方位	0～360°	±3°
6	水温	−5℃～+45℃	±0.1℃

* V为风速

（5）锚灯及供电系统：浮标体顶端安装有锚灯，可根据环境光线自动在夜间闪亮，用于夜间指示，避免被船只碰撞。供电系统采用12 V免维护蓄电池组供电方式，对浮标系统提供单一工作电压。免维护蓄电池采用12 V单体电池（10 h）多只并联，安装在浮标底部，同时兼作浮标压载。

（6）时效：海上连续工作时间要≥15天，气象参数为每1小时采集并提供一次；浮标轨迹为每10分钟采集一次，每1小时提供一次。

（7）岸基接收系统：岸基接收站要求浮标传输如表3-3-2所示内容。

表3-3-2　浮标向岸基传输的内容

分类	传输内容	备注
基本参数	报头、浮标代号、年、月、日、时、分、经度、纬度	
浮标状态	方位、电池电压、锚灯状态	
风参数	10分钟平均风速、平均风向（真风速、方向）	
其他气象参数	平均气温、平均海平面气压、平均水温	

（三）中性浮子近底层流的观测

鉴于底层流难以观测，且又十分重要，国内一些学者想出来用廉价的"人工水母"做近底层海流观测，对我国浅海海底海流的研究作出了很多贡献。"人工水母"由直径18.5 cm的塑料圆盘与一根由圆盘中央垂下长约40 cm的细塑料管构成,细塑料管的尾部加配金属套管,从而调节人工水母本身相对密度。观测前将全套水下装置的相对密度调节到与所需观测的近底水层现场相对密度一致(释放前,要做一次垂直密度观测),当人工水母在海面被施放时,在自身重力作用下开始下沉,到达近底层预定深度后,浮力与重力相互平衡,人工水母不再下沉(下面水体密度大,相对密度大,大浮力托住了人工水母),也不能上浮(上面水体密度小,相对密度小,浮力托不住它)。人工水母只能随底层流漂移,当拖网渔船等将其从近海底打捞上来时,即可根据投放和回收的时间、地点分析海流的流迹并估算其漂流流速。这种方法虽然随机性强(渔网拖不上来,就可能永远都找不到了),且拖上来的时间也不一致(有的几天,有的要几十天),但是鉴于底层流稳定,在一个季节中流型变化不大,且我国渔船众多,被拖上来的机会很大。拖到人工水母的渔民只要记下拖上来的时间和地点(GPS很容易定位),电告释放单位,或将人工水母和捡拾信息寄回释放单位,便可获得一定奖励。这种"广种薄收"的方法,还是给底层流观测带来了意想不到的效果。图3-3-8就是依据人工水母得到的数据绘出的。

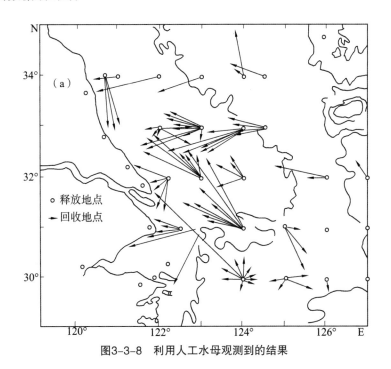

图3-3-8 利用人工水母观测到的结果

(四)水下自航式海洋观测平台

水下自航式海洋观测平台是20世纪80年代末90年代初在载人潜器和无人有缆遥控潜器(ROV)的技术基础上迅速发展起来的一种新型海洋观测平台,主要用于无人、大范围、长时间水下环境监测,包括海洋物理学参数、海洋地质学和地球物理学参数、海洋化学参数、海洋生物学参数及海洋工程方面的现场接近观测。水下滑翔机器人是一种新型的水下监测平台,它是一种将浮标技术与水下机器人技术相结合、依靠自身净浮力驱动的新型水下机器人系统,具有浮标和潜标的部分功能。水下滑翔机器人具有制造成本和维护费用低、可重复利用、投放回收方便、续航能力长等特点,适宜大量布放,适用于大范围海洋环境的长期监测。水下滑翔机器人可用于建设海洋环境立体实时监测系统,有助于提高对海洋环境测量的时间和空间密度,实现对海洋环境的大尺度测量,是海洋环境立体监测系统的补充和完善,在海洋环境的监测、调查、探测等方面具有广阔的应用前景。

1. 电池驱动的SLOCUM小型水下滑翔机

运行于海岸浅水区,环境压力较小,具有较快的垂直速度和快速转向能力。纵倾控制主要是通过流体在内外皮囊间的流动来实现,再通过调节内部质量块的位置来实现纵倾微调。当保持水平姿态时,通过操作尾舵来控制转向。天线装在尾舵内,当它浮于水面时,会有气囊充气将尾部抬起进行数据传输。

2. 温差能驱动的SLOCUM水下滑翔机

依靠特殊的动力系统,从海洋温跃层间获取能量,驱动水下滑翔机在水下滑翔。该动力系统以固–液相变材料为工质,从暖水层吸热往冷水层放热,在吸放热过程中,工质发生固–液或液–固相变,同时体积发生变化,从而使置于机体外侧的皮囊体积发生变化,改变滑翔机的浮力实现沉浮运动。温差能驱动的SLOCUM滑翔机的姿态控制与电动SLOCUM基本相似。其浮心设计在高于重心4 mm之处,以保证在受到外界扰动的情况下,能够尽快自动回复到新的稳定状态。

3. 水下滑翔机Spray

水下滑翔机Spray应用于长行程、深海探测的场合。它的工作原理与电池驱动的SLOCUM滑翔机相同,外皮囊体积变化通过电动活塞泵的驱动来实现。通讯天线装在机翼内,浮于水面时转动90°进行通讯。滑行姿态控制通过轴向移动和转动内部电池包来实现,垂直尾翼用来改变航向(图3-3-9)。

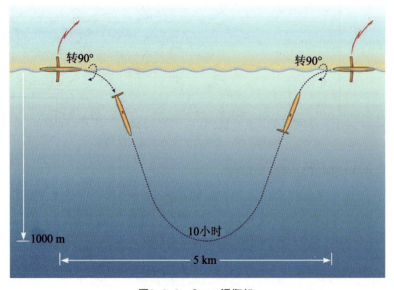

图3-3-9　Spray滑翔机

4. 滑翔机Seaglider

滑翔机Seaglider具有较小的水动力壳体型线,使用玻璃纤维做外壳,从头部到最大直径处大约70 mm的长度,流体保持层流状态。运行持续时间为一年,最大潜深为1 000 m,航程为6 000 km,它的浮力控制与Spray相同,由液压系统来完成。通过移动内部质量块来控制滑行姿态,机翼装在机体后部,转向特性与Spray相反(图3-3-10)。

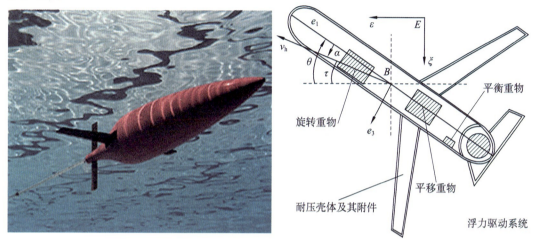

图3-3-10　Seaglider滑翔机

(五)ARGO浮标

它的设计寿命为4~5年,最大测量深度为2 000 m(现在可延伸到更深处),会每隔10~14天自动发送一组剖面实时观测数据,通过ARGOS卫星,并经地面接收站将测量到的数据源源不断地发送给浮标的投放者(图3-3-11、图3-3-12)。

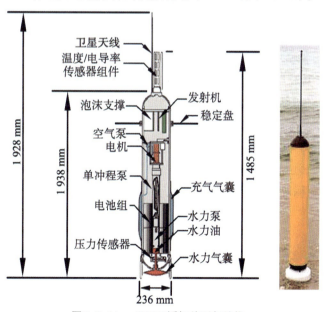

图3-3-11　ARGO浮标外形与结构

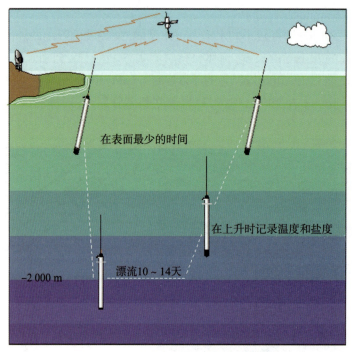

在表面最少的时间

在上升时记录温度和盐度

漂流10～14天

-2 000 m

图3-3-12　ARGO测量、发回数据的过程

第四节　航空观测平台

　　航空遥感，是进行海洋调查的又一新手段。20世纪30年代，人们就开始利用飞机进行海上气象观测和海岸带摄影测量。20世纪50年代开始，航空遥感直接用于海洋水文物理研究，出现了"航空海洋学"的概念，各国利用飞机从事海洋调查研究者日益增多，观测方法和仪器也不断进行改进。调查的内容包括：利用机载测深仪进行水深测量，利用空投XBT测量海温垂直剖面，利用空投水声浮标和爆炸声源可进行海洋声学调查，利用机载气象传感器可直接测量大气参数，利用照相手段，可以监测赤潮和溢油等突发事件，还可以为卫星遥感器的模拟校飞和外定标。其离岸应急和机动监测能力、良好的分辨率、较大的空间覆盖面积及较高的检测效率，是其他监测手段不能替代的。

　　主要的遥感器有侧视雷达、成像光谱仪、红外辐射计、激光荧光计、激光测深仪等。目前国际上很多国家如美国、日本、法国、丹麦、荷兰、澳大利亚等，都开展了大量的海洋航空监测工作，并投入业务运行；我国也在"十五"期间增加了一批航空遥感传感器，如成像光谱仪、微波散射计、Ku波段和L波段微波辐射计、激光雷达等，并于

2002年年底顺利完成了飞机改装，在当年冬季的海冰遥测中得到了应用。

　　近些年，无人机已成功应用于海洋观测。美国斯克里普斯海洋研究所于2007年在海洋科考任务中首次使用了船载无人机海洋观测系统，在"R/V Melville"号海洋调查船搭载了"GeoRanger"号船载无人机，利用无人机上所搭载的铯蒸气磁力计，对海上的地磁场变化进行监测。英国国家海洋学中心于2008年在其"RRS Discovery"号科考船上装载了其自主研制的船载无人机海洋观测系统，用以观测湾流地区的海表温度、海色和海表面高度。斯克里普斯海洋研究所于2012年在"Revelle"号科考船上搭载了"ScanEagle"无人机海洋探测系统（图3-4-1），探测了海风、温度及水蒸气的垂直分布并得到了海面的可见光和红外图像。

图3-4-1　"ScanEagle"无人机

　　无人机海洋观测系统能够应用于海洋相关的环境、测绘、气象等各个领域，包括海洋动力环境监测、海洋测绘、海洋大气监测、海洋通信中继、海上自然灾害监测、海上移动目标监测（图3-4-2）。

　　在海洋动力环境监测方面，传统的海洋动力环境监测主要依赖于浮标、潜标、科考船等，而浮标、潜标为定点式观测，科考船为走航式观测，缺乏一种机动灵活的、区域化的观测方式。无人机海洋观测系统通过搭载多种海洋环境探测任务载荷，实施海洋动力环境要素和海洋环境现象的探测，可以实现对指定的区域进行海流、海浪、潮汐观测以及其他海洋动力参数的观测，可有效弥补天基、海基和地基探测能力的不足，从而为海洋动力环境研究提供支撑性海洋参数数据，是海洋动力环境监测不可或缺的遥感平台。

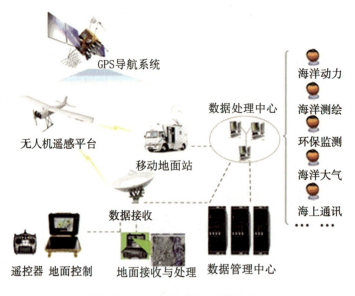

图3-4-2　无人机观测系统与功能

相比其他的天基和空基观测平台,无人机海洋观测主要有如下特点:

机动性强:无人机海洋观测系统作为一个海上移动观测平台,可机动、灵活地应对海上观测需求。

响应速度快:无人机海洋观测系统能够对海面移动目标进行跟踪观测,并能对海上突发事件进行快速响应。

分辨率高:对于大部分传感器而言,无人机观测能够比卫星观测获得更高的空间分辨率和时间分辨率。

成本低:无人机海洋观测系统无需载人,具有更为低廉的造价成本和运营成本。

第五节　航　天

我们生活的地球是一个旋转的球体,它的表面是起伏不平的陆地和一望无际的海洋。它每天都在变化,每天都会发出无数的信息。人们若能够及时地感知到这些信息,就能对决定人类生存的一些重大问题,作出及时的预测。

几个世纪以来,海洋学一直依赖于在海上作业的船只艰难地进行,1957年,前苏联发射了第一颗人造地球卫星,开启了人类进入太空的大门。20世纪60年代以来,由于空间科学的蓬勃发展,遥感技术飞跃到一个崭新的阶段。而遥感技术特别是航天遥感在海洋上的应用,使海洋调查观测手段和方式发生了革命性的变化,只要花几天时间就可以完成全球观测。即使船只不易到达的区域(如冬季的南极洲周边水域)或不易观测到的项目(如海洋降雨)都可通过遥感来进行。从而实现大范围、长期、反复的海洋监测,形成所谓"空间海洋学"时代。这是海洋科学由"气候式时代"向"天气式时代"转变的开端,必将产生深远的影响。

一、卫星遥感的发展进程

卫星遥感源于航空海洋遥感,又高于航空海洋遥感,是海洋遥感中的后起之秀。一般遥感飞机的飞行高度在10 km左右,一张航空照片覆盖的地面面积只有10~30 km²,探测一遍全球表面需要十几年时间;而地球资源卫星所覆盖的面积可达34 000 km²,每18 d就可以覆盖全球一遍,由于遥感范围广,同步性强,资料提供及时,可以大大改善海洋预报和海洋资源勘察能力。今天,当我们从电视中收看天气预报时,可以看到我国上空整个卫星云图及云移动情况和未来几天里的天气变化,对航海、渔业、沿海工业布局、海洋资源利用、沿岸海洋工程起到了保护和促进作用。目前的航天海洋遥感主要是结合在气象卫星上进行的。

通常,卫星上的仪器是这样工作的:扫描一小块水域,把信息数字化,并发回地面,然后再数字化下一块邻接水域的信息。一次扫描的地面面积,即仪器的足印,称为像元,而扫描线就是由一系列相邻像元构成的。20世纪发射的海洋观测卫星如表3-5-1所示。

表3-5-1 20世纪发射的卫星和功能

海色传感器			
卫 星	发射部门	传感器	发射时间
ADEOS-1	日、美、法	海色温度传感器OCTS	1996
SEASTAR	美	海洋宽视场传感器SEAWIFS	1997
EOS-AMI	美	中分辨率成像光谱辐射计MODIS	1998
ADEOS-2	日、美、法	全球成像仪GLI	1999
ENVISAT	欧	中分辨率成像光谱议MERIS	1999
可见红外扫描辐射计			
NOAA-10, 11, 12, 14, K	美	甚高分辨率扫描辐射计AVHRR	1991~1998
ERS-1	欧	沿轨迹扫描辐射计ATSR-1	1991
ERS-2	欧	沿轨迹扫描辐射计ATSR-2	1995
ENVISAT	欧	高级沿轨迹辐射扫描计AATSR	1999

续表

微波高度计			
ERS–1	欧	高度计	1991
TOPEX/POSEIDON	美、法	高度计	1992
ERS–2	欧	高度计	1995
ENVISAT	欧	高度计	1999
JASON–1	美、法	高度计	1999
微波散射计			
ERS–1	欧	散射计（C）	1991
微波散射计			
卫　星	发射部门	传感器	发射时间
ERS–2	欧	散射计（C）	1995
ADEOS–1	日、美、法	散射计NSCAT（Ku）	1996
NSCAT/Quikscat	美	散射计Quikscat（Ku）	1998
ADEOS	日、美、法	散射计SEAWINDS（Ku）	1999
合成孔径雷达			
ERS–1	欧	合成孔径雷达SAR（C）	1991
ERS–2	欧	合成孔径雷达SAR（C）	1995
RADARSAT–1	加	合成孔径雷达SAR（C）	1995
ENVISAT	欧	改进型合成孔径雷达SAR（C）	1999
微波辐射计			
DMSP	美	多波段微波辐射计SSMI	1999

　　2002年5月15日，我国第一颗海洋探测卫星"海洋一号"A（HY–1A）与"风云一号"D气象卫星作为一箭双星同时发射升空。"海洋一号"B星于2007年4月11日发射，9月30日交付国家海洋局使用。

　　"海洋一号"系列卫星，以可见光、红外波段遥感探测海洋水色和水温为主；"海洋二号"系列卫星，以微波遥感探测为主，全天候获取海面风场、海平面高度和海表面温度场；"海洋三号"系列卫星，同时配备光学遥感器和微波遥感器，可对海洋环境进行综合监测。

二、卫星遥感的主要手段

（一）水色传感器

水色传感器又称可见光（0.4~0.75 μm）传感器。工作在可见光波长内的卫星传感器只能在无云时播发有用的海洋信息。陆地卫星系列装载的多光谱扫描仪，该仪器可产生高分辨率像元，可用于探测叶绿素浓度、悬移质浓度、海洋初级生产力和其他海洋光学参数；绘制海岸线，发现和监视能看得见的污染、沉积与侵蚀。陆地卫星图像还被用于近岸水深制图。依据水越深光越暗这一基本原理，可以用辐射强度来测量水深。这种方法已成功地用于绘制远岸水域的水深图。

（二）红外传感器——主要用于测量海表温度

红外（8~14 μm）传感器最佳接受波长11 μm左右的辐射。选择这一特殊波长有多种原因：该波长不被任何大气成分所吸收，因此，能有足够信号到达仪器并记录，加上11 μm的辐射强度与发射物体绝对温度的4次方成正比，用它可以精确地测出物体温度。红外图像可以将云显示得十分清楚，还可以估计云顶温度。海洋专家广泛采用高分辨率红外图像用于监测海面温度和沿岸海流。通过由卫星红外资料精确确定沿美国东海岸向东北方向流动的湾流暖水位置所绘制的美国东岸湾流图，已被油轮广泛采用，油轮避开逆流区，顺流航行可以大大节省航运燃料开支。

（三）微波传感器

微波（10 cm量级）的主要优点是能透过云"看到"目标。由于水本身对微波有强烈影响，所以活动的降雨区将得到清晰显示。依据微波资料可以获得全球海洋降雨率，这在以前是做不到的。微波也使我们能够看到飓风区和其他猛烈天气过程引起的详细降雨结构。可见光与红外传感器都能探测湖面或海面上的冰，但微波还能鉴别出这些冰是当年生成还是已生成多年的老冰，这在南、北极地探测时特别有用。其信息提取算法有：SAR影像几何校正算法、SAR后向散射系数算法、SAR影像海面溢油信息提取算法、SAR影像海浪主波方向及波长提取算法、散射计风场信息提取算法、高度计有效波高分析算法、辐射计水汽含量信息提取算法。具体来说，微波传感器可以获得气象、水文等一些参数：

（1）微波散射计可以获得海面风场。

（2）微波辐射计可以获得SST、海面风速、水汽含量、降水、CO_2海气交换等。

（3）微波高度计可以获得海平面高度、大地水准面、有效波高、海面风速、地转流、重力异常等动力参数；微波高度计又称雷达高度计（图3-5-1），它是最具特色和潜力的主动式微波雷达系统。用它测出海面起伏、高低不平的"地形"，即海平面与海洋大地水准面的差，也就是动力海洋上的海面动力高度（其值的变化在1.5 m之间），精度要求远大于±10 cm/s（Roemmich和Wunch，1982）；而海流的位置误差约为几千米。借助地转平衡方程，则可以算出地转流流速。

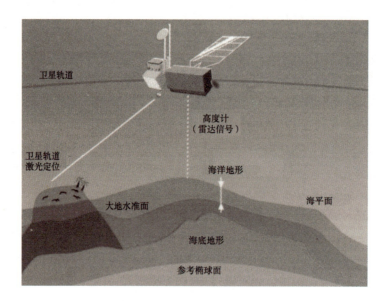

图3-5-1 测量海平面高度的TOPEX卫星的工作示意图

（四）合成孔径雷达SAR–海浪方向谱、中尺度漩涡、内波等

太空飞行器满载着遥感器以轨道扫描方式透过电磁波的"大气窗"（0.4～0.75 μm的可见光、8～14 μm的红外辐射和10 cm量级的微波辐射）监视大面积海洋表面（水面1 mm以内）的某些海洋学特征，以及透过"海洋窗"（可见光部分）监视海面以下到透明度深度内的某些海洋学特征；监视结果发送给地面站解调成像（或形成记录信息的磁带）。交由数据信息系统处理分析，供海洋研究应用。

卫星遥感海洋环境监测技术和应用依赖于卫星的运行状态，传感器的种类和信息获取技术。随着在天运行的海洋卫星数量的不断增加，传感器精度的不断提高以及轨道重复周期的不断缩短，形成了一个高时空覆盖率、高精度的多元遥感数据源；同时随着对遥感成像机理认识的不断提高，遥感信息提取和反演方法的不断改进，海洋遥感业务化工作的开展也具有了重要的基础。

三、卫星扫描轨道

（一）地球同步轨道

地球同步轨道卫星的飞行高度约为36 000 km，轨道平面与地球赤道平面基本重合，运行周期和地球自转周期相等，因此，从地面看来卫星好像总是悬停在赤道某一点的上空，成为静止卫星（图3-5-2）。这种卫星通常每隔20 min左右观测地球一次，视野为南、北50° 纬距，经距100° 左右。如果在赤道上空均匀分布五颗静止气象卫星，就可形成一个跨南北50° 纬距的全球观测带，是监测气象和海洋的有效手段。航天海洋遥感的范围已扩大到许多海洋信息，如海冰、海面温度、海面粗糙度、海水颜色等。

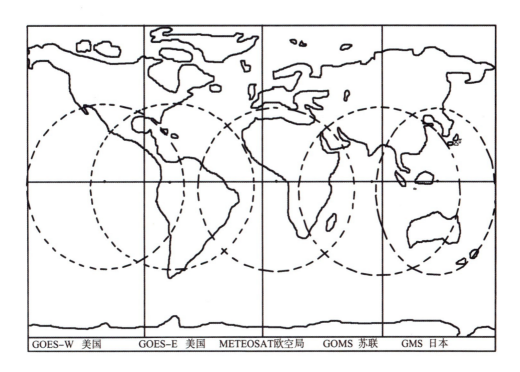

| GOES-W 美国 | GOES-E 美国 | METEOSAT欧空局 | GOMS 苏联 | GMS 日本 |

图3-5-2　地球同步轨道卫星轨迹

（二）太阳同步轨道

太阳同步轨道卫星的轨道平面一般采用97°～110°的倾角（总是大于90°），相对于地球西向逆行。卫星高度700～800 km；轨道周期90～100分钟，每天围绕地球旋转14～16圈（图3-5-3）。

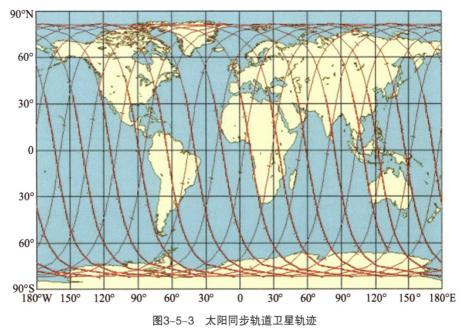

图3-5-3　太阳同步轨道卫星轨迹

　　展望未来，在海洋中建立一个互动式的、广布的、综合性的传感器网，实现实时的多学科观测是一种发展趋势。这种观测网由多个海底节点构成。每个观测节点采用浮标、潜标、海底观测系统、定点剖面系统等构成，观测节点之间的观测采用滑翔器、AUV等移动式平台弥补。观测节点和移动平台的部分观测采用声学遥测方法拓展观测覆盖面，增加采样密度。节点与节点之间，节点与移动平台之间，移动平台与移动平台之间采用各种通信方式，进行数据传输、定位和导航。如此，将来人们坐在办公室里就能够实时地、全面地了解海洋环境的情况。

第四章 水温观测

第一节 温度及观测的要求

一、海水温度的形成

海水温度是表示海水热力状况的一个物理量,海洋学上一般以摄氏度(℃)表示。海水温度的高低主要取决于海水对太阳辐射(短波)的吸收、海面长波有效辐射(海表长波吸收减去海表长波辐射)、蒸发损失热量、海气接触面之间通过湍流进行的热交换和海水内部的流动(海流)等多种因素形成的热收支(即海洋热平衡,图4-1-1)。夏季,海洋收入热量大于支出,海水就增温;冬季,海水收入热量少于支出,海水就要降温。

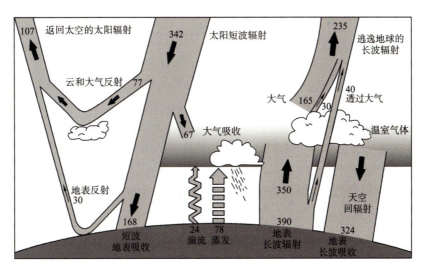

图4-1-1 地球全年热收支(单位:W/m²)(Houghton等,1996)

49

海流对水温的影响也比较显著。暖流所及之处,海温升高;寒流所及之处,海温则降低。

在开阔海洋中,表层海水等温线的分布大致与纬圈平行,在近岸地区,因受海流等的影响,等温线向南北方向移动。总之,大洋表层水温的分布状况主要取决于海气热交换、冷暖海流和海陆分布三个因素。海洋表面的水温变化在-2℃~30℃,其中年平均水温超过20℃的海区占整个海洋面积的一半以上。有日、月、年、多年周期性变化和不规则变化。

海水温度的垂直分布一般是随深度的增加而降低。深层海水现场温度的测定,通常是用颠倒温度表进行的。海水温度和海水盐度成为海洋学上两个基本的物理量。

研究、掌握海水温度的时空分布及变化规律,是海洋学的重要内容,对于海上捕捞、水产养殖,及海上作战等都有重要意义,对气象、航海和水声等学科也很重要。

二、精度要求

对海水温度测量的精度要求,对不同区域是不一样的。

(一)对于深水、大洋

对于远离陆地影响的深水、大洋,因其温度分布均匀,变化缓慢,观测精度要求较高。一般温度应准确到一级,即±0.02℃。图4-1-2就是如此。

图4-1-2给出了南海500 m水深处的水温分布。从图中可以看出,春夏秋冬的温度基本一致,只是分布态势不一样罢了。如果温度精度不是±0.02℃,那么很难取得小数点后一位的有效数字。于是图就可能完全是另外的样子。

但对用遥感手段观测海温,或用BT、XBT等观测上层海水的跃层情况时,可适当放宽精度要求。

(二)对于浅海

在浅海,因海洋水文要素时空变化剧烈,梯度或变化率比大洋的要大上百倍乃至千倍(图4-1-3),水温观测的精度可以放宽。

由图4-1-3可以看出,在一昼夜中,海水即使在底层23 m处,温差也可达到3℃~4℃。如果要求精度仍然为±0.02℃,就没有这个必要了。

(三)薄层温差的存在

绝大部分海表有一层很薄的边界层(其量级约为1 mm)。因此,遥感测得的海表温度与用常规方法在于20 cm~2 m深处测得的"表面温度"有很大差异。在开阔的洋面上,表面(表皮)温度一般比下层海水低十分之几开尔文(K)度。在白天日照很强、风力较弱时,海表面会比下层更热些,而夜晚海表皮由于热量损失,会比下层更冷一些。

一般来说,$\Delta T = T_S - T_W$的典型值在±0.2℃~±0.5℃之间,$T_a - T_W$为±1℃~±2℃之间。其中T_a为贴水层气温,T_S为表皮水温,T_W为表皮以下水温。

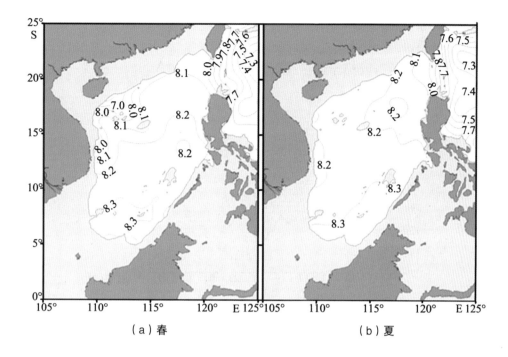

（a）春　　　　　　　　　　　　　（b）夏

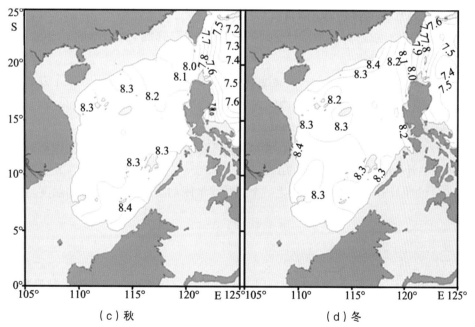

（c）秋　　　　　　　　　　　　　（d）冬

图4-1-2　南海500 m水深处温度

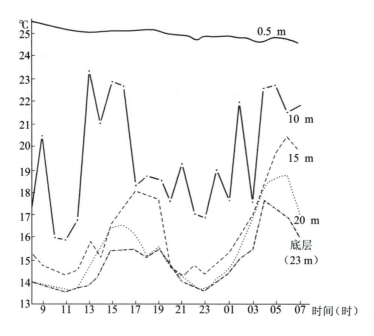

图4-1-3 青岛近海水温日变化（1966年7月21～22日）

（四）大气温、湿和油膜的影响

热带气团湿度很高，这使信号受到极大衰减，并且降低了海表温度对比度，它对卫星观测影响最为严重。

油膜浓度可能引起明显的表面温度起伏。油膜对遥感的影响有以下几个方面：

（1）油的反射率明显小于水，因此天空反射的修正值较大，海表面显得冷一些；

（2）某些有机物会降低海水的蒸发作用；

（3）油膜区不存在表面张力波，而波浪能够减少ΔT，因此，如果其他因素不变，我们可以估计薄膜区将出现较大的ΔT；

（4）油膜具有一定厚度，将产生一个热传导的附加层，从而产生附加温度，使ΔT增大。

三、水温观测的标准层次

水温观测分表层水温观测和表层以下水温观测。对表层以下各层的水温观测，为了资料的统一使用，我国现在规定的标准观测层次如表4-1-1所示。

表4-1-1　标准观测层次

水深范围（m）	标准观测水层	底层与相邻标准水层的距离（m）
1~10	表层，5，底层	2
10~25	表层5，10，15，20，底层	2
25~50	表层，5，10，15，20，25，30，底层	4
50~100	表层，5，10，15，20，25，30，50，75，底层	5
100~200	表层，5，10，15，20，25，30，50，75，100，125，150，底层	10
>200	表层，10，20，30，50，75，100，125，150，200，250，300，400，500，600，700，800，1000，1200，1500，2000，2500，3000，（水深大于3 000 m每1 000 m加一层），底层	

四、观测时次

沿岸台站只观测表面水温，观测时间一般在每日2，8，14，20时进行。海上观测分表层和表层以下各层的水温观测，观测时间要求为：大面或断面站，船到站就观测一次。连续站每两小时观测一次。如果有可能，最好连续记录，间隔越短越好。

五、测温仪器简介

（1）液体温度计：液体温度计的代表者是表面温度计和颠倒温度计。

（2）电子温度计。

（3）热电式温度计：热电式温度计其感应元件是热电偶，在这类温度计中，将感应元件的一端连接电缆，直接感应海水温度，另一端保持恒温。

（4）电阻式温度计：采用金属丝电阻（铂金丝或锰铜丝等）、热敏电阻作感温元件。

（5）电子式温度计：感温元件与电阻式温度计相同，仅是将感温元件作为阻容振荡电阻的调频元件。

（6）晶体振荡式温度计：采用石英晶体作为感应元件，石英晶体振荡频率随温度而变化。

（7）远距离海表温度辐射探测：近十多年来，根据红外谱区测得的辐射值，推算海表面温度的技术已得到广泛应用。特别是在美国俄勒冈州太平洋沿岸上升流的研究中取得了极为显著的效果。通过飞机遥测的海表面温度可以反映出海洋与不同风应力之间的相互关系，许多海洋工作者还应用遥感资料来分析湾流的涡旋。

第二节　颠倒温度计

　　海水表层温度有很多观测方法：可以把水打在桶里，放在甲板上用温度计测量；也可以把温度计放在特定小铁桶中，放在水面感温，然后迅速提到甲板上读数。但是深层水温的测量就困难得多。把温度计放到几十米，甚至几百米、几千米处，拿上来，早就被环境温度改变得面目全非了。有人想仿制体温表，但是，体温只能停留在高点，而海水温度从海面向下却是降低的。1872年，"挑战者1"号要在全世界研究海洋，首先就面临观测深海温度的问题，经过不少科学家的苦思冥想，以及制造温度计技师的不懈努力，最后制成了"颠倒温度计"（图4-2-1），实现了有史以来人类对几千米水下温度的观测。

　　颠倒温度计的测温原理是：在温度计下放时，温度计如图4-2-1左边所示：水银贮存泡（外面还有水银保护）中的水银随外界水温高低产生膨胀或收缩，然后通过"盲枝"进入显示读数的毛细管道。在温度计于预定深度感温完成后，要从船上顺着钢丝绳放下一个"使锤"（铜做的），将盛放温度计的设备在垂直方向旋转180°，颠倒过去。这时水银柱在"盲枝"处断开，正如图4-2-1右边所示，这时贮存泡中的水银不管怎样热胀冷缩，都无法通过盲枝进入显示读数的毛细管道中。将颠倒温度计提到

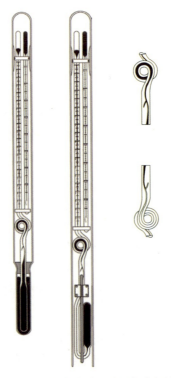

图4-2-1　颠倒温度计的外形与内部结构

甲板上，就可以读到现场的那个真实温度。图4-2-1中间是一个开端温度计，外界水压可以通过开口处作用于贮存泡，这种温度计不单可以测量温度，还可以根据水压测量温度计到达的深度。颠倒温度计的关键部位就在盲枝，盲枝好坏决定温度计的精度。1958年以前，我们观测海洋温度所用的颠倒温度计都是从外国进口的，后来为了满足海洋调查的需要，国内也开始生产这种温度计。刚开始，合格率只有1%，多数的问题就出在"盲枝"上！

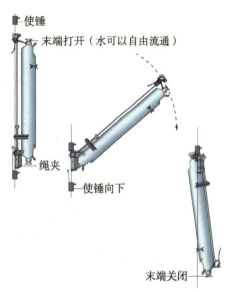

图4-2-2　观测者在钢丝绳上固定采水器以及水下采水器的颠倒情况

颠倒温度计要安装在一种叫做颠倒采水器的铜制圆筒上。当从甲板上放下使锤、碰到颠倒采水器开关时，它就会旋转180°，由正立而变成倒置了（图4-2-2）。

颠倒温度计，以其精度高、试性稳定一直为海洋科学家所使用，即使更多自计仪器问世，颠倒温度计直到现在仍被应用于对自计仪器的校正中。世界海洋调查史中，还没有其他仪器连续使用140年不退出历史舞台，颠倒温度计独享此殊荣。

第三节　CTD及投掷式温度计

一、CTD

图4-3-1所示是现在使用最多、精度最高、性能稳定且测量速度最快的温盐深（Conductivity Temperature Depth, CTD）仪器，无论是在甲板温度可达56℃的赤道（1992年我们在赤道调查时测得），还是在-10℃的南极附近水域，CTD都能精确测定

几千米以内每1 m的温度、盐度和相应深度。测量速度每秒钟1 m，也就是说，1 000 m水深只要15~16 min就可以完成测量。而过去利用颠倒温度计测温，不可能每米都悬挂一个采水器（每个采水器长度近1 m，还要加上颠倒后一倍的距离），即使挂500个采水器，重量超过1吨，适合挂采水器的钢丝绳也负载不起！退一步说，假使这一切都可以解决，仍至少需要12 h以上，还需要至少3个以上熟练工人的密切配合才能完成。由此可见，先进仪器的问世将会给海洋科学研究带来良好的发展契机。

图4-3-1　正在从船舷边释放CTD（刁欣源供稿）

（一）要保证仪器安全

务必不要使仪器探头碰到船舷或触底，注意仪器探头温度与水温之差不能过大，探头应放在阴凉处，切忌曝晒。

（二）控制下放速度

温盐深仪探头下放速度一般应控制在0.5~1 m/s范围内，在浅海或上温跃层处，速度更加要放慢，在深海季节温跃层以下下降速度可稍高，但也不应超过150 cm/s。并且在同一次观测中应保持不变。若船只摇摆剧烈，应选择较大的下降速度。

（三）入水前对水温的适应

若海-气温差较大时，观测前应将探头放入水中停留数分钟。观测前应记下探头在水面时的温度测量值。自容式温盐深仪应根据取样间隔确认在水面已记录了至少一组数据后方可下降开始观测。

探头下放时获取的数据为正式测量值，探头上升时获取的数据作为水温数据处理时的参考值。

二、XBT

XBT也是一种常用的测量温深的系统，它由探头、信号传输线和接收系统组成。探头通过发射架投放，探头感应的温度通过导线输入接收系统并根据仪器的下沉速

度得到深度值。探头深度根据记录时间,可得出下面的下降关系式:

$$d = 6.472\,t - 0.002\,16\,t^2$$

式中,d为深度(m),t为时间(s)。t的二次项表示下降速度随时间直接减少。这是由于导线逐渐释放、探头重量减少所至。装在探头上热敏电阻的时间常数为0.1 s。把它代入上式,可得65 cm的分辨率。最通用的两种探头分别可测到450 m和700 m的温度数据。但是它容易发生多种故障:

(1)由于导线通过海水地线形成回路,如果记录仪接触不良,就记录不到信号;

(2)如果导线碰到船体边缘,将绝缘漆磨损,可使记录出现尖峰现象;

(3)如果导线暂时被挂住,导线拉长,也会出现温度升高的现象。

三、AXBT

美国海军使用的机载抛弃式温度计AXBT能够测量305 m水深的上层海水温度剖面。AXBT用音频对载波进行调制,该音频与热敏电阻感应的温度成比例地变化,其变化关系由仪器制造者规定如下:

$$f = a + bT$$

式中,f为音频(Hz);T为温度;a、b为常数。AXBT的温度分辨率达0.5℃。探头下降速度为1.52 m/s,大约需要200 s才能测出300 m水深的温度。飞机飞行高度和速度都受限制,一般飞行高度低于3 000 m,飞行速度小于463 km/h,从而缩短了飞机的有效航程。

四、XCTD

XCTD是投弃式(Expendable)、电导率(Conductivity)、温度(Temperature)、深度(Depth)剖面测量仪的总称,是国外近年来研制并得到快速发展的先进温、盐、深测量仪器,它利用热敏电阻测量温度,用电阻感应式电导率传感器测量电导率,从而测量盐度。这是在航行船只上(船速最大可20节)使用的常规仪器。温度精度±0.02℃,电导率精度±0.03 ms/cm,深度精度2%。

第四节　遥　感

一、海表温度遥感

海表温度遥感是海洋中应用最广泛的一种。目前海表温度(SST)的反演算法非常成熟,海表温度信息提取的业务化方法一般基于统计模型。

在无云海区,海表水温遥感的绝对精度可以达到1℃,相对精度可达±0.5℃。目前所使用的遥感仪器主要有:机载红外辐射计,海水温度扫描仪,海洋水色扫描仪,高分辨率辐射计,可见光、红外线扫描仪等。海表温度场遥感情况如表4-4-1所示。

表4-4-1　温度场遥感仪器和精度

海区天气	传感器种类	资料情况
无云	甚高分辨率辐射计VHRR;可见、红外自旋扫描辐射计VISSR;改进甚高分辨率辐射计AVHRR	绝对温度精度1℃,相对精度±0.5℃;沿岸水为4 km和1天的时空平均值;特定区域为10 km和大洋区为50 km和若干天的时空平均值
多云或轻雨	扫描多道微波辐射计SMMR	精度±(1.5℃~2.0℃),为100 km和数天的

测温应尽可能辅助以船舶表面观测和垂直温度廓线观测。海面红外图像经过一定处理可求得粗糙廓线(等温线分布),而连续多幅同一区域的红外图像可以消除大部分云盖的影响而给出海区水温的详尽情况。由于海洋中不少动力现象与水温密度相关,如中尺度涡多表现为冷核或热核而区别于周围海水,因此,海面温度场是重要的感测对象。

图4-4-1是利用美国NOAA国家海洋资料中心提供的卫星数据制作的2001年全球海洋年平均海表温度。该图清晰地显示了西太平洋赤道暖水区的范围和温度大小。

西太平洋热带暖水区向大气输运的热通量对于全球海洋大气热循环有举足轻重的影响,它与厄尔尼诺事件有密切关联。

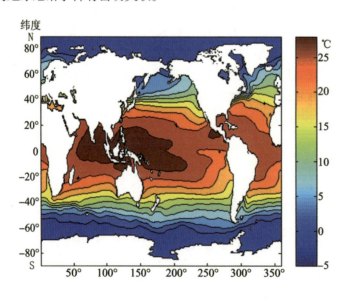

图4-4-1　2001年全球海洋的年平均海表温度

二、上升流观测

上升流是海洋底层水向海面涌升的现象。底层海水比表层海水的温度低,且含有丰富的营养物质。当其上升到海面时,在阳光的照耀下,会迅速生长、繁殖大量浮游生物而海水变得非常肥沃,成为鱼群觅食、繁殖、生长的好场所,因此会在上升流区域形成有商业价值的渔场。

由于上升流海域与周围海域的海水温度有明显的差异,所以使用红外遥感可勾画出上升流区的位置和范围。图4-4-2是卫星观测的东海表层温度,由图中可以明显看出,由于夏季上升流的存在,浙江近海温度明显低于外海。

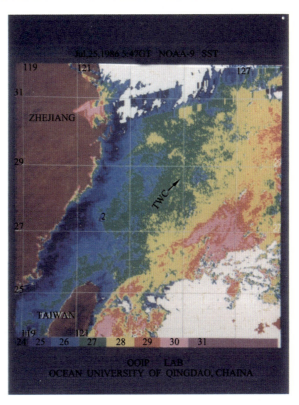

图4-4-2　1986年7月25日东海表层温度（贺明霞提供）

三、海洋锋

海洋锋表示两个类型截然不同的水团或流系的边界,在此边界上温度或盐度以及密度场呈明显的、较大的水平温度梯度。海洋锋有大尺度、中尺度、小尺度之分。大尺度海洋锋横向尺度为几十千米,纵向尺度为上百千米,如黑潮、湾流的边界;中尺度海洋锋的横向尺度为几千米,纵向尺度为几十千米。在浅海中还发现有小尺度海洋锋,如夏季温跃层海水与岸边充分混合的均匀海水之间的海洋锋。大部分海洋锋具有明显的热特征,可根据红外遥感数据判定其位置、运动及其变化。

第五章 盐度观测

几十亿年来，来自陆地的大量化学物质溶解并贮存于海洋中。如果全部海洋都蒸发干，剩余的盐将会覆盖整个地球达70 m厚。根据测定，海水中含量最多的化学物质有11种：钠、镁、钙、钾、锶等五种阳离子；氯、硫酸根、碳酸氢根（包括碳酸根）、溴和氟等五种阴离子和硼酸分子，其中，排在前三位的是钠、氯和镁。为了表示海水中化学物质的多寡，通常用海水盐度来表示。海水的盐度是海水含盐量的定量量度，是海水最重要的理化特性之一。它与沿岸径流量、降水及海面蒸发密切相关。盐度的分布变化也是影响和制约其他水文、化学、生物等要素分布和变化的重要因素，所以海水盐度的测量是海洋观测的重要内容。

第一节 盐度的定义和演变

绝对盐度是指海水中溶解物质质量与海水质量的比值。因绝对盐度不能直接测量，所以，随着盐度测定方法的变化和改进，在实际应用中引入了相应的盐度定义。

一、克纽森盐度公式

20世纪初，丹麦海洋学家克纽森（M. H. C. Knudsen）等人建立了海水氯度和海水盐度定义。当时的海水盐度定义，是指在1 kg海水中，当碳酸盐全部变为氧化物，溴和碘全部被相同当量的氯置换，且所有的碳酸盐全部氧化之后所含无机盐的克数，以符号"S"表示盐度。其测量方法是取一定量的海水样品，加盐酸酸化后，再加氯水，蒸干后继续增温，在480℃的条件下干燥48小时后，称量所剩余的固体物质的质量。

用上述的称量方法测量海水盐度，操作十分复杂，测一个样品要花费几天的时间, 不适用于海洋调查。因此, 在实践中都是测定海水的氯度(Cl), 再根据海水的组成恒定性规律, 来间接计算盐度。氯度与盐度的关系式(克纽森盐度公式)如下:

$$S = 0.030 + 1.805\ 0\ Cl$$

克纽森的盐度公式使用时, 用统一的硝酸银滴定法和海洋常用表, 在实际工作中显示了极大的优越性, 一直使用了70年之久。但是, 在长期使用中也发现, 克纽森的盐度公式只是一种近似的求值方法, 而且代表性较差; 滴定法在船上操作也不方便。于是人们开始寻求更精确、更快速的方法。

我们知道, 当导体的两端有电势差时, 导体中就有电流通过, 而一段导体中的电流I与其两端的电势差(V_1-V_2)成正比, 这就是著名的欧姆定律, 即

$$I = G\,(V_1 - V_2)$$

式中, G为比例系数, 又叫电导。令$G = \dfrac{1}{R}$, 则$I = \dfrac{V_1 - V_2}{R}$, 常数R称为这段导体的电阻, 它与导体的性质和几何形状有关。电阻的单位名称是欧姆(Ω)。实验表明, 对于粗细均匀的导体, 当导体的材料与温度一定时, 导体的电阻与它的长度L成正比, 与它的横截面积s成反比, 即

$$R = \rho\,\frac{L}{s}$$

式中, 比例系数ρ叫做电阻率, 单位是$\Omega \cdot \mathrm{m}$。电阻率与材料的性质有关, 不同材料的电阻率也不同。电阻率的倒数$\gamma = \dfrac{1}{\rho}$叫做电导率。根据海水的电导率取决于其温度和盐度的性质, 通过测定其电导率和温度就可以求得海水的盐度。

二、1969年电导盐度定义

在20世纪60年代初期, 英国国立海洋研究所考克思(R.A.Cox)等人从各大洋及波罗的海、黑海、地中海和红海, 采集了200 m层以浅的135个海水样品, 首先应用标准海水, 准确地测定了水样的氯度值, 然后测定了具有不同盐度的水样与盐度为35、温度为15℃的标准海水在一个标准大气压下的电导比R_{15}, 从而得到了盐度–氯度的新的关系式和盐度–相对电导率的关系式, 这就是1969年电导盐度定义:

$S = 1.806\ 55\ Cl$

$S = -0.089\ 96 + 28.297\ 20R_{15} + 12.808\ 32R_{15}^2 - 10.678\ 69R_{15}^3 + 5.986\ 24R_{15}^4 - 1.323\ 11R_{15}^5$

电导测盐的方法准确度高、速度快、操作简便, 适于海上现场观测。但在实际运用中, 仍存在着一些问题。首先, 电导盐度定义的上面两个盐度公式仍然是建立在海

水组成恒定的基础上的, 它是近似的。在电导测盐中校正盐度计使用的标准海水标有氯度值, 当标准海水发生某些变化时, 氯度值可能保持不变, 但电导值将会发生变化。其次, 电导盐度定义中所用的水样均为表层 (200 m以浅), 不能反映大洋深处由于海水的成分变化而引起电导值变化的情况。最后, 国际海洋用表中的温度范围为10℃~31℃, 而当温度低于10℃时, 电导值要用其他的方法校正, 从而造成了资料的误差和混乱。

为了克服盐度标准受海水成分影响的问题, 进而建立了1978年的实用盐标 (PSU78)。

三、1978年实用盐标 (PSU)

国际海洋学常用表和规范联合小组 (JPOTSGF) 1977年5月在美国伍兹霍尔海洋研究所和1978年9月在法国巴黎召开会议, 通过并推荐了1978年实用盐标 (PSU practical salinity units)。

实用盐标依然是用电导的方法测定海水的盐度, 与1969年电导盐度定义的不同之处是, 它克服了海水盐度标准受海水成分变化的影响问题, 在实用盐标中采用了高纯度的KCl, 用标准的称量法制备成一定浓度 (32.435 7) (‰为废弃符号, 但为保持教材的系统性, 本书中仍在个别地方使用) 的溶液, 作为盐度的准确参考标准, 而与海水样品的氯度无关, 并且定义了盐度: 在一个标准大气压下, 15℃的环境温度中, 海水样品与标准KCl溶液的电导比:

$$K_{15} = \frac{C(35,\ 15,\ 0)}{C(32.435,\ 15,\ 0)} = 1$$

式中, C表示电导值。

该样品的实用盐度值精确地等于35。若$K_{15} \neq 1$, 则实用盐度的表达式为:

$$S = \sum_{i=0}^{s} a_i K_{15}^{i/2} \tag{5-1-1}$$

式中, $a_0 = 0.008\ 0$, $a_1 = -0.169\ 2$, $a_2 = 25.385\ 1$, $a_3 = 14.094\ 1$, $a_4 = -7.026\ 1$, $a_5 = 2.708\ 1$, $\sum_{i=1}^{5} a_i = 35$, 当$2 \leqslant S \leqslant 42$时有效。

S为实用盐度符号, 是无量纲的量, 如海水的盐度值为35‰, 实用盐度记为35。式 (5-1-1) 中K_{15}可用R_{15}代替。R_{15}是在大气压力下, 温度为15℃时, 海水样品与实用盐度为35的标准海水的电导比。

对于任意温度下海水样品的电导比R_T的盐度表达式为:

$$S = \sum_{i=1}^{5} a_i R_T^{i/2} + \frac{T-15}{1 + K(T-15)} \sum_{i=0}^{5} b_i R_T^{i/2} \tag{5-1-2}$$

式中, 第二项为温度修正项, 系数与公式 (5-1-1) 中的相同, 系数b_i分别为:

$b_0 = 0.000\ 5$, $b_1 = -0.005\ 6$, $b_2 = -0.006\ 6$, $b_3 = -0.037\ 5$,

$b_4 = 0.063\ 6$, $b_5 = -0.014\ 4$；

$\sum\limits_{i=1}^{5} b_i = 0.000\ 0$，$K = 0.016\ 2\ (-2℃ \leqslant T \leqslant 35℃)$。

第二节　盐度的测量

一、观测时间、标准层次及准确度要求

盐度与水温同时观测。大面或断面测站，船到站观测一次，连续测站，一般每2小时观测一次。根据需要，有时每小时观测一次。

盐度测量的标准层次及其他有关规定与温度相同。

根据不同的观测任务，提出对测盐准确度的要求，通常对海上水文观测中盐度准确度分为三级标准（表5-2-1）。

表5-2-1　测量范围、精度、分辨率

准确度等级	精度	分辨率
1	± 0.02	0.005
2	± 0.05	0.01
3	± 0.2	0.05

二、盐度的测量方法

盐度测定，就方法而言，有化学方法和物理方法两大类。

（一）化学方法

化学方法又简称硝酸银滴定法。其原理是，在离子比例恒定的前提下，采用硝酸银溶液滴定，通过麦克伽莱表查出氯度，然后根据氯度和盐度的线性关系，来确定水样盐度。此法是克纽森等人在1901年提出的。在当时，不论从操作上，还是就其滴定结果的准确度来说，都是令人满意的。

（二）物理方法

物理方法可分为相对密度法、折射法、电导法三种。

（1）相对密度法测量盐度是海洋学中广泛采用的方法。海水相对密度，即一个

大气压下、单位体积海水的重量与同温度、同体积蒸馏水的重量之比。由于海水相对密度和海水密度密切相关,而海水密度又取决于温度和盐度,所以相对密度计的实质是:从相对密度求密度,再根据密度、温度推求盐度。

(2)折射率法是通过测量水质的折射率来确定盐度。

以上两种测量盐度的方法存在误差较大、准确度不高、操作复杂、不利于仪器配套等问题,尽管还在某些场合下使用,但逐渐被电导测量法所代替。

(3)电导法是利用不同盐度具有不同导电特性来确定海水盐度的。

1978年的实用盐标解除了氯度和盐度的关系,直接建立了盐度和电导率比的关系。由于海水电导率是盐度、温度和压力的函数,因此,通过电导法测量盐度必须对温度和压力对电导率的影响进行补偿。采用电路自动补偿的这种盐度计为感应式盐度计。采用恒温控制设备,免除电路自动补偿的盐度计为电极式盐度计。

感应式盐度计以电磁感应为原理,它可在现场和实验室测量,而得到广泛的应用。在实验室测量中其精度可达 $\pm 0.003\,0$,该仪器对现场测量来说是比较好的,特别对于有机污染含量较多、不需要高准确度测量的近海来说,更是如此。然而,由于感应式盐度计需要的样品量很大,灵敏度不如电极式盐度计高,并需要进行温度补偿,操作麻烦,这就导致感应式盐度计又向电极式盐度计发展。

最先利用电导测盐的仪器是电极式盐度计。由于电极式盐度计测量电极直接接触海水,容易出现极化和受海水的腐蚀、污染,使性能减退,这就严重限制了在现场的应用,所以主要用在实验室内做高准确度测量。加拿大盖德莱因(Guildline)仪器公司采用四极结构的电极式盐度计(8400型),解决了电极易受污染等问题,于是电极式盐度计得以再次风行。目前广泛使用的STD、CTD等剖面仪大多数是电极式结构的。

三、利用现场温盐深仪测量盐度原理

从调查现场的CTD仪获取的相对电导率、温度、压力数据,必须经过处理后方才得到盐度资料,因为现场测定的相对电导率可分成三部分,即:

$$R = \frac{C(S,\ T,\ P)}{C(35,15,0)} = \frac{C(S,\ T,\ P)}{C(S,T,0)} \cdot \frac{C(S,\ T,\ 0)}{C(35,T,0)} \cdot \frac{C(35,\ T,\ 0)}{C(35,15,0)}$$

$$= R_P R_T r_T \tag{5-2-1}$$

这里 $C(35,15,0)$ 是一个定标常数,它与定标时实验室的条件有关,Mark Ⅲ型CTD系统 $C(35,15,0)=42.909$ (ms/cm)。

R_P,R_T 和 r_T 可用现场观测得到的温度和压力表示。

压力对电导比的影响,布莱德霄(Bradshow)测得的结果是:

$$R_P = \frac{C(S,\ T,\ P)}{C(S,T,0)} = 1 + \frac{P(C_1 + C_2 P + C_3 P^2)}{1 + d_1 T + d_2 T^2 + (d_3 + d_4 T)R}$$

式中，$C_1 = 2.070 \times 10^{-5}$，$C_2 = -6.37 \times 10^{-10}$，$C_3 = 3.989 \times 10^{-15}$；

$d_1 = 3.426 \times 10^{-2}$，$d_2 = 4.464 \quad \times 10^{-4}$，$d_3 = 4.215 \times 10^{-1}$，$d_4 = -3.107 \times 10^{-3}$。

γ_T 为标准海水的温度系数，多菲尼（Dauphince）等人得到的表达式为：

$$\gamma_T = \frac{C(35,\ T,\ 0)}{C(35,\ 15,\ 0)} = C_0 + C_1 T + C_2 T^2 + C_3 T^3 + C_4 T^4$$

式中，$C_0 = 0.676\,612$，$C_1 = 2.005\,57 \times 10^{-2}$，$C_2 = 3.989 \times 10^{-4}$，$C_3 = -7.043\,73 \times 10^{-7}$，$C_4 = 1.119\,40 \times 10^{-9}$。

由此求得 R_T：

$$R_T = \frac{R}{R_P \gamma_T}$$

通过 R_T 就可算出海水的盐度。

利用温盐深仪测盐度时，每天至少应选择一个比较均匀的水层，与利用实验室盐度计对海水样品的测量结果对比一次。如发现温盐深仪的测量结果达不到所要求的准确度，应调整仪器零点或更换仪器探头，对比结果应记入观测日志。

温盐深的电导率传感器必须保持清洁，每次观测完毕都须用蒸馏水（或去离子水）冲洗干净，不能残留盐粒或污物。

第三节　光电法盐度检测原理

光线在不同折射率液体当中会发生偏折，也就是折射。对于混合液体来说，溶质浓度的变化也会影响到溶液折射率的变化。每一种溶质的浓度与其溶液折射率两者之间都会有一个定量的关系，如果能找到这种关系，那么也就能够根据溶液折射率直接得出溶液的浓度。

但是，海水盐度与折射率之间的关系比较复杂，目前还没有严谨的理论公式。

在过去的几十年间，很多学者在这方面做了深入的研究，在大量实验数据的基础上，他们获得了海水折射率的经验公式，但基于不同海域得到的经验公式往往不同，不过都具有相似的形式 $n = n(s, T, \lambda)$，其中，s 为海水盐度，T 为海水温度，λ 为光波长。有的经验公式甚至引入了压强 P。

根据现有的文献资料，海水折射率和盐度之间的关系主要有以下几种：

一是在温度不变的情况下，折射率随盐度的变化情况：折射率与盐度同方向变化，盐度每变化1，折射率变化 2×10^{-4}。

二是盐度不变的情况下，折射率随温度升高而降低。在0~30℃范围内，温度每变

65

化1℃,折射率变化 $3 \times 10^{-5} \sim 1 \times 10^{-4}$,可见温度对海水折射率的影响还是较大的。

三是温度不变的情况下,折射率随着入射光波长的增加而降低,在可见光谱范围内,波长每变化1 nm,折射率变化范围在 10^{-5} 个数量级。

基于光电传感技术的海水盐度计研制,比如盐度分别为0、10、20、35的海水,其折射率与温度的变化关系如表5-3-1所示,从中可以清楚地看到上面三个规律。

表5-3-1　海水折射率与盐度、温度的关系

盐度	海水折射率					
	温度（℃）					
	0	5	10	15	20	25
0	1.333 95	1.333 85	1.333 70	1.333 40	1.333 00	1.332 50
10	1.336 00	1.335 85	1.335 65	1.335 30	1.334 85	1.334 35
20	1.337 95	1.337 80	1.337 50	1.337 15	1.336 70	1.336 20
35	1.341 85	1.341 57	1.341 24	1.340 80	1.340 31	1.339 76

基于以上考虑,我们利用待测液体盐度变化引起传输光折射角改变导致接收端光线偏移的性质,提出了一种基于PSD的盐度检测技术,实现了对盐度的精确快速测量(图5-3-1)。同时,为了消除温度的影响,我们引入了参考液,通过测量它与海水折射率差的办法解决了这一问题,原因是海水和参考液的折射率随温度变化几乎同步,两者的折射率差受温度影响很小,温度每变化1℃,折射率差变化 4×10^{-7},这样的变化率给盐度测量带来的影响仅相当于0.002。另外,我们选用光源的波长是固定的,所以海水盐度与折射率的关系完全可以用标定法实现。

PSD(位置敏感器件)是一种基于半导体横向效应的光电二极管。当入射光点落在器件感光表面不同位置时,PSD将输出不同的电信号,通过对输出信号的处理,即可判断入射点在PSD器件上的位置,由此可以实现光点位置的连续测量。PSD不仅具有灵敏度高、位置分辨率高和良好的瞬态响应特性,而且其检测位置输出只与光斑能量中心有关,而与光强、光斑形状和大小无关,因而对光束质量要求相对不高。正是由于这些优点,PSD在非接触式高精度测量以及实时动态检测领域获得了广泛应用。

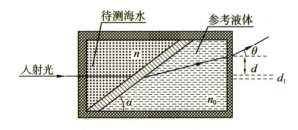

图5-3-1　光学折射法测量盐度原理

海水盐度的检测还有一些其他方法,比如拉曼光谱法、布里渊散射法、紫外光谱法等。拉曼光谱法利用溶液中电解质的浓度变化与溶液的拉曼光谱特性之间存在的定量关系,通过拉曼光谱偏斜率来计算盐度,此方法快速、简便;布里渊散射法,通过测量布里渊频移和其他参数,再根据经验公式求得盐度,由于采用调频探测,所以抗干扰性好、信噪比高;紫外光谱法,根据溶液的紫外吸收谱与盐度、温度及波长有关的特性,反演求得盐度,可达到较高的测量精度;等厚干涉法,利用牛顿环实验中透镜凸面和平板玻璃间的空隙,在空隙里分别为空气或待测液条件下,测定k、k'级暗环的两组直径,从而求得待测液折射率,标定可得盐度值,此方法不适于现场实时测量盐度。以上方法大多处在理论和实验研究阶段,技术还不成熟,不适于复杂的海洋环境下的盐度测量。

第四节　遥感观测

现代研究结果表明,海水表面盐度(SSS)是估量海气交换的关键因子之一。例如,在西太平洋海域,盐度对海水密度和高度的影响与温度相当,甚至超过温度的作用。对船测资料和T/P卫星资料分析表明,有近一半的厄尔尼诺的变化,可以由盐度变化来解释。实际上在SSS中可以找到几乎所有气候变化模态的信号:如热带不稳定波(TIW)、南极绕极波(ACW)和太平洋10年际涛动(PDO)等。另外,在利用高度计资料计算海洋的热储存、估算海洋上层温度和盐度剖面、改进大气环流模型中海表面饱和水汽压的计算,SSS都有很好的应用前景。

海水盐度和海水温度一样是海洋动力学分析中主要考虑的特征量。由于盐度能影响海水的介电常数,从而也影响到海水的微波辐射发射率。

微波辐射计可以探测海表面盐度。图5-4-1所示为观测角$\theta = 53°$、温度分别为0℃和30℃时,垂直极化状态下的海表面(盐度为35)和纯水表面菲涅耳反射率ρ随电磁波频率变化的曲线。从图中可以发现,在1~2 GHz(L波段)的频率范围内,菲涅耳反射率ρ随盐度不同而有明显差异;在3~40 GHz的频率范围内,菲涅耳反射率ρ几乎与盐度的变化无关。微波辐射计通过采用L波段测量海面的菲涅耳反射率来测量盐度。

遥感测盐技术要求在21 cm波段测定发射率。并要求有关现场的水温辅助观测值作为参照,由于8 cm波段的微波辐射极少受介电数影响,可以反映现场的温度,因此一个两通道的微波传感器将能同时提供盐度和所需的水温观测值。已经有关于飞机遥感盐度绝对值误差为1~2的报道。

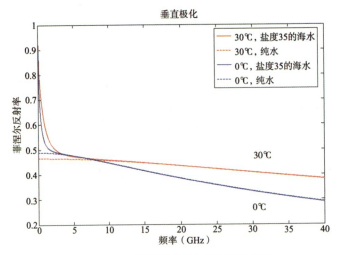

图5-4-1 不同频段菲涅尔反射率与盐度

就目前技术水平而言，空间遥感是唯一的大范围、连续观测的有效方法。美国正在执行盐度遥感的Aquarius计划，现在已经实现了海洋表层盐度的遥感测量：两个专门的微波卫星传感器（L波段辐射计）——SMOS（土壤湿度和大洋盐度）和Aguarius/SAC-D卫星可以直接测量海水表面盐度，不过由于近岸海水污染，其分辨率尚有待提高。盐度遥感理论体系20世纪70年代已经基本建立起来，包括海面微波发射理论、海水介电常数模型等。通过这些理论和模型的研究，建立了盐度反演的基本算法，同时也确定了盐度反演最理想波段，就是以1.413 GHz为中心、宽度为20 MHz的频率波段，即通常所说的L波段。云对该波段的影响可以忽略，除了大雨天气以外，可以进行全天候盐度观测。

发展海水盐度遥感信息提取技术，首先要研究传感器因素（波段、频率、极化、入射角）、海表面环境因素（温度、表面粗糙度）、空间环境因素（宇宙背景辐射、银河噪声、太阳辐射、无线电干扰）等对盐度遥感的影响，然后建立实用的盐度反演算法，其中包括：

（1）统计模型算法：一是利用双波段（L、S）的辐射计遥感资料，二是先利用红外资料获得海表面温度，再利用L波段辐射计资料反演海表面盐度。这个模型算法的局限性在于，对构造模型的实验数据有较大依赖性，因此通用性较差；另外，算法完全建立在经验统计模型之上，与物理过程没有直接联系，一旦出现误差，找不出其来源和机理。

（2）理论模型算法：建立在物理模型基础上，充分考虑各种因子影响，具有相当的通用性。

（3）实用算法：将统计模型算法和理论模型算法结合起来。这可能是未来发展的方向。

第六章　海色和海发光

第一节　海　色

一、什么是海色

海水的颜色主要是由海水的光学性质，即海水对太阳光线的吸收、反射和散射造成的。我们知道：太阳光是由红、橙、黄、绿、青、蓝、紫七色光复合而成，七色光波长长短不一，紫光波长最短，红光波长最长。太阳光照射到海面时，一部分光被反射回去，另一部分光折射进入水中。进入水中的光线在传播过程中会被水吸收。水对光的吸收与光的波长有关，即水对光的吸收具有选择性。水对波长较长的光吸收显著，对波长较短的吸收不明显。红光、橙光和黄光在不同的深度时均被吸收，并使海水的温度升高；到一定的深度，绿光也会被吸收。而波长较短的蓝光和紫光遇到水分子或其他微粒会四面散开，或反射回来。所以当海水明净清澈时，可见光中被海水吸收最少的蓝光和紫光就会反射和散射出来，我们看见的大海就呈现出蓝色。

这种现象在天空中也能看到：在晴朗的天气里，空气中会有许多微小的尘埃、水滴、冰晶等物质，当太阳光通过空气时，会发生一种瑞利散射，其散射光强度与波长的4次方成反比，已知可见光波长范围是400 nm（蓝紫光）到700 nm（红光），红光端波长是蓝紫光波长的1.75倍，因此，蓝紫光散射强度接近红光散射强度的10倍，从而使蓝紫光线散射向四方，使天空呈现出蔚蓝色。

影响海水颜色的因素有存在于海水中的悬浮物质和浮游生物等。大洋中悬浮物质较少，颗粒也很微小，对蓝光散射强，因此大洋海水多呈蓝色；近海海水，由于悬浮物质增多，颗粒较大，对长波的黄绿光部分散射增加，海水多呈浅蓝色；近岸或河口地域，由于泥沙增多和悬浮物颗粒变大,对黄光部分散射显著增强,海水看起来就发黄。

不仅泥沙能改变海水的颜色,海洋生物也能改变海水的颜色。介于亚、非两洲间的红海,其一边是阿拉伯沙漠,另一边有从撒哈拉大沙漠吹来的干燥的风,海水水温及海水中含盐量都比较高,海内红褐色的藻类大量繁衍,成片的珊瑚以及海湾里的红色的细小海藻都为之镀上了一层红色的色泽,海水呈淡红色,因而得名红海。

由于黑海海底堆积有大量污泥,其中含有大量硫化氢,因此海底颜色偏黑,这自然影响到上层水色。另外,黑海多风暴、阴霾,特别是夏天狂暴的东北风,在海面上掀起灰色的巨浪,海水灰黑一片,故得名黑海。

白海是北冰洋的边缘海,深入俄罗斯西北部内陆,气候异常寒冷,结冰期达6个月之久。白海之所以得名是因为掩盖在海岸的白雪终年不化,厚厚的冰层冻结住它的港湾,海面被白雪覆盖。由于白色面上的强烈反射,致使我们看到的海水是一片白色。

不管海是什么颜色,将水从海里用勺子舀起或用手掬起,看起来都是无色透明的液体,似乎这个洋、那个海甚至与湖泊、与江河的水色并无区别。这是因为盛海水的器皿,能将太阳光全反射到观察者的眼中,所以变成了无色!

水色对分析水团、鉴别水系、监测海洋石油污染、估算海水中叶绿素浓度具有重要价值,同时,对潜艇活动、渔业捕捞等也有重要意义。

二、 特殊的海色

"赤潮",被喻为"红色幽灵",国际上也称其为"有害藻华"(图6-1-1)。它是海洋中某一种或某几种浮游生物在一定环境条件下暴发性繁殖或高度聚集,引起海水变色,影响和危害其他海洋生物正常生存的灾害性海洋生态异常现象。赤潮发生时,海水的颜色取决于赤潮生物的种类和密度,并不都呈红色。

图6-1-1　赤潮(鲍献文,2007)

海水受到污染,随排入海水中物质的不同,海水也会变成其他颜色(图6-1-2)。

图6-1-2　黄海南部某近岸海域海水的污染

2008年5月,黄海南部、连云港东面,卫星照片显示,已有大面积浒苔出现,6月中旬开始,大面积浒苔开始从黄海中部海域向青岛近海漂移,在距离沙滩不远处的海域聚集,远远望去像一片浅绿色的"草地"(图6-1-3),一眼望不到边。奥帆赛场告急。面对突发性浒苔灾害,山东省、青岛市及沿海市、县,驻山东的陆、海部队,国家相关部委以青岛为中心点纵横联动,形成一个清理、阻截浒苔灾害的立体防线。

图6-1-3　浒苔成灾（北海分局供图）

海上发生溢油事故，海面到处都是油污，海色又成为另外一种颜色（图6-1-4）。

图6-1-4　海上油污（北海分局供图）

第二节　透明度与水色

一、透明度

透明度表示海水透明的程度（即光在海水中衰减的程度）。用直径为30 cm的白色圆板（透明度板），在船上背阳一侧，垂直放入水中，直到刚刚看不见为止。透明度板"消失"的深度叫透明度（图6-2-1）。

二、水色观测

观测透明度后，将透明度盘提到透明度值一半的位置，根据透明度盘上所呈现的海水颜色，在水色计中找出与之最相似的色级号码，并计入水温观测记录表中。水色的观测只在白天进行，观测时间为：连续观测站，每2 h观测一次；大面观测站，船到站观测。观测地点应选择在背阳光的地方，观测时必须避免船上排出污水的影响。

标准色级：21种。颜色跨度：浅蓝—黄绿—棕褐。存储管：无色玻璃，全封闭。注意事项：阴凉、避光处保存。如图6-2-2。

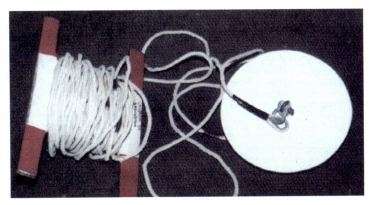

图6-2-1　透明度观测（刁新源供图）

透明度及水色是水光学因子的两种不同表达方式。前者表示海水能见程度的一个量度，后者是由海水的光学性质及海洋中悬浮物质所决定的海水颜色。两者都是反映海水浑浊程度的指标，关系极为密切，水色高（水色号小），透明度就大；透明度小，水色就低。从济州岛至黄海中、北部，水色的号码最小，表示这里水色多为天蓝色或绿天蓝色；近岸水色号码最大，苏

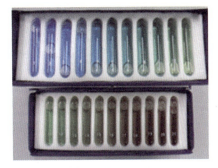

图6-2-2　水色计

北沿岸均大于18，这里水色多为褐色或黄褐色。水色等值线与海岸平行，水平梯度大；在成山头南北，水色自东向西各有一个舌状分布，走向与黄海深槽基本一致，也是黄海暖流影响的产物（图6-2-3）。

苏北沿岸高浊度的泥沙，除夏季外，向东可达到126° E附近，形成等值线密集的锋区。

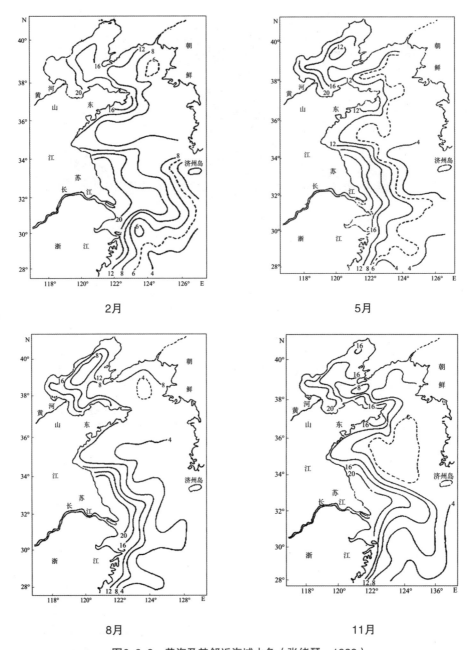

2月

5月

8月

11月

图6-2-3 黄海及其邻近海域水色（张绪琴，1989）

影响透明度及水色的因子有：海水中的悬浮物质，浮游生物的含量，江河入海径流，天空中的云量，海水的涡动与混合，以及风、浪、流、潮等。由于近岸海区悬浮物质、浮游生物的含量较高，又受大陆径流等影响，因此，中国近海及毗邻海域的透明度（图6-2-4）及水色分布的特点是：近岸低，外海高；浅海水色黄绿，深海深蓝；河口区水色浑浊，透明度最低。在陆架浅水区，低透明度所占据的范围大致与沿岸水团的位置相当；而在深水区，主要受暖流流系及外海水团所控制，具有水色高、透明度大的特点。整个中国近海自北往南,由近岸到外海,水色由浑浊逐渐过渡到清晰,透明度由小逐渐增大。除河口地区外,等透明度线分布趋势大致与海岸平行,外海与海流的主轴方向一致。由于长江、黄河携带大量泥沙入海,在长江口和黄河口附近,各自形成一个显著的低透明度或黄色的浑浊水舌。水舌方向分别指向济州岛和渤海中央,与上述地区低盐水舌的分布相似。

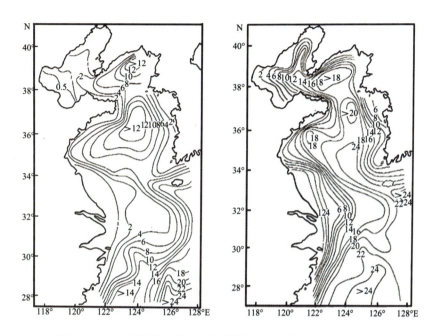

图6-2-4　冬、夏季渤、黄、东海透明度（朱兰部、赵保仁,1991）

透明度及水色也存在着明显的季节变化,冬季海水冷却下沉,对流混合强烈;加之风大、浪大,水层不稳定,海水变浑,水色低,透明度小。夏季因海水增温,垂直稳定度增大,水色和透明度都比较高。至于河口地区,一般在江河入海径流小的枯水季节透明度较大;洪水时期则相反,水色、透明度均比较低。

第三节　海发光

一、海为什么会发光?

海发光是海中的微光,它是指夜间海面生物发光的现象。

黑夜里,船在海洋中航行时,船头两侧常会出现两道乳白色的光,船走得越快,光就愈亮。在船尾同样可以看到一片闪烁的磷光。海发光并不是海水本身具有什么发光

的性质,这种闪光完全是生活在海洋中的生物发出来的。这些能发光的生物大概都有以下一些:

(1)发光细菌。发光细菌在沿岸以及大河注入的海区繁殖,它们所发的光以蓝色、黄色和绿色的成分比较多,但是发光较弱。其特点是不论什么海况,也不管外界是否有扰动,只要这种发光细菌大量存在,海面就会呈乳白色光辉。

(2)单细胞有机物。如夜光虫发光。

(3)较复杂的海洋生物。如水母、海绵、贻贝、管水母、环虫、介贝等发光,它们身上有特殊的发光器官,受到刺激,便会发出较大闪光。

(4)鱼也能发光。有些鱼的体内能分泌一种特殊物质,这种物质与氧作用而发光。这种发光通常是孤立出现的,在机械、化学物质刺激下才比较醒目。它们发出的海光一亮一暗,反复循环,如同闪光灯一样。

二、海发光的观测

海发光的观测项目有两个:发光类型和发光强度(等级)。

(一)海发光的类型

(1)火花型(H)。它主要由大小为0.02~51 mm的发光浮游生物引起,是最常见的海发光现象。只有当海面浮游生物受到扰动或受化学物质刺激时才比较明显。

(2)弥漫型(M)。它主要由发光的细菌发出。其发光特点是海面上一片弥漫的白色光泽。只要这种发光细菌大量存在,在任何海况下都会发光。常见于闽粤少数海区。夏季北方也会出现(图6-3-1)。

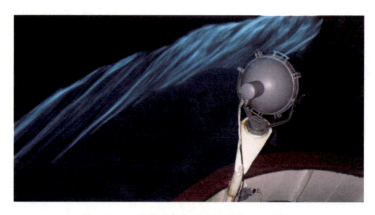

图6-3-1 弥漫型海发光(鲍献文,2007)

(3)闪光型(S)。它是由大型发光动物(如水母等)产生的。像火花型发光一样,这种类型的发光通常在机械或化学物质刺激下,发光才比较醒目。闪光通常是孤立出现的。闪光型海发光多出现在闽、粤、琼、桂沿海。

（二）发光强度

"0"级，无海发光现象；

"1"级，发光勉强可见；

"2"级，发光明晰可见；

"3"级，发光显著可见；

"4"级，发光特别明亮。

从发光强度来看，南北方沿海是不同的，浙、闽、粤、琼、台、桂等地海区均较高，一般清淅可见，其中台山、三沙、北茭、方澳、遮浪、闸坡等海域的发光最强。

第四节　水色与透明度遥感

水色遥感的主要任务是估计海洋初级生产力、悬移质含量和开展全球碳循环研究。

全球海洋初级生产力与全球碳循环有密切关系，全球碳循环与CO_2引起的全球变暖有直接联系。温室气体是导致全球变暖及气候变化异常的主要因素，二氧化碳（CO_2）、甲烷（CH_4）和氧化亚氮（N_2O）等是最常见的温室气体。世界气象组织指出，自18世纪晚期以来，大气中的二氧化碳含量增加了36%。叶绿素a对蓝光吸收强烈，在440 nm附近存在吸收峰，对黄绿光（550~575 nm）吸收较弱，因而呈现特征的绿色。

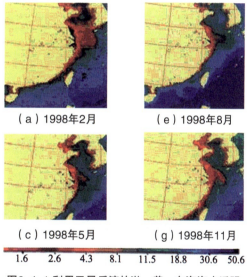

（a）1998年2月　　　（e）1998年8月

（c）1998年5月　　　（g）1998年11月

| 1.6 | 2.6 | 4.3 | 8.1 | 11.5 | 18.8 | 30.6 | 50.6 |

图6-4-1 利用卫星反演的渤、黄、东海海水透明度（何贤强、潘德炉等，2004）

赤潮发生或高浓度叶绿素时，由于浮游植物大量繁殖，使海水逐渐变色，在蓝绿波段出现强烈的吸收，在红色和近红外波段有强烈的散射，因而呈现特征的褐色。当海面叶绿素浓度增加，会出现685 nm荧光峰。

1978年发射的雨云-7号卫星开创了水色遥感新纪元，其搭载的CZCS被应用于透明度遥感探测。以后相继有SeaWiFS、MODIS、MERIS等较高时空分辨率卫星用于透明度观测（图6-4-1）。

第七章　海冰观测

海冰是海洋中一切冰的总称，它包括由海水冻结而成的咸水冰以及由江河入海带来的淡水冰，也包括极地大陆冰川或山谷冰川崩裂滑落海中的浮冰和冰山（图7-0-1）。

图7-0-1　冰　山

在北冰洋的中央和南极大陆的周围，冰情最重，即使在夏季海水也是结冰的。其次是北冰洋的巴伦支海、拉普贴夫海、波弗特海、加拿大北极群岛海域，以及巴芬湾、拉布拉多半岛附近海域、哈得孙湾、圣劳伦斯湾等，冬季一到就会结冰。欧洲的波罗的海、波的尼亚湾、芬兰湾，太平洋边缘白令海、鄂霍次克海的沿岸和近海也出现大量海冰。

我国渤海和黄海的北部，因所处的地理纬度较高，每年冬季都有不同程度的结冰现象出现。对于无特大寒潮侵袭的年份，冰情并不十分严重，对海事活动的威胁也不大，因此，我国曾对外宣布这些地区的港口为不封冰港口。但是，如果遇到特别寒冷的年份，尤其是寒潮入侵持续时间较长时，在持续低温的作用下，北方沿海也会发生严重结冰，不但使航道封冰，交通中断，海上作业停顿，甚至能把船舶冻结在海上。例如，1968~1969年冬季，由于寒潮持续的时间较长，致使整个渤海冰封，不仅冻结了在塘沽和秦皇岛港区锚地停泊的大轮，连正在航行中的船只也被封冻在海上，冰块还摧毁了海上石油平台。对这一冰封现象，由于事前无防备，造成了很大的损失。所以，海冰观测的作用就是为冰情作预报，为北方海港的海上工程、海事活动等提供重要的冰情资料，以便采取有效的对策，防患于未然。

海冰观测的要素包括：浮冰观测、固定冰观测和冰山观测。

浮冰观测项目有：冰量、密集度、冰型、表面特征、冰状、浮冰块大小、浮冰飘移方向和速度、冰厚及冰区边缘线。

固定冰观测项目有：冰型和冰界。具体来说，有堆积量、堆积高度、固定冰宽度和厚度。

冰山观测项目有：位置、大小、形状及漂流方向和速度。

海冰的辅助观测项目有：海面能见度、气温、风速、风向及天气现象。

海冰观测的时间：连续站每2 h观测一次，大面站船到站即观测。

第一节　海冰概况

一、海水结冰与盐度

我国的海冰，大多数是海水冷却直接冻结而成，只有少量是来自河流入海的淡水冰。

我们知道，淡水表面受冷，密度增大，水温降到4℃时，表面水因密度最大便向下沉，而下层水被迫上升，这样就发生了上下对流作用。这种对流作用一直进行到上、下层的水温都达到4℃为止。此后，如果温度继续下降，表面的冷水便不再下沉了，到了0℃就开始结冰。但是，由于海水含有盐的成分，结冰过程比淡水复杂得多，海水无论

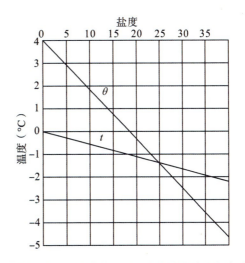

图7-1-1　结冰温度（ t ）、最大密度的温度（ θ ）与盐度的关系

是其冰点温度还是其最大密度时的温度均与盐度有关。如图7-1-1所示。

由图7-1-1可以看出，随着盐度的增高，海水的冰点（t线所示）和最大密度时的温度（θ）都要下降，可是它的下降过程并不一样：当盐度低于24.695时，最大密度值的温度在冰点以上，在上、下层海水都冷却到最大密度时的温度以后，此时对流停止，只要表面海水继续冷却到冰点就可以结冰了。当盐度高于24.695时，表面海水虽冷却到冰点，但最大密度值的温度均在冰点以下。因此，接近冰点的表层水将比下面的暖水重，这样，便引起了上、下层冷暖水的对流，从而减慢了海水降温，只有上、下层海水混合至冰点时，才能发生结冰现象。当盐度为24.695时，最大密度温度和结冰温度都是−1.33℃。

当海冰形成以后，大量的盐分从冰中析出，因此冰层以下的海水盐度要增大，这就使海水结冰更加困难了。

一般说来，海水达到冰点以后就开始结冰，但由于自然条件和气象条件的影响，海水结冰的情况就有所不同。例如，在风浪较大的大洋中不易结冰，但在无风、海面平静的条件下，或小潮期间（流速低），结冰就迅速得多。此外，淡水流入的河口区，水浅或伸入陆地的海湾都易于结冰。

二、 海冰的类型

国际上，根据各种海冰特征，对冰型分类如下：按成长过程分类有初生冰（包括冰针、冰波、油脂状冰、黏冰和海绵状冰），尼罗冰（包括暗尼罗冰、明尼罗冰和冰皮），莲叶冰，初期冰（包括灰冰、灰白冰），一年冰（包括薄一年冰、中一年冰、厚一年冰），老年冰（包括二年冰、多年冰）。按表面特征分类有平整冰、堆积冰、重叠冰、冰脊、冰丘、冰山、裸冰、雪帽冰等。按晶体结构分类有原生冰、次生冰、层叠冰、集块冰。按固定形态分类有固定冰、初期沿岸冰、冰脚、锚冰、坐底冰、搁浅冰、坐底冰丘。按运动状态分类有大冰原、中冰原、小冰原、浮冰区、冰群、浮冰带、浮冰舌、浮冰条、冰湾、冰塞、冰边缘等。按密集度分类有密结浮冰、非常密集浮冰、密集浮冰、稀疏浮冰、非常稀疏浮冰、开阔水面、无冰区。按融解过程分类有水坑冰、水孔冰、干燥冰、蜂窝冰、覆水冰等。

我国的海冰，普遍是在冬季寒潮降温后，从河口或沿岸浅水开始结冰的。结冰之后，根据海冰本身各要素的相对动态来分类。一般来说，海冰可分为固定冰和浮冰两大类。而在浮冰中由入海冰川分离下来的、高出海平面5 m以上的巨大冰块称为冰山。

固定冰是指与海岸、岛屿、海底冻结在一起的冰盖。我国结冰海区所见的固定冰，大多数是与海岸冻结在一起的沿岸冰，在潮汐的影响下，有时会产生升降运动。因此，海冰的形成初始阶段不易形成固定冰。

与固定冰相反，浮在海面随风、浪、流漂移的冰称为浮冰。因此，浮冰又有漂流冰之称。根据我国海冰的特点，上述冰的分类有所简化，后面将要分别叙述。

三、 冰期与冰情

冰期是指冰维持的时间,自出现冰之日起至冰消失之日止的这一时段。最早出现冰之日的日期叫初冰日,用某月某日来表示。一般来说,初冰日早,说明本年冷得早。

入冬时,根据往年和本年的天气情况,提前关注海面,以防误测初冰日。在一个冰期内,初冰日只有一个。我国的初冰日,一般在11月下旬至次年1月中旬。终冰日是指冰最后消失之日,也用"某月某日"来表示。在一个冰期内终冰日也只能是一个。因此,观测时要延长一定的时段。如果冰化了一段时期后又出现冰,应以最后终了的日期为准。我国海区的终冰日一般在2月下旬至3月上旬之间。

冰期是用初冰日起至终冰日止的一个时段的天数来表示的。这与实际有冰的天数不一样,也不能表达实际有冰的程度,但是能说明气候冷暖和变化特征。

我国的冰期大多数是跨年度的,这与冬季跨年度有关。冰情年度以入冬的年度为准。例如,1968年冰情年度是指1968年冬至1969年春这一时段,并且不论初冰日出现在哪一年,都称入冬年的年份为冰期年度。

在一个冰期内,依据冰的发展又分为三个或五个特征期。三个特征期是初冰期、严重(盛)冰期、消冰期。五个特征期是在初冰期和盛冰期之间加入分封冰期,在盛冰期与消冰期之间加入融冰期。显然,各个特征冰期的冰情是有区别的,但是特征冰期的划分至今尚无统一的严格标准。

冰期是与海冰的生成、发展、持续时间、分布及其活动变化规律有关。海冰本身各要素随着有关的水文、气象、地形等因素而发生各种变化。

在海冰观测中,把表达和描述冰情的许多术语统称为冰情要素。一种冰情要素,只表达或描述冰一个侧面的状况,冰情要素选取得越多,冰情的表达就越详细。同时,不同的部门,根据不同的需要,冰情要素的选取也不完全相同。例如,水工建筑部门,为研究海冰的物理性质,常选取的冰情要素有海冰盐度、温度、密度、抗压力、负荷力等等;海上交通部门,为研究及预报冰情的需要,冰情的所有要素都要选取。

四、海冰观测点的选择

海冰观测点的选择,主要有岸边和海区两个方面。岸边观测点应选择那些能观测到大范围的海冰情况的地点,同时要求该观测点周围视程内的海冰特征应具有代表性。一般选择海面开阔、海拔高度在10 m以上的地点为观测点。要尽量利用灯塔、瞭望台等高层建筑,以便能观测到航道、港湾锚地、海上建筑物附近的海冰特征;同时,也应考虑观测作业方便、安全等条件。观测点选定后,应测定海拔高度和基线方向。

海区测点的布设:原则上测点与测点之间的距离以其视距的两倍为好。此外,还要考虑到岸边常规观测点的配合,组成观测网,以便达到既有重点,又能全面、系统地了解海区冰情概况。

第二节 冰量和浮冰密集度观测

一、冰量和浮冰密集度的定义

冰量为能见海域内海冰覆盖的面积占该海域面积的比例份数。

冰量包括总冰量、浮冰量和固定冰量三种。总冰量为所有冰覆盖整个能见海面的成数；浮冰量为浮冰覆盖整个能见海面的成数；固定冰量为固定冰覆盖整个能见海面的成数。

任何漂浮在海上，能够随风和流漂移的冰均称浮冰。

浮冰密集度是描述浮冰群里冰块与冰块之间紧密程度的一个物理量。它被定义为：浮冰群中所有冰块总面积占整个浮冰区域面积的成数。通常分类为：密结流冰、非常密集流冰、密集流冰、稀疏流冰、非常稀疏流冰、开阔水域、无冰区。在冰情严重期间，辽东湾最大浮冰范围76 n mile，通常冰厚15～25 cm，最厚达45 cm；渤海湾最大浮冰范围14 n mile，一般冰厚5～10 cm，最厚达25 cm；莱州湾最大浮冰范围8 n mile，一般冰厚5～10 cm，最厚达15 cm；黄海北部最大浮冰范围24 n mile，一般冰厚10～20 cm，最厚达30 cm。

二、观测与记录

总冰量（浮冰量、固定冰量）的观测，是将整个能见海面分成十等份，估计十等份中的冰（浮冰、固定冰）所覆盖的成数，用0~10和⑩共12个数字和符号来表示，习惯上叫做"级"。例如，冰量6级，则表示冰占能见海面的60%。

记录时，只记整数。海面无冰，记录空白；海面有少量冰，但其量不到海面的1/20时记"0"；冰占整个能见海面的1/10，记"1"；占2/10，记"2"……海面全部被冰覆盖记"10"，若有少量空隙可见海水，则记⑩。

浮冰密集度的观测方法与冰量相同。在进行密集度观测时，当浮冰分布海面内有超过此海面1/10以上的完整水域，则该水域就不应算做浮冰分布海面。

若海面上只有微量（不足能见海面的1/20）初生冰或只零散地分布着几块浮冰，则密集度记"0"。

由此可见，冰量（或浮冰密集度）的大小不仅与冰的多少有关，还与能见海面的大小有关。对于同一测点不同时间，同一时间不同测点，不能单从其冰量（或浮冰密集度）的数字大小来比较其冰的量值和浮冰密集度，还必须注意其能见海面的大小的变化，而能见海面大小的变化又受海面能见度的影响。当海面能见度差，能见海面的视程就小；若能见海面很小时，冰量（或浮冰密集度）就显得大，这时冰量（或浮冰密集度）也就失真了。所以，当海面能见度小于4 km时，不应进行冰量观测。

这里所说的冰占的面积，是把所有的冰（包括根据浮冰密集度计算出的冰）集中起来计算的，而不是"散布"的面积。故冰量（或浮冰密集度）还受冰的远近、外形、光照、反射等因素的影响，观测时应注意排除这些因素所产生的误差。

第三节　冰型、冰的外貌特征和冰状观测

一、冰型观测

冰型是表示海冰的生成和发展过程的不同形式。冰型分浮冰型和固定冰型两种。

（一）浮冰型的划分

浮冰，顾名思义，就是在海面可以浮动的冰。我们选择九种来看它们彼此的区别。

（1）初生冰（用N表示）：由海水直接冻结或在海面上降雪而成，多为晶状、针状、薄片状、糊状和海绵状。海面呈灰暗色且无光泽，遇微风不起波纹（图7-3-1）。

图7-3-1　初生冰（王相玉摄）

（2）冰皮（用R表示）：由初生冰或在平静的海面上直接冻结而成，其表面平滑而湿润，色暗灰，面积较饼冰为大，厚度小于5 cm，能随波起伏，遇风浪易破碎（图7-3-2）。

图7-3-2　冰皮（王相玉摄）

（3）尼罗冰（用Ni表示）：厚度小于10 cm的有弹性的薄壳层。表面无光泽，在波浪和外力作用下易于弯曲和破碎，并能产生"指状"重叠现象（图7-3-3）。

图7-3-3　尼罗冰（王相玉摄）

（4）莲叶冰（用P表示）：直径30~300 cm，厚度10 cm以内的圆形冰块。由于彼此相互碰撞而具有隆起的边缘。它可以由初生冰冻结而成，也可以由冰皮或尼罗冰破碎而成（图7-3-4）。

图7-3-4　莲叶冰（高郭平摄）

（5）灰冰（用G表示）：厚度为10~15 cm的冰盖层，由尼罗冰发展而成。表面平坦湿润，多呈灰色，比尼罗冰的弹性小，易被涌浪折断，受到挤压时多发生重叠（图7-3-5）。

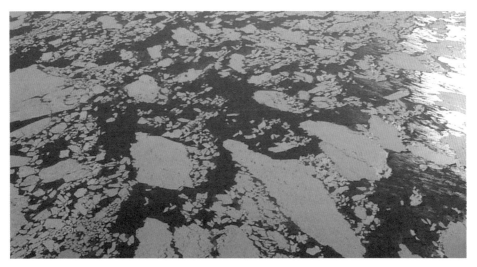

图7-3-5　灰冰（王相玉摄）

（6）灰白冰（用Gw表示）：厚度为15~30 cm的冰层，由灰冰发展而成。表面比较粗糙，呈灰白色，受到挤压时大多形成冰脊（图7-3-6）。

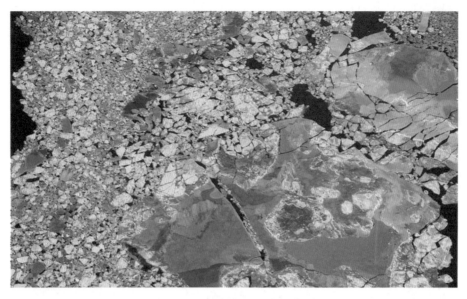

图7-3-6　灰白冰（王相玉摄）

（7）白冰（用W表示）：厚度为30~70 cm的冰层，由灰白冰发展而成。表面粗糙，多呈白色（图7-3-7）。

图7-3-7　白冰（王相玉摄）

（8）一年冰（用Fy表示）：厚度为70~200 cm，时间不超过一个冬天的冰，由白冰发展而成。

（9）多年冰（用My表示）：至少经过一个夏天而未融尽的冰，厚度多在2 m以上。由于它比一年冰厚且松，露出水面部分较高。

（二）常见固定冰型的划分

常见固定冰型分为冰川舌、冰架、沿岸冰、脚冰和搁浅冰五种。

（1）冰川舌（用Gf表示）：陆地冰川向海中的舌状伸展，最大可能伸展数十千米。

（2）冰架（用Is表示）：与海岸相连高出海平面2~50 m（或更高）的漂浮或搁浅的冰原。

（3）沿岸冰（用Ci表示）：与海岸冻结在一起的冰盖层，其宽度差别很大，在潮汐影响下，沿岸冰有时作升降运动。

（4）冰脚（用If表示）：沿岸冰"紧靠"海岸的、宽度很窄的部分。为沿岸冰的残体或未能向沿岸冰发展的初始阶段。不随潮汐升降，也不与海面相接（图7-3-8）。

图7-3-8　冰脚（王相玉摄）

（5）搁浅冰（用Si表示）：受潮汐和风浪影响而搁浅在滩地、礁石和海岸上的冰。多为孤立的冰块所组成的群体（图7-3-9）。

图7-3-9　搁浅冰（王相玉摄）

固定冰型观测时，应根据三种固定冰型的特征及形态，以符号记录。当三种冰型同时出现时，依量多少顺序记录。

特殊冰型出现时，与浮冰冰型一样，在备注栏内详细记录并摄影。

二、冰的外貌特征观测

海水结冰是由于水温下降到冰点时开始的。因此，天气的冷暖，所在海区的水文、地形等因素的不同，使浮冰外貌特征大不相同。

浮冰表面特征分平整冰、重叠冰、冰脊、冰丘、覆雪冰、覆水冰、蜂窝冰等七种。

（1）平整冰（用L表示）：冰面较平整，未受变形作用影响的海冰，或只有冰瘤或冰块挤压冻结的痕迹（图7-3-10）。

图7-3-10　平整冰（王相玉摄）

（2）重叠冰（用Ra表示）：冰层相互重叠，但重叠面的倾斜度不大，层次仍较平坦分明（图7-3-11）。

图7-3-11　重叠冰（王相玉摄）

（3）冰脊（用Ri表示）：碎冰在挤压力的作用下，冰块杂乱无章地堆积在一起形成的山丘状的堆积冰（图7-3-12）。

图7-3-12　冰脊（王相玉摄）

（4）冰丘（用H表示）：在风、浪、流的作用下，冰块杂乱地重叠堆积在冰面上，呈直立或倾斜状态（图7-3-13）。

图7-3-13　冰　丘

（5）覆雪冰（用S表示）：覆雪冰是指表面有积雪的冰（图7-3-14）。

图7-3-14　覆雪冰

(6)覆水冰(用F表示):覆水冰是指冰面上覆有融水的海冰。

(7)蜂窝冰(用Ro表示):蜂窝冰是指处于融化阶段后期的冰,其中有许多因融化而成的水孔(图7-3-15)。

图7-3-15　蜂窝冰

三、浮冰冰状观测

浮冰冰状是指浮冰的大小尺度。据此可将浮冰分为:巨冰盘、大冰盘、中冰盘、小冰盘、冰块和碎冰六种。

(1)巨冰盘(用Gf表示):巨冰盘是指水平尺度大于2 km的海冰。

(2)大冰盘(用Bf表示):大冰盘是指水平尺度在0.5~2 km的海冰。

(3)中冰盘(用Mf表示):中冰盘是指水平尺度在100~500 m的海冰。

(4)小冰盘(用Sf表示):小冰盘是指水平尺度在20~100 m的海冰。

(5)冰块(用Ic表示):冰块是指水平尺度在2~20 m的海冰。

(6)碎冰(用Bi表示):碎冰是指水平尺度小于2 m的冰块。

沿岸冰状观测时,应根据冰状特征,依量的多少用符号记录,量相同时依碎冰到平整冰顺序记录。

第四节　浮冰运动参数和固定冰堆积状况、范围观测

一、浮冰运动参数观测

海上浮冰（图7-4-1）和冰山的漂流，主要取决于风和流的共同作用。一般在弱潮流海区，由风引起的冰块漂流速度约为风速的1/50，在北半球其漂流方向偏于风向右方30°～40°，在南半球则偏向于风向的左方。但在强潮流海域，冰块的漂流方向因受风力和潮流的共同作用，则更为复杂难测。浮冰的运动过程，包括离散、集聚和剪切。

浮冰观测可分为浮冰块大小、浮冰方向和速度的观测。

图7-4-1　浮　冰

（一）浮冰块大小的观测

浮冰块大小是指单个冰块的最大水平尺度。初生冰不观测冰块大小。

浮冰块按大小分级，先确定最多浮冰块水平尺度，按等级用符号记录。量相同时取其最大者并测出单个最大冰块的水平尺度。以米为单位，取整数。

观测时，不分其形状，只按其水平尺度大小确定，冰块出现时往往是多种，甚至五种冰块全部出现。遇到这种情况，应选主要的、比较突出的一两种记录。

（二）浮冰运动方向和速度的观测

浮冰运动方向指浮冰的去向，以度或16个方位表示；浮冰速度为单位时间内浮冰

移动的距离，以"m/s"为单位，取一位小数。

浮冰运动方向和速度的观测，分海滨观测和海上观测两种。海滨观测用测波仪进行，若无测波仪也可用指南针测定。流速按"目测浮冰速度参照表"估计，乘船在海上观测时还需观测冰区边缘线。

用测波仪测浮冰方向和速度时，先将物镜对准选定的冰块特征点，在距离标尺上对准冰块与海面交界线读取开始距离标度，同时启动秒表，并在分度盘上读取方位，记录距离标度和方位。当冰块移动距离达到开始距离的1/3，或者冰块移动方位超过20°时，即停止观测，止住秒表，记录冰块终了距离标度和方位；如果冰块移动很慢，10分钟后仍未达到上述要求时，即停止观测。

根据冰块开始和终了距离标度，乘以测波仪的高度订正系数，求出实际距离，然后由实际距离、方位和时间间隔，用矢量方法计算或用计算圆盘求浮冰方向和速度。

目测浮冰方向和速度时，方向以16个方位记录，速度按"目测浮冰漂移速度参照表"（表7-4-1）估计，以"m/s"为单位，取1位小数。

表7-4-1　目测浮冰漂移速度参照表

冰块动态	很慢	明显	快	很快
冰速 v（m/s）	$0 < v \leq 0.3$	$0.3 < v \leq 0.5$	$0.5 < v \leq 1.0$	$1.0 < v$
速度等级	1	2	3	4

乘船在海上观测时，应首先环视冰区边缘，确定几个特征点（一般不少于三个，远离冰区的少量冰块不能选作特征点），然后用测距仪和罗经或雷达测出各点相对于测站的方向和距离，并记入表中，冰区边缘线观测不到时，应在备注栏内说明。

观测浮冰的方向和速度时应在船只锚定后进行。首先选一具有代表性的冰块，用罗经和测距仪或雷达测定其方向和至测站的距离（起点位置），然后用秒表计时，当所测冰块移动超过原离船距离的1/3或其方向改变20°时，读取时间间隔，同时测定其方向和距离（终点位置）。最后，根据起点位置和终点位置的方向和距离，用矢量法计算或用计算圆盘求得浮冰的方向和移动距离，再由距离和所需时间求得浮冰速度。

在观测浮冰方向和速度时，几种特殊情况的记录方法：

（1）海面无浮冰，速度和方向栏为空白，不参加统计。

（2）浮冰速度小于0.05 m/s时，流向记"0"，流速记"00"，参加月统计。

（3）海面有浮冰，但无法观测流速、流向（如只有初生冰或冰块只在岸边），则流向、流速记"—"。

（三）冰山观测

（1）冰山位置观测：雷达、GPS定位。

（2）冰山大小观测：高度和水平尺度。

（3）冰山形状观测：平顶、圆顶、尖顶、斜顶。

（4）冰山漂流方向和速度观测：与浮冰相同。

二、固定冰堆积状况和范围观测

（一）固定冰堆积状况观测

固定冰堆积状况观测是指堆积量、堆积高度的观测。

固定冰的堆积量是指沿岸冰堆积聚块的情况。

固定冰堆积量观测时，将整个能见固定冰冰面分为10等份，估计10等份中为堆积冰块（包括重叠冰和堆积冰）所覆盖的份数，只记整数。冰面平滑，无堆积现象，或堆积冰块占冰面不到1/20时记"0"，冰面为堆积冰块所全部覆盖时记"10"；若有少量空隙可见冰面则记⑩，堆积冰块占整个冰面的1/10记为"1"；占2/10记为"2"，依此类推。堆积量和堆积高度，以三角形符号表示，在符号内标出堆积量。

固定冰堆积高度分一般堆积高度和最大堆积高度两种。一般堆积高度是指大多数堆积冰从冰面到堆积顶点的垂直距离。最大堆积高度是指个别最大堆积冰到冰面的垂直距离。

观测时，对于近岸可用尺子进行丈量，对于远处的，也是估计其高度。观测高度的记录，以米（m）为单位，取一位小数，一般堆积高度记在符号的底端，最大堆积高度记在符号的顶端。

例如：
$$\begin{matrix} 4.5 \\ \triangle \\ 2.5 \end{matrix}$$

（二）固定冰范围观测

1. 固定冰宽度观测

固定冰宽度是指沿岸冰的海岸交接点至沿岸冰外缘的垂直距离。以米（m）为单位，取整数。

在固定冰宽度观测前，首先确定基线，基线应选择在测冰点附近，以所测得的固定冰宽度能代表测区的一般情况为原则，基线方向应与岸线垂直，选定后在基线两端设两个木桩，使基线固定下来。靠海一侧的一个木桩最好设在沿岸冰与海洋相接的地方，以便于观测。有些站测冰点选在测波室，如测波室前垂直于岸线的沿岸冰能代表测区一般情况，也可直接以测波室垂直于岸线的方向作为基线方向。

观测时，如整个能见海面都被固定冰所覆盖，这时除了记录能见到的固定冰宽度外，还应在记录前加一">"符号；如海湾河口全部被固定冰所覆盖，此时，除记其宽度外，还应在备注框内注明"固定冰宽度至对岸"。

2. 固定冰厚度观测

固定冰厚度是指沿岸冰表面至冰层底的垂直距离，以厘米（cm）为单位，取整数。

沿岸冰（图7-4-2）厚度观测通常用冰钻和冰尺进行。

图7-4-2 沿岸冰

在研究海冰变化的领域中，海冰厚度是最重要的核心参数之一，也是最难测的物理参数之一。传统的探测海冰厚度的有效技术手段是卫星遥控、水下声呐、直接钻孔以及雷达探测等方法。钻孔测量是最直接的可靠方法。

冰厚测点一般选在基线方向上，测点的数量，视沿岸冰宽度而定，以能反映出冰厚度变化为原则。测点选好后，先清除冰面上的积雪和其他杂物，再用冰钻钻孔。钻孔过程中，冰钻应保持垂直状态，直至钻透为止，然后将冰尺的支杆用销扣扣住，插入冰孔。当觉知已达冰下后，即将冰尺紧贴冰孔边缘向上提，用冰底将销扣刮落，支杆受弹簧作用成水平状并钩住冰。此时，冰面在冰尺上的读数即为冰厚。

海上乘船观测流冰冰厚时，可用绞车或网具捞取冰块（最好取3个以上），分别测量冰块厚度，最后取其平均值作为冰厚观测值。

现在郭井宇、孙波等学者提出用电磁感应法探测南极普里兹湾的冰厚，并取得不错的成果，其方法是用EM3+ICE型电磁感应仪和激光测距仪组合成船载海冰厚度探测系统。针对海冰和海水的电学特征，应用电磁感应技术测得海冰下底面距离，再利用激光测距仪测量冰面粗糙度和冰面的距离，两组数据组合，求得冰厚。

第五节　海冰监测系统

海冰监测系统即利用各种可能的手段对海冰的分布、类型、生成、发展以及消融等过程进行全天候的监测的综合系统。主要监测手段有：沿岸海洋站海冰观测、破冰

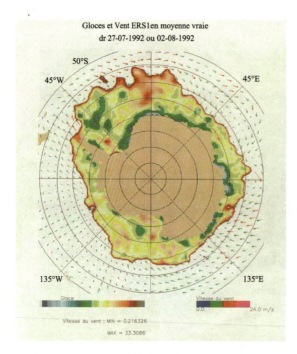

图7-5-1　ERS-1获取的南极风场和周边海冰情况（陈文中与法国Robert Ezraty提供）

船海冰观测、雷达测冰、飞机航空遥测等。20世纪60年代以来，又开始了卫星海冰观测。

一、卫星遥感

卫星观测是通过可见光照相、微波辐射计、多孔径雷达、红外辐射仪等对出现在海面上的海冰的厚度、密集度、冰类型等进行遥测。航空遥测海冰的优点是不受云的影响，分辨率高，所获资料丰富；缺点是飞机飞行频率较低，天气恶劣的情况下不能飞行。而卫星遥感测冰的优点是监测时间长，可同时进行大面积的监测。在中国首次北极科学考察中就采用NOAA卫星的红外和Radarsat的合成孔径雷达（SAR）遥感监测手段，配以飞机的航测和现场使用冰雷达、冰钻进行综合海冰观测调查。

图7-5-1提供了南极周边的海冰分布特征。南北方向冰区分布最广的3个海区，最大的是威德尔海，其次是罗斯海，普里兹湾居于第三。

二、雷达监测系统

利用航海雷达在冰区的石油平台上，针对海冰类型识别及对应冰厚度、流冰漂移速度和方向等要素进行观测。应用统计模式分类法，对雷达观测的海冰数据进行分类验证。一般来说，冰表面粗糙程度增加，散射也增加，平均散射系数便会增大。表7-5-1给出雷达的散射系数与回波强度。

表7-5-1　海冰雷达散射系数与回波强度

海冰类型	冰厚度/cm	雷达散射系数	散射强度分级
海水	0	0	0
初生冰	<5	−67.517	1～50
冰皮（平整冰型）	<5	−63.365	1～50

续表

海冰类型	冰厚度/cm	雷达散射系数	散射强度分数
尼罗冰（平整冰型）	5～10	−61.235	51～102
莲叶冰	5～10	−58.199	51～102
灰冰（平整冰型）	10～15	−36.163	103～153
灰冰（重叠冰型）	10～15	−34.558	103～153
灰白冰（堆积冰型）	15～30	−31.615	154～202
白冰（堆积冰型）	＞30	−29.623	203～255

注：使用的是航海雷达FURUNO–1382，天线架高24 m。

第八章　海浪与内波观测

第一节　导　言

　　风浪和涌浪包含有巨大的能量,它能使船舶摇摆颠簸、船速减小、航向偏移,甚至会造成沉船事故,对航海、捕捞和其他海上作业危害很大;风浪和涌浪的冲击,对海岸防护、港口码头、防波堤有很大的破坏作用;风浪和涌浪对泥沙有搬运作用,甚至会使海港淤积、航道变浅、影响船只进出港口等,据记载,在一次大风暴中,巨浪曾把1 370吨重的混凝土推动了十多米,激起60～70 m的水柱,甚至把万吨级的油轮冲上岸并折成两段。海浪也有其有益的一面:海浪会促进海水上下层的混合,使混合后的水层富含氧气,满足海中鱼类和其他动植物的需要;海浪的巨大能量也可以用于波浪发电,将来可能成为人类的巨大能源之一。由此可见,海浪观测是非常必要的,具有非常重要的意义。

一、观测对象

　　海浪观测的主要对象是风浪和涌浪。

　　在海洋中可以发生各种各样的波动,就其时间尺度来说,可以从十分之几秒的周期到几天、几个月甚至几年的长周期波动;从水平尺度来说,可以从几厘米的波长到几千千米的波长;从波动的恢复力来说,可以是表面张力、重力、科氏力等。本章要讨论的海上波浪和海浪,是指周期为几秒至几十秒的由风传输给海面能量引起的波动现象。

　　由当地风引起且直到观测时仍处于风力作用下的海面波浪称为风浪。它的成长决定于风速、风区和风时。风区,指速度、方向基本恒定的风,在一定时间内所经历的海区长度。风时,指速度、方向基本不变的风所吹的时间。风浪的外形比较杂乱粗糙,有时伴有浪花和泡沫,而且传播的方向大多和风向一致(当然在近海岸由于地形等因素的影响,浪向和风浪之间可能相差较大)。

风浪离开风的作用区域后,在风力甚小或无风水域中依靠惯性维持的波浪被称为涌浪。它的外形比较规则,波面比较光滑,周期大于原来风浪的周期,且随传播距离的增加而逐渐增大。此外,在风作用下的水域内,由于风力显著降低使原来产生的风浪处于消衰状态也可形成涌。在海洋上也经常遇到不同来源的波系叠加的现象,形成所谓的混合浪。

风浪和涌在浅海传播时,由于地形的影响,在海岸与岛屿附近常出现折射、绕射、反射、卷倒或破碎现象,且在传播过程中其波向、波速、波形以及其他性质都在不断发生着变化。

从观测海区以外传来的涌浪,它的衰减决定于原风区的风浪尺度和传播距离(即风区下沿到观测区的距离)。观测海区内本身形成的涌浪,它的衰减主要决定于原风浪的尺度和风力急剧减弱后的时间。

二、观测地点选择

海浪观测既要在岸边台站上进行,也要在海上(或船上)实施。岸边台站的海浪观测是为了取得沿岸地带(包括港湾)较有代表性的海浪资料。为此,观测地点应面向开阔海面,避免岛屿、暗礁和沙洲等障碍物的影响,更不能设在海带养殖架子内。安设浮标处水深,应不小于该海区常有风浪的波长的一半,而且海底尽量平坦并避开潮流过急地区。在海流流速较大的海区,测波浮标受到海流的拖曳,被紧紧压在海面,不能自由反映波面的跳动,导致波高波向测量误差。海上(或船上)的海浪观测可以获得的离岸较远的开阔海域的海浪资料,这时最好使用自记仪记录,利用船只起伏目测等方法都会带来较大误差。

三、观测内容和手段

(一)观测内容

海浪观测的主要内容是风浪和涌浪的波面时空分布及其外貌特征。观测项目包括海面状况、波型、波向、周期和波高,并利用上述观测值计算波长、波速、1/10和1/3大波的波高和波级。

海浪观测的时间为:海上连续测站,每3小时观测一次(目测只在白天进行,仪器每次记录的时间为10~20 min,记录的单波个数不得少于100个),观测时间为02,05,08,11,14,17,20,23时;大面(或断面)的测站,船到站即观测。海滨测站的自记仪观测时间与连续观测的要求相同,目测(包括仪器目测)的时间为08,11,14,17时。观测海浪时,还应同时观测风速、风向和水深。

(二)观测手段

海浪观测有目测和仪测两种。

目测要求观测员具有正确估计波浪尺寸和判断海浪外貌特征的能力。仪测目前可测波高、波向和周期，其他项目仍用目测。波高的单位为米（m），周期的单位为秒（s），观测数据取至一位小数。

仪器观测：

水下测量技术：压力测量，声学测量，光学测量。

水面测量技术：浮标测波，船载测波系统。

水上测量技术：气介式测量，航空摄影技术，激光技术，雷达技术；气介式声学测量是在水面以上向水面发射超声波，经水面反射后返回，接收后算出经过时间，若声速已知，即可得到距离。

空间测量技术：空间测量技术主要指用卫星微波遥感技术测量波浪，与传统测量完全不同。目前，存在3种卫星微波遥感仪器可观测海面风和波浪信息，其中卫星高度计可测量出海面有效波高，进行波浪周期反演；散射计可测量出海面风场，通过一定的反演算法也可得到波浪的信息；合成孔径雷达（SAR）可测量有效波高和海浪方向谱，确定海浪的传播方向。

第二节　海浪的基本要素

一、海浪的基本要素

可用简谐公式

$$\varsigma = a \cos(kx - \omega t) \tag{8-2-1}$$

来表示波面。式中，幅角为$(kx-\omega t)$，k为波数，ω为圆频率（$\omega = 2\pi f$，f为频率），a为振幅（波面离开水面的最大铅直距离）。两个相邻的波峰（或波谷）之间的水平距离称为波长λ（$\lambda = 2\pi/k$）；两个相邻波峰（或波谷）相继越过一固定点所经历的时间称为周期T。振幅a的2倍称为波高H（即波峰到相邻波谷的铅直距离）；波峰和波谷在单位时间内的水平位移，称为波速C（$C = \lambda / T$），以上统称为波浪要素（图8-2-1）。

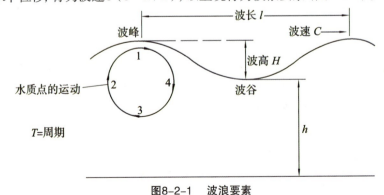

图8-2-1　波浪要素

实际的海浪不像简谐波那样的整齐对称,而是十分复杂的。图8-2-2是在固定点利用波浪自记仪记录到的波面高度随时间演变的曲线。

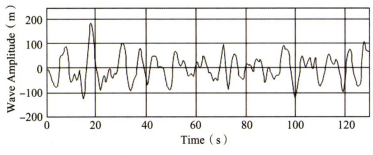

图8-2-2 实际记录的波浪

二、海浪的统计特征

(一)平均波高

如有一段连续波高记录分别为H_1, H_2, $\cdots$, H_n, 则此段时间的平均波高等于:

$$\overline{H} = \frac{1}{n}(H_1 + H_2 + \cdots + H_n) = \frac{1}{n}\sum_{n=1}^{n}H_i \qquad (8-2-2)$$

此均值反映了波高系列的平均情况, 随着系列项数的增加, 均值愈趋稳定。平均波高越大,表示波能越多。

(二)均方差(H_a)

$$H_a = \sqrt{\frac{\sum(H_i - \overline{H})^2}{n-1}} \qquad (8-2-3)$$

由于波浪的能量与波高的平方呈正比, 所以均方根波高反映波浪能量的平均状态。在某些理论工作中, 此种波高是很有用的。

(三)部分大波波高(H_P)

在某一次观测或一列波高系列中, 按大小将所有波高排列起来, 并就最高的p个波的波高计算平均值, 称为该p部分大波的波高。例如共观测1 000个波, 最高的前10个、100个和333个波的平均值, 分别以符号$H_{1/100}$、$H_{1/10}$和$H_{1/3}$等符号表示。部分大波平均波高反映出海浪的显著部分或特别显著部分的状态。习惯上还将$H_{1/3}$称为有效波高。

(四)最大波高 $H_{\max}$

有时指某次观测中, 实际出现的最大一个波高; 有时指根据统计规律推算出的在某种条件下出现的最大波高。

(五)各种波高间的换算

在实际工作中, 对上面提及的几种波高之间的相互关系均有专门的表格可查, 这些专门的表格是利用波高的分布函数来求出各种波高间的关系而制成, 见表8-2-1。

表8-2-1　p部分大波平均波高与全部平均波高的比值

P	$H_P/\overline{H}$	H_P/H_a	P	$H_P/\overline{H}$	H_P/H_a
1/100	2.663	2.359	2/10	1.796	1.591
5/100	2.242	1.986	1/4	1.712	1.517
1/10	2.032	1.800	3/10	1.642	1.454
1/3	1.598	1.416	7/10	1.244	1.102
4/10	1.520	1.347	8/10	1.164	1.031
5/10	1.418	1.256	9/10	1.086	0.961
6/10	1.327	1.176	1	1.000	0.886

由表中可以看出：

$$\frac{H_{1/100}}{\overline{H}}=2.663,\quad \frac{H_{1/10}}{\overline{H}}=2.032,\quad \frac{H_{1/3}}{\overline{H}}=1.598$$

$$\frac{H_{1/100}}{H_{1/10}}=1.311,\quad \frac{H_{1/100}}{H_{1/3}}=1.666,\quad \frac{H_{1/10}}{H_{1/3}}=1.598 \qquad (8\text{-}2\text{-}4)$$

（六）波型

波型即波的类型，现行观测规范规定，波型分为风浪（F）、涌浪（U）和风浪与涌浪并存的混合浪（FU）。混合浪又依强度分为以风浪为主的混合浪（F/U）、以涌浪为主的混合浪（U/F）和二者势力均等的混合浪三种。

（七）波高换算与水深

波高换算系数与水深的关系见表8-2-2。

表8-2-2　波高换算系数与水深（d）的关系

$\overline{H}/d$	0.0	0.1	0.2	0.3	0.4	0.5
$K_{1/10}$	2.03	1.93	1.81	1.69	1.58	1.47
$K_{1/3}$	1.60	1.54	1.48	1.43	1.37	1.30

表中，当$\overline{H}/d$值接近零时，属深水区；当$\overline{H}/d$值大于零且小于0.5时，属浅水过渡区；当$\overline{H}/d$值接近于0.5时，属波浪破碎带。

$$H_{1/10}=K_{1/10}\overline{H}$$

$$H_{1/3}=K_{1/3}\overline{H} \qquad (8\text{-}2\text{-}5)$$

将表中$\overline{H}/d$各值对应的$K_{1/10}$，$K_{1/3}$代入上式中，可分别得出深水区、浅水过渡区、波浪破碎带的平均波高与1/10部分大波波高,1/3部分大波波高之间的换算关系式。

(八)周期

波高大的波,它的周期未必是大的,即两者大小次序并不完全对应。要求出对应于$\overline{H}_F$的平均周期$\overline{T}_F$,可按下列方法计算。

首先,将周期值依对应波高的大小排列,即波高大的波的周期排在前面,而不依周期本身大小的次序排列。那么,有效波周期:

$$\overline{T}_{1/3} = \frac{3}{n} \sum_{r=1}^{n/3} T_r \tag{8-2-8}$$

从理论上计算各种平均波高所对应的平均周期是有困难的。在实际应用上,多采用经验方法。例如,从实际观测资料统计可得有效周期和平均周期的关系为:

$$\overline{T}_{1/3} = 1.15\overline{T}$$

$$\overline{T}_{1/10} = 1.14\overline{T}_{1/3}$$

$$\overline{T}_{1/10} = 1.31\overline{T} \tag{8-2-9}$$

(九)周期、波长和波速

一个波的波长L和波速C与周期T间的关系为:

$$C = \frac{gT}{2\pi} = \text{th}\left(\frac{2\pi d}{L}\right)$$

$$L = \frac{gT^2}{2\pi} \text{th}\left(\frac{2\pi d}{L}\right) \tag{8-2-10}$$

当水深$h > \dfrac{L}{2}$时,$\text{th}\left(\dfrac{2\pi d}{L}\right) \approx 1$,则有

$$L = L_0 = \frac{gT^2}{2\pi}, \quad C_0 = \frac{L_0}{T}$$

当长度和时间的单位分别用米(m),秒(s)表示时,取$g=9.8\text{m/s}$,则上式简化为:

$$L_0 = 1.56T^2$$

$$C_0 = 1.56T \tag{8-2-11}$$

式中,L_0为水深波长,C_0为水深波速。

(十)波向和波峰

波浪传来的方向,称为波向。

在空间的波系中,垂直于波向的波峰连线叫波峰线。

(十一)波高随深度的变化

海面在风的直接作用下,波高最高,但是,随着深度增加,波高迅速降低(图

8-2-3)，在深度等于波长一半的地方，波高只有表面波高的1/273，此时可以认为，已经没有波动了。例如，30 m的波长，在15 m深处，已经感觉不到波浪的存在了。

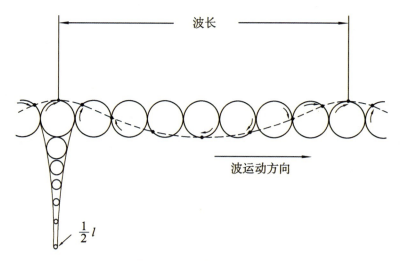

图8-2-3　波高随水深迅速降低

第三节　目测海浪

目测海浪时，观测员应站在船只迎风面，以离船身30 m（或船长之半）以外的海面作为观测区域（同时还应环视广阔海面）来估计波浪尺寸和判断海浪外貌特征。

一、海面状况观测

海面状况（简称海况）是指在风力作用下的海面外貌特征。根据波峰的形状、峰顶破碎程度和浪花出现的多少，可将海况分为10级，如表8-3-1所示。

表8-3-1　海况等级表

海况等级	海　面　征　状
0	海面光滑如镜，或仅有涌浪存在
1	波纹或涌浪和小波纹同时存在
2	波浪很小，波峰开始破裂，浪花不显白色而仅呈玻璃色
3	波浪不大，但很触目，波峰破裂，其中有些地方形成白色浪花，俗称白浪

海况等级	海 面 征 状
4	波浪具有明显的形状，到处形成白浪
5	出现高大波峰，浪花占了波峰上的很大面积，风开始削去波峰上的浪花
6	波峰上被风削去的浪花，开始沿着波浪斜面伸长成带状，有时波峰出现风暴波的长波形状
7	风削去的浪花布满了波浪斜面，有些地方到达波谷，波峰上布满了浪花层
8	稠密的浪花布满了波浪的斜面，海面变成白色，只有波谷某些地方没有浪花
9	整个海面布满了稠密的浪花层，空气中充满水滴和泡沫，能见度显著降低

目测海况应根据表8-3-1确定级别，并填入记录表，观测时应尽量注意广阔的海面，避免局部区域的海况受暗礁、浅滩及强流的影响。

二、波型观测

（一）波型

（1）风浪：波型极不规则，背风面较陡，迎风面较平缓，波峰较大，波峰线较短；4~5级风时，波峰翻倒破碎，出现"白浪"，波向一般与平均风向一致，有时偏离平均风向20°左右。

（2）涌浪：波型较规则，波面圆滑，波峰线较长，波面平坦，无破碎现象。

（二）波型记法

波型为风浪时记F；波型为涌浪时记U。

风浪和涌浪同时存在并分别具有原有的外貌特征时，波型分三种记法：

（1）当风浪波高和涌浪波高相差不多时记FU。

（2）当风浪波高大于涌浪波高时记F/U。

（3）当风浪波高小于涌浪波高时记U/F。

无浪时，波型处不填写。发展成熟的风浪，很像方向一致的风浪和涌浪的叠加，此时应根据风情（风速、风时等）变化，来判断波型。

三、波向观测

波向分16个方位（表8-3-2）

测定波向时，观测员站在船只较高的位置，用罗经的方位仪，使其瞄准线平行于离船较远的波峰线，转动90°后，使其对着波浪的来向，读取刻度盘上的读数，即为波向（用磁罗经测波向时，须经磁差校正）。然后根据表8-3-2将读数换算为方位，波向的测量误差不大于±5°。当海面无浪或波向不明时，波向栏记C，风浪和涌波同时存在时,波向应分别观测,并记入表中。

表8-3-2　波向16个方位与度数换算表

方位	度数	方位	度数
N	348.9° ~ 11.3°	S	168.9° ~ 191.3°
NNE	11.4° ~ 33.8°	SSW	191.4° ~ 213.8°
NE	33.9° ~ 56.3°	SW	213.9° ~ 236.3°
ENE	56.4 ~ 78.8°	WSW	236.4° ~ 258.8°
E	78.9° ~ 101.3°	W	258.9° ~ 281.3°
ESE	101.4° ~ 123.8°	WNW	281.4° ~ 303.8°
SE	123.9.° ~ 146.3°	NW	303.9° ~ 326.3°
SSE	146.4° ~ 168.8°	NNW	326.4° ~ 348.8°

四、周期和平均周期的观测

(一)周期的观测

观测员手持秒表,注视随海面浮动的某一标志物(当波长大于船长时,应以船身为标志物)。当一个显著的波的波峰经过此物时,启动秒表;待相邻的波峰再经过此物时,关闭秒表,读取记录时间,即为这个波的周期。

(二)平均周期的观测

观测员手持秒表,当波峰经过海面上的某标志物或固定点时,开始计时,测量11个波峰相继经过此物的时间(波长大于船长时,可根据船只随波浪的起伏进行测定)。如此测量三次,然后将三次测量的时间相加,并除以30即得平均周期($\overline{T}$),填入表中。两次测量的时间间隔不得超过1分钟。

五、部分大波波高及周期的观测

根据观测所得的平均周期$\overline{T}$,计算100个波浪所需要的时段t_0,然后在t_0时段内,目测15个显著波(在观测的波系中,较大的、发展完好的波浪)的波高及其周期,取其中10个较大的波高的平均值,作为1/10部分大波波高$H_{1/10}$值,查波级表(表8-3-3)得波级。从15个波高记录中选取一个最大值作为最大波高H_m,将$H_{1/10}$、H_m及波级填入记录表中相应栏内。

波高也可以利用船身来测定,当波长小于船长时,观测员可将甲板与吃水线间的距离作为参考标尺来测定波高;若波长大于船长时,则应在船只下沉到波谷后,估计前后两个波峰相当于船高的几分之几（或几倍）来确定波高。

表8-3-3　波级表

波级	波　高　范　围	海浪名称
0	0	无浪
1	$H_{1/3} < 0.1$　　$H_{1/10} < 0.1$	微浪
2	$0.1 \leqslant H_{1/3} < 0.5$　　$0.1 \leqslant H_{1/10} < 0.5$	小浪
3	$0.5 \leqslant H_{1/3} < 1.25$　　$0.5 \leqslant H_{1/10} < 1.5$	轻浪
4	$1.25 \leqslant H_{1/3} < 2.5$　　$1.5 \leqslant H_{1/10} < 3.0$	中浪
5	$2.5 \leqslant H_{1/3} < 4$　　$3.0 \leqslant H_{1/10} < 5.0$	大浪
6	$4 \leqslant H_{1/3} < 6$　　$5.0 \leqslant H_{1/10} < 7.5$	巨浪
7	$6 \leqslant H_{1/3} < 9$　　$7.5 \leqslant H_{1/10} < 11.5$	狂浪
8	$9 \leqslant H_{1/3} < 14$　　$11.5 \leqslant H_{1/10} < 18$	狂涛
9	$14 \leqslant H_{1/3}$　　$18 \leqslant H_{1/10}$	怒涛

六、波长和波速的计算

将观测到的周期代入式（8-2-11）中，得知波浪的波长和波速。若水深d小于$L_0/2$时，则计算的波长、波速必须进行浅水订正，其步骤如下：

（1）根据水深d与深水波的波长L_0的值d/L_0，查浅水校正因子表，得对应的$\text{th}\left(\dfrac{2\pi d}{L}\right)$值。

（2）依据式（8-2-10）计算浅水波波长L和波速C。

例如，某测站水深为20 m，测得的海浪周期为10 s，试计算其波长、波速。

依式（8-2-11）计算得$L_0 = 156$ m，$C_0 = 15.6$ m/s，然后计算$d/L_0 = 0.13$，可见d/L_0

<1/2，再根据d/L_0值求得$\text{th}\left(\dfrac{2\pi d}{L}\right) = 0.7804$，则：

$L = 156 \times 0.7804 = 122$ m

$C = 15.6 \times 0.7804 = 12.2$ m/s

第四节　海浪的观测

一、岸边海浪观测

（一）光学测波仪

我国进行系统的海浪观测是从1949年以后开始的。山东是我国系统地开展海浪工作最早的省份。

20世纪50年代初，各国天气资料相互保密。为提高天气预报的准确性以及国防的需要，当时利用台风浪产生的涌浪，推算台风位置及其移动情况，作为台风预报的一种辅助手段。中国科学院地球物理研究所和中国人民解放军海军在青岛东郊小麦岛建立了我国第一个海浪观测站。1954年8月，该站进行气象和海浪观测。最初使用的是光学测波仪，该仪器主要测定波浪的波高、周期、波向和波长，并且还可以测量海面上物体的距离、浮冰的速度及方向。此种测波仪严格说仍然属于目测范围。我国常用的测波仪有HAB-1型和HAB-2型两种，它们将远处测波浮标的起伏映射为设于岸边观测台上光学测波仪中上下跳动的格数，来确定波浪的高低。

（二）测波杆

除去光学测波仪之外，临时使用的还有测波杆。这是最简单的测波装置，就其设置原理而言，可以有电阻式、电容式等各种不同类型。将一测波杆直立于水中，未受海水浸泡的导线电阻（或电容、电感、高频振荡的调频特性等）将随着海面的起伏而变化，然后通过特定记录仪器记录之，这就是测波杆能够感应波浪高度的最简单的原理。

测波杆的优点是结构简单、分辨率高、对波动响应非常敏感。除去用于观测波浪外，也可以用来测量潮汐、风暴潮以及其他的长周期海面波动，只要测量的时间足够长，适当地将模拟曲线离散化，使用特定的滤波函数即可将潮汐和波浪分开。它的缺点如下：

（1）在大风浪条件下，海水与空气混合的泡沫飞溅到空中或富集于海面，使得海气之间的海面模糊不清，此时易产生较大误差，需要有经验的人从流动曲线中识别出这种误差。

（2）在污浊的海水中也会产生误差。例如，海面布满石油类的薄膜、海藻，测波杆上附着海洋生物，海水的盐晶或冰膜，以及其他脏物黏附在测波杆的触头上，都会增大测量误差。所以保持测波杆清洁，是测量过程中必不可少的一环。

（3）由于测波杆必须以岸壁或水中固定建筑物为依托，所以在开阔的洋面上无法使用。这是它的最大局限性。

（4）将测波杆安装于依托物之上时，测波杆要与依托物保持一定的距离，以免依托物影响波浪观测精度。

由于以上种种限制，测波杆已经淡出人们的视野。

二、广适性自动式测波仪

现在各种先进测波仪纷纷问世，这些仪器既可以观测外海波浪，也可以用于岸边观测。目前广泛使用的现场海浪观测仪器主要有压力式测波仪、重力式测波仪、超声波式测波仪等。压力式测波仪直接布于海底或以潜标形式布放，该类型仪器往往所观测到的波浪周期偏小；重力式测波仪以测量浮标上下运动产生的加速度而闻名，该类型仪器在强流区观测效果较差，而且其安全性较差；超声波式测波仪，一般仪器坐底，向海面发射超声波，利用反射声波的传输时间来确定波高，该类型仪器功耗大，当海面有泡沫时误差较大，我国主要用于海洋台站观测。

（一）重力测波仪

现行的基于加速度传感器的浮标测波方法有两种，一种是基于三轴(x, y, z)加速度的传感器，可以测量浮标随波三轴加速度和三轴旋转（航向角、俯仰角和横滚角），进而估算出海洋参数。另一种是基于重力的传感器。基于三轴加速度传感器的波浪浮标测波方法测量波浪时，浮标伴随着海面的变化作相应的运动，即代表了水质点的运动状态，结果计算输出一个加速度信号。离散的加速度信号由采集电路采集得到，即通过一定采样率采集得到一系列竖直加速度值来得出波高、波周期、功率谱等数据。

SZF2-1型波浪浮标是一种定点、定时（或连续）地对波浪要素进行测量的小型浮标自动测量系统，能测量海浪的波高、周期、波向。可单独使用，也可作为海岸基/平台基海洋环境自动监测系统的基本设备。SZF2-1型波浪浮标采用重力加速度原理进行波浪测量，当波浪浮标波面变化作升降运动时，安装在浮标内的垂直加速度计输出一个反映波面升降运动加速的变化信号，对该信号做二次积分处理后，即可得到对应于波面升沉运动高度变化的电压信号，将该信号做模数转换和计算处理后可以得到波高的各种特征值及其对应的波周期。

利用波高倾斜一体化传感器、方位传感器除可以测得波高的各种特征值和对应的波周期外，还可以测得浮标随波面纵倾、横倾和浮标方位三组参数，通过计算处理,得到波浪的传播方向。

测量指标如表8-4-1所示。

表8-4-1　SZF2-1型测波仪测量指标

测量参数	测量范围	测量精度
波浪高度	0.3 ~ 20 m	± (0.3+5% × 测量值) m
波浪方向	0 ~ 360°	± 10°
	2 ~ 20 s	± 0.5 s

(二)压力式测波仪

海面浮标虽有许多优点,但其共同缺点就是容易丢失。渔民或过往的船只出于好奇或作业方便往往从水中捞起浮标,自觉或不自觉地破坏了这些装置。此外,如果锚定系统不牢,在恶劣天气下,也有被吹走的可能。而置于海底或水下的测波仪器,隐蔽性好,不易遭受人为破坏,因此近十几年压力式测波仪的使用越来越多。

压力式测波仪(或压力传感器、压力换能器)通过记录海水的压力变化,间接算出海面的波动,信号记录有自容式或电缆传输两种。自容式,是将压力感应器与信号记录系统一起置

图8-4-1　日本ALEC

公司生产的测波仪

于水下,定期收回后再进行资料处理(图8-4-1);电缆传输式,是借助电缆把水下感应器与岸上的记录系统连接起来,好处是可以做到实时监测,遇有故障,可以及时发现,压力测波仪所记录的曲线是随水深衰减的,需做深度订正。这种订正依赖于被测量的海浪频率。当波长较长时,测量精度不低于原精度的95%;波长较短时,测量精度受到的影响较大,因此,这种仪器多用于浅水岸区。

在浅水波理论的基础方程推导中,一个重要的假定是认为质点在铅直方向上的加速度对压强分布没有什么影响,也就是说压强分布完全服从流体静力学法则。目前,压力式测波仪测量数据的转换,正是以这种低阶浅水理论的结果为基础的。

根据小振幅波动理论,水面下Z处压力随时间t的变化为

$$P(t) = \rho_w ga \frac{\text{ch}[k(d+z)]}{\text{ch}(kd)} \cos(kx - \omega t)$$

式中,Z轴向上为正,z为测波仪传感器没水深度,波沿X正轴传播,k为波数(等于$2\pi/L$,L为波长),ω为圆频率,a为自由表面波振幅,ρ_w为海水的密度,d为水深,g为重力加速度,且:

$$\omega^2 = gk\,\text{th}(kd)$$

压力变化的振幅为：

$$\Delta P = \rho_w ga \frac{\text{ch}[k(d+z)]}{\text{ch}(kd)}$$

实验及海上观测表明，压力的衰减较上式为快。故欲自上式由实测压力转换为表面的振幅，需将左侧乘以因子n，于是由上式可得：

$$a = n \frac{\Delta P}{\rho_w g} \cdot \frac{\text{ch}(kd)}{\text{ch}[k(d+z)]}$$

上式即为压力式测波仪记录换算波高的公式。在应用中，须先知道订正系数n。从当前能够查到的国内外资料看，n值在1.0~1.52范围内。

目前，关于压力式波潮仪的布放深度，我国海洋界一直存在争议。生产厂家给出的最佳布放深度为5～15 m，而一部分海洋科技工作者则认为，由于海洋工程和海洋开发的需要，压力式波潮仪的布放深度无法不超出这个范围，所以压力式波潮仪的数据处理问题就提到议事日程上来了。

（三）声学测波仪

声学测波仪（或回声测波仪）如一个倒置海底的回声测探仪，它从海底垂直向海面发射窄幅的水声脉冲信号，在起伏的海面处反射回来后再被接受（图8-4-2）。发出和回声接受的时间差即被用来度量波高。一般来说，这类仪器的工作频率为700 kHz左右，而脉冲频率10 Hz左右，脉冲的幅宽以不超过5°为佳。在测量时，如果海气之间有一个明显的界面，而且海水的温盐层结比较稳定时，多半可以获得95%以上的精度。但是，当海面出现破波，或天气恶劣，海面富集有气泡或水沫，测量精度便大受影响。由于这种仪器消耗功率较大，所以多数情况下要铺设电缆，它比压力测波仪的优越性在于：不需要深度订正，所以并不存在由此引起的误差问题。但是这不是说它适应于远洋深水，因为在安装仪器时，水深仍是一个巨大的障碍，此外电缆的铺设也是一个耗资巨大的工作。压力式波潮仪的数据处理一直也是困扰海洋科技工作者的

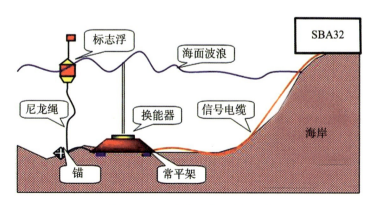

图8-4-2 超声波测波的基本原理

难题。

三、外海海浪观测

外海观测一般是在深海海域，无陆地或岛屿可以依托，必须借助石油平台、锚系浮标或调查船等载体来完成。遥感测波，则是最迅速的、大范围的先进手段。属于这一类的测波手段有：

（一）锚系浮标

一般来说，此类的海洋浮标分为水上和水下两部分。水上部分装有多种气象要素传感器，分别测量风速、风向、气压、气温和湿度等气象要素（图8-4-3）；水下部分有多种水文要素的传感器，分别测量波浪、海流、潮位、海温和盐度等海洋要素。各传感器产生的信号，通过仪器自动处理，由发射机定时发出，地面接收站将收到的信号进

图8-4-3　HFB-1型海洋资料浮标

行处理，就得到了人们所需的资料。有的浮标建立在离陆地很远的地方，便将信号发往卫星，再由卫星将信号传送到地面接收站。

（二）GPS波浪浮标测波方法

GPS可提供全天候测量，测量所得三维数据具有较高精度。现行的波浪浮标有单点GPS、差分GPS、实时动态GPS 等多种。荷兰Datawell 公司出产的差分GPS 浮标只含一个GPS传感器。GPS浮标的核心就是GPS 接收机。在2000 年之前，GPS 接收机精确度只能达到分米每秒。2000年5月之后，美国政府取消了选择可用性干扰，价格较低的GPS接收机的精确度也可以达到厘米每秒量级，可以获得较高精度的测量结果，GPS浮标的使用更加普遍。中国台湾成功大学的邱冠维提出了对精密单点定位技术进

行研究, 而且把结果与差分GPS观测结果、岸站数据进行分析比较, 证明了该方法的可行性。因为GPS接收机与卫星做相对运动, 使GPS接收机接收到的频率与卫星信号发射器信号频率不相同, 产生了多普勒效应。GPS浮标接收多个卫星的GPS信号, 将接收机发射的数据进行调整后发送到数据控制中心。数据控制中心通过计算处理得出收发机的三维位置, 各个水质点的瞬时速度, 多普勒原理得出频率变量, 计算得出各种海浪参数, 从而达到海洋监测的目的。

(三) 机载侧视雷达SLAR (Side-Looking Airborne Radar)

机载侧视雷达SLAR采用了脉冲压缩技术, 它的距离分辨率δ_y与合成孔径雷达(SAR)相同 (图8-4-4)。凡是分辨率与天线的孔径成反比的雷达都是真实孔径雷达, 机载侧视雷达(SLAR)属于真实孔径雷达。一般来说, 杆状天线的长度或者圆盘状天线的

图8-4-4 载有SLAR的飞行观测　　　　图8-4-5 岸基测波雷达

直径代表天线的孔径。真实孔径雷达不依赖多普勒效应, 机载侧视雷达的方位分辨率δ_x与雷达波长λ和天线的孔径D的比值有关。

(四) X波段岸基雷达

X波段岸基雷达, 已经发展成为一种新颖的海况遥感观测方式 (图8-4-5), 有着巨大的应用价值。雷达观测中, 影像处理极其重要, 传统的方法是将影像经过傅里叶变换, 分析其波浪谱。但是, 在X波段雷达近岸影像中, 由于波浪的非均匀性使得傅里叶变换并不能很好地满足影像分析的要求。可将二维小波变换应用到影像处理中, 分析波浪谱能量的空间分布, 以探讨波浪的非均匀性。

(五) 高频地波雷达

高频地波雷达, 是指工作于高频(3~30 MHz) 频段的雷达。目前, 利用高频地波雷达进行海态测量的产品种类很多, 国内产品主要是 OSMAR 系列 (图8-4-6), 国外主要是德国汉堡大学研制的 WERA 和美国 CODAR 公司研制的 SeaSonde。与此同时, 为了降低高频地波雷达系统的成本, 提高高频雷达测量的性能和精度, 将单部雷达

图8-4-6 OSMAR 雷达发射天线和接收天线

改装或组合成多功能雷达也是高频地波雷达发展的趋势。其观测精度参数如表8-4-2所示。

表 8-4-2 OSMAR 测量精度参数

参数	表面流场		波浪		海面风场	
	流向	流速（m/s）	有效波高（m）	海浪谱	风向	风速（m/s）
测量范围	0～360°	0～3	1.5～10	0～360° 0～15 s	0～360°	5～75
均方误差	≤±5°	t≤±0.05	≤±0.5+测值的20%	≤25° ≤1 s	≤25°	≤±2+测值的20%

（六）航空摄影

航空摄影技术是在飞机、舰船或岸边建筑物上对海浪进行拍照，再对这些记录进行傅里叶变换、图像滤波、颜色编码等复杂的处理，最后便得到波面高度的分布。国内提出一种利用视频图像坐标变换和波浪爬高的图像，通过图像处理、直接线性变换法以及相关校正算法，找出波浪爬高的世界坐标系坐标和图像坐标系坐标之间的转换关系，从而求得近海岸海浪要素。但这一技术尚不成熟，尤其是在图像处理算法方面还需进行深入的研究。

第五节　卫星遥感

一、基本原理

合成孔径雷达是一种具有高分辨率的成像雷达。属于遥感技术的一种，利用雷达发射一个椭圆锥状的微波脉冲束对地面目标进行扫描，通过计算回波特性来得到地面目标的物理特性，能够实现这种功能的雷达叫做合成孔径雷达（SAR）。

加拿大的雷达卫星（RADARSAT）采用圆形、太阳同步轨道，携带有C波段5.3 GHz水平极化的合成孔径雷达SAR；欧洲环境卫星ENVISAT-1载有多个传感器对陆地、海洋和大气进行观测，其中最主要的传感器是C波段5.3 GHz多极化的高级合成孔径雷达ASAR。当高度计雷达脉冲信号传向海面时，脉冲前沿的反射首先来自波峰的反射，随后脉冲波与海面接触越来越多，来自于海面的反射面积也就越来越大，反射强度逐渐增强，回波信号呈线性增长，此后脉冲后沿到达海面，回波信号的强度增加到最大。海面受照射面呈一圆环形，受照面积为常数。由于雷达天线有很好的方向性，随着卫星的运动，受照面积逐渐偏离天底下方，其回波功率的平稳阶段很快开始衰减。

为了消除随机误差，雷达高度计每秒向下发射1 000个脉冲，其回波信号的平均值作为计算反演海洋物理量的依据。从卫星发射短脉冲到回波信号脉冲前沿的中间点时间间隔，可以计算卫星到海平面的距离。当海面为平静海况时，脉冲的回波信号在脉冲持续时间内逐渐增强，并达到最大值，当海面为粗糙海况时，脉冲的回波信号达到最大值所持续的时间比平静海况时长很多，波高越高，其回波信号所持续的时间越长。因此，可根据海面反射的脉冲回波前沿的斜率反演海面波高。测量精度达到0.5 m（当$H_{1/3} > 2.0$ m时）或10%（当$H_{1/3} < 2.0$ m时）。

海面状态可以通过三种形式即有效波高$H_{1/3}$、表面波功率谱、实际图像来描述。

（1）有效波高：使用短脉冲雷达高度计沿星下路径全天候地观测，能测1~20 m范围的有效波高（$H_{1/3}$），准确度为±1 m，或有效波高的±25%。

（2）表面波功率谱：使用合成孔径雷达SAR全天候观测波长50 m以上，在以10°为间隔的所有传播方向上的海浪平方振幅值，精度同$H_{1/3}$。经过二维傅氏变换可以得到海浪的斜率谱。

（3）图像：主要指海浪折射图，从应用角度看将比表面波功率谱更有用。也是采用合成孔径雷达（SAR）对大于50 m的波长在100 km的扫视宽度上成像，这种观测也具有接近全天候的能力。

二、实际应用

(一)波浪理论研究

当高度计卫星的地面轨迹穿过热带气旋、温带气旋或锋面时,可以研究其断面结构,如日本的Toba曾使用高度计寒潮资料研究了日本海海浪生成、成长、消衰的机制,得到与传统理论相符的结论。

(二)高度计测波资料的物理学控制方法

海上的海洋要素变化和时间变化都具有连续性,海面有效波高也有同样的性质。当高度计卫星沿着轨道连续飞行时,掠过海面的波高连续地发生变化,其变化规律服从于波浪的动力学规律。

设风浪波高与风区的关系为:

$$\tilde{H}=a\tilde{x}^{-b} \tag{8-5-1}$$

式中,$\tilde{H}=gH/U^2$为无因次波高,$\tilde{x}=gx/U^2$为无因次风区。

设参考点的风区为x_0,波高为H_0,控制点的风区为x,波高为$H=H_0+\Delta H$,则有

$$\frac{\partial \tilde{H}_0}{\partial x}=\frac{bH_0}{x_0} \tag{8-5-2}$$

$$H=\left(1\pm b\frac{\Delta x}{x_0}\right)H_0 \tag{8-5-3}$$

式中,Δx为风区场中参考点与控制点之间的空间位置差,"+"表示沿卫星运动方向风区长度的增加,"−"表示沿卫星运动方向风区长度的减小,在高度计资料中,资料之间的最小距离一般为6~10 km;x_0为风区,一般大于数十千米;b一般位于0.5~1之间。因此可以计算得到:$b\frac{\Delta x}{x}$一般位于0~0.5之间,保守估计不大于1.0。

海面上的波浪往往是由风浪和涌浪构成的混合浪,而涌浪的空间变化率远小于风浪的空间变化率,因此可以说式(8-5-3)比较保守地表征了海面上两点之间波高的关系,可作为高度计波高资料的控制标准。

(三)波候研究

使用多年高度计测波资料,可统计分析全球各海区的波候状况,从而对气候、海气相互作用研究起积极作用。

波候统计的空间分辨率为1.5°×1.5°,时间尺度可分为旬、月、季、年和多年。人们在作波候统计时,往往对大波更感兴趣,因此人们常按波级进行波候的统计。图8-5-1给出中国黄海波高分布的季节变化。

(四)平均值与极值分布

海上工程和岸边工程常常关心波高的多年平均和多年一遇分布,多年一遇的极值分布是建立在多年(不少于15年)波浪观测的基础上的。在海上工程关心的海域,往往

没有所必需的多年观测序列,因此,这些海域极值波高的推算就面临许多困难。使用高度计测波资料,就可以解决此类问题。图8-5-1是四个季度的平均有效波高。

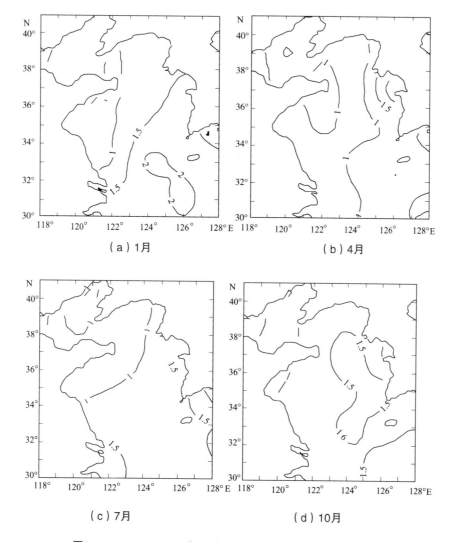

（a）1月

（b）4月

（c）7月

（d）10月

图8-5-1 1987～1988年四季平均有效波高（齐义泉等，1997）

雷达所测量的海面粗糙度是由几厘米到几十厘米的表面张力波和短重力波引起的。海浪对毛细重力波有调制作用,会在SAR图像留下长波海浪的踪迹。因此SAR能够观测海浪方向谱（图8-5-2）。

（五）内波观测

内波是一种中尺度海洋现象,对海洋工程、海洋军事和海洋科学具有重要意义。强剪切流能影响海上建筑、潜艇,会改变声波在水中的传播特性。

内波发生在海水密度层结的海水中。恢复力为地转惯性力和约化重力。波长在几百米至几百千米之间,波高最大达几百米!

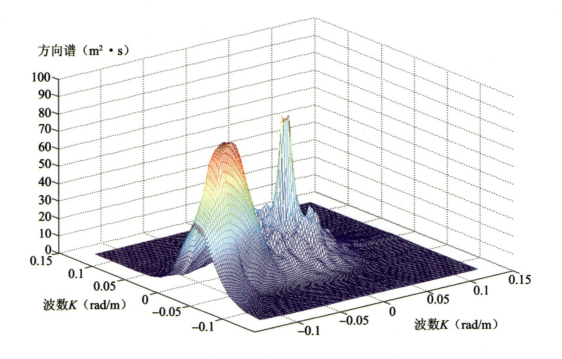

图8-5-2　实际资料反演的海浪谱

由于内波发生的随机性,采用常规观测方法获取长时间、大范围的内波观测资料非常困难。合成孔径雷达(SAR)成为内波探测的重要技术手段。当内波出现的时候,波流相向处辐聚,表面波波长减小,海面粗糙,在波流相背处辐散,表面波波长增大,海面光滑。这些改变会在SAR图像上产生明暗条纹。

海洋中一般存在两种内波类型:温跃层抬升驱动的抬升波和温跃层下潜驱动的下潜波。海表混合层与海底混合层厚度的比值决定了内波的类型。如果该比值大于1,那么抬升波就可能出现,反之下潜波就可能出现。

在下潜波图像里,图像的亮带代表辐聚造成的粗糙表层水面,暗带代表辐散造成的光滑表层水面。抬升波的意义则相反。

南中国海存在的内波大部分属于下潜波,尤其是在夏季,海表混合层厚度小于海底混合层厚度。在其他季节,如果风生混合层足够强,在浅水区海表混合层厚度会大于海底混合层,这样就会出现抬升波。

第九章　潮位观测

　　水体的自由表面距离固定基准点的高度统称为水位。海洋中的水位又称潮位。潮位变化包括在天体引潮力作用下发生的周期性的垂直涨落，以及风、气压、大陆径流等因素所引起的非周期变化，故潮位站观测到的水位是以上各种变化的综合结果。

　　潮汐，在潮差大的浅水海区航行，吃水较深的舰艇可以乘潮航行，避免搁浅，尤其在登陆作战时，必须掌握潮汐的变化情况。海上布雷也需考虑潮汐变化，以防水位降低时所布的锚雷浮出水面，暴露水雷的位置；水位增高时，锚雷会因定深增加，而不能爆炸。此外，海洋和海岸工程设计、风暴潮和海汐预报、海涂围垦、潮汐发电等方面，也都需要准确的潮汐参数和预报。因此，潮位观测对确定平均海平面和深度基准面、潮汐表制作、风暴潮预报、海上作战指挥、海底电缆的铺设、地震预报等具有非常重要的意义。

第一节　潮位观测中的基本知识

一、潮位观测中的一些常用名称

（一）潮汐涨落过程中出现的一些概念性名词

　　潮汐的涨落是以一定的时间周而复始地出现。在一天中，海平面上涨到最高的位置称为高潮；海平面下落到最低的位置称为低潮。从低潮到高潮这段时间内，海平面的上涨过程称为涨潮。海水的上涨一直到高潮时刻为止。这时海平面在一个短时间内处于不涨不落的平衡状态，称为平潮。平潮的中间时刻取为高潮时。从高潮到低潮这段时间内海平面的下落过程称为落潮。当海平面下落到最低位置时，海平面也有一短暂的时间处于平衡状态，叫停潮。停潮的中间时刻取为低潮时（图9–1–1）。

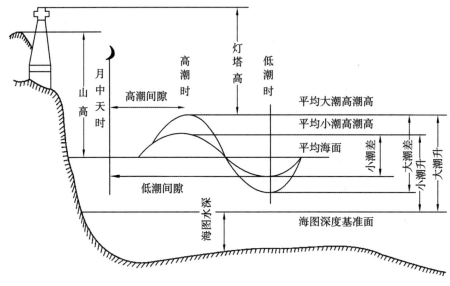

图9-1-1　描述潮汐涨落的基本要素和基准面

（二）需用数字表述的一些名词

1. 潮高

潮高是从潮高基准面算起的潮位高度。高潮高就是指高潮时海平面高度到潮高基准面的距离。在朔、望后数日内之大潮高潮水位的平均值，称为大潮平均高潮位（HWOST），低潮位之平均值称为大潮平均低潮位（LWOST）。在上、下弦期间产生的小潮的高潮位及低潮位的平均值分别称为小潮平均高潮位（HWONT）及小潮平均低潮位（LWONT）。高潮高与低潮高的垂直距离叫做潮差，而平均高潮高与平均低潮高的垂直距离叫做平均潮差。潮高基准面一般与海图深度基准面相同，某地某时潮高加上当地海图水深便得某地某时实际水深。

2. 高低潮间隙

高潮间隙：为当地月中天时刻起，到当地第一个高潮出现时止的时间间隔。把长期观测的高潮间隙数值加以平均，其平均值，就叫平均高潮间隙。

低潮间隙：为当地月中天时刻起，到当地第一个低潮为止的时间间隔。把长期观测的低潮间隙数值加以平均，其平均值，就叫平均低潮间隙。

高潮间隙和低潮间隙两者合称为月潮间隙。不同港口的平均高潮间隙不同。在半日潮海区，平均高潮间隙和平均低潮间隙一般相差6小时12分钟。

3. 潮龄

潮龄就是朔望时间到当地发生大潮的这段时间间隔，以天数表示。一般大潮发生在朔望后一两天，但由于各港口的地形不同而有所差别。

4. 平均海平面

平均海平面是指海平面升降的平均位置，它是由长期潮位观测记录算出来的。海图深度基准面或陆上高度的计算都根据平均海平面来确定。

二、验潮站站址的选择

潮汐的变化规律与地球、月球的视运动有着密切的关系。然而，地–月的视运动所引起的潮汐的变化又因地而异（即不同的地点因地形、地貌等因素的影响其潮汐的变化是不同的）。所以在进行潮位测量以前，首先要对验潮站的站址进行选择。验潮站站址选择的条件如下：

（一）验潮结果要有充分的代表性

验潮站的潮汐情况在本海区必须具有代表性，这是选择验潮站的主要条件。验潮站一般要求面临的外海要开阔，无稠密岛屿和浅滩障碍；避开较大径流区域，防止径流对验潮的影响。即使选择湾内，也要内外流通顺畅。例如，有的海湾，湾内面积比较大，但与港外连通的口子很小，海水不能自由流通，因此湾内外潮汐特性相差很大：湾内的潮差小，而湾外的潮差大。如海南岛的一些潟湖海湾，曾出现湾外潮差3 m多、湾内潮差却只有0.3 m左右的情况。在这种情况下，为了掌握湾外的潮汐规律，就不能在湾内设站；反之，为了掌握湾内的潮汐涨落规律就不能在湾外设站。

又如，在河口地区，通常有拦门沙，有的甚至能在低潮时露出水面。如果在设站时没有很好地了解当地的潮汐情况，图方便将验潮站选在河口里面，结果低潮时海平面没有变化，看起来好像已经发生了低潮；实际上此时外海海平面一直继续下降，经过一段时间后才真正发生低潮。这样，把验潮站选在河口里面就不具有代表性。有的海区，虽然不是河口，但由于海底地形的影响也会发生类似的情况。总之，设站时，必须到实地进行调查，虚心地向当地的渔民了解设站地点的潮汐及海区水深情况，从而达到合理地选择站址的目的。

（二）地质条件好

地质较为稳定，不是烈震区，也不是冲刷区和淤积区。

（三）观测便利，生活方便，人身安全

应尽量利用现有码头、防波堤、栈桥等海上建筑物作为观测点。观测安全，仪器便于看管，供电容易，生活方便。如果设于码头，也要设于船只较少停泊的地方，以免被船只撞到，给工作带来不便。

选择在海滩坡度大的地方，使水尺位置便于由岸上进行观测。如果海滩坡度较小，海水在滩涂涨落距离很远，为了观测潮位的升降，就需要设立十几根甚至数十根水尺才能进行潮汐观测，这样就很不方便。若必须在这样的地点设站时，可以另想办法。

（四）要保证观测资料完整、可靠

验潮站应避开冲刷、淤积、崩坍等使海岸变形迅速的地方。特别要注意底质为沙质的水域，平日看起来，滩涂平缓，水质清澈，但是风浪一来，海滩的塑造非常强烈，从而会将验潮井的入水口堵死。例如，琼州海峡南岸就是这类隐患众多的地方。

验潮站址要尽量避风、避浪。这样有利于提高观测的准确度，也避免水尺被风浪刮倒。若海区内有岛屿，一般选址在岛屿的背面避风处。

三、海平面与基准面

(一)海平面

在验潮站站址确定以后，通过大量的观测资料，就可以确定该区域海平面。

海平面是测量陆地上人工建筑物和自然物(如山高)高程的一个起算面。这个起算面也叫做基准面。这个基准面是通过大地测量的水准网来相对固定的。

新中国成立前，我国没有统一高程起算的零点。自从1957年起，我国才统一规定将青岛验潮站多年的平均海平面作为全国高程系统的基准面。2005年我国所测喜马拉雅山的珠穆朗玛峰海拔8 844.43 m，就是从黄海平均海平面算起的高度。其他国家也规定它们自己的高程起算面。例如，美国以波特兰验潮站的多年平均海平面作为高程的基准面；欧洲地区则以荷兰阿姆斯特丹的验潮站的多年平均海平面为高程的基准面。这些区域性的高程起算面，叫做区域性的大地水准参考面。海平面基面又叫绝对基面。还有其他基准面，例如，确定海图的水深有海图深度的基准面，通常是在最低低潮面附近，海图上标的水深就是从这个面向下算起的，但这个基准面归根结底仍是以海平面作为标准确定下来的。

(二)基准面和水准点与各种潮位的关系

由于潮位是以海平面与固定基面的高程表示的，所以在选定观测站之后，就要确定该测站潮位观测的起算面(简称为测站基面)。水文资料中提到的测站基面有：绝对基面、假定基面、冻结基面、海图深度基准面等。

1. 绝对基面

一般是以某一测站的多年平均海平面作为高程的零点，因此，海平面又叫绝对基面，如青岛零点(基面)、吴淞零点(基面)、大沽零点(基面)、珠江零点(基面)、废黄河口零点(基面)、坎门零点(基面)、罗星塔零点(基面)等。若以这类零点作为测站基面，则该测站的水位值就是相对绝对基面的高程。

黄海56高程基准(青岛大港1950~1956年验潮资料平均海平面，也称56基面)高出大港验潮站工作零点2.39 m；

1985国家高程标准(青岛大港1952 ~ 1979年验潮资料平均海平面，也称85基面)高出大港验潮站工作零点2.429 m。

2. 各种高程基准面间的关系

1985年国家高程基准=1956年黄海高程基准−0.029 m

1985年国家高程基准=大连高程基准+0.027 m

1985年国家高程基准=废黄河零点高程基准−0.19 m

1985年国家高程基准=大沽零点高程基准−1.163 m

1985年国家高程基准=渤海高程基准+3.048 m

1985年国家高程基准=吴淞高程基准−1.717 m

1985年国家高程基准=坎门高程基准+0.256 6 m

1985年国家高程基准=珠江高程基准+0.557 m

榆林高程基准面：在榆林平均海平面之上0.34 m。所以海南岛周边平均海平面皆在榆林高程基面之下（表9−1−1）。

表9−1−1　海南岛周边平均海平面

（榆林高程起算，m）

站名	海口	清栏	港北	榆林	八所	马村	秀英
平均海平面	−0.25	−0.26	−0.28	−0.34	−0.34	−0.31	−0.27

3. 假定基面

某测站附近没有国家水准点（如海岛或偏僻的地方），测站的高程无法与国家某一水准点关联时，可自行假定一个测站基面，这种基面称为假定基面。

4. 冻结基面

由于原测站基面的变动，所以以后使用的基面与原测站基面不相同，故原测站基面需要冻结下来，不再使用，即为冻结基面。冻结下来的基面可保持历史资料的连续性。

5. 验潮零点

验潮零点（水尺零点）是记录潮高的起算面，其上为正值，其下为负值。一般来讲，验潮零点所在的面称为"潮高基准面"，该面通常相当于当地的最低低潮面。

6. 深度基准面

深度基准面是海图水深的起算面。海图深度基准面一般确定在最低低潮面附近。许多国家的深度基准面都不相同。例如，英国采用"最低天文潮面"，美国、瑞典和荷兰等国采用"平均低潮面"，俄罗斯采用"理论深度基准面"作为海图上的深度基准面，即以本站多年潮位资料算出理论上可能的最低水深作为深度基准面，这样便于利用海图计算实际水深。我国从1956年以后，基本采用理论最低潮面作为深度基准面。它是按照前苏联弗拉基米尔斯基方法计算的，即以8个主要分潮组合的最低潮面为深度基准面。在浅海区及海平面季节变化较大海区，又考虑3个浅水分潮和2个长周期气象分潮，共13个分潮。理论上，这样所算得的最低低潮面应与这些分潮直接做19年预报所得的最低潮面（即最低天文潮面）一致。

在确定某测站的平均海平面之后，以它作为起算面，然后，通过测量求出平均海平面与永久水准点的关系，再确定理论最高潮面和实际最高潮面、水位零点、深度基准面与黄海平均海平面的关系等。

第二节　潮位的水尺观测

一、水尺形式

潮位最早是使用水尺进行观测，水尺是最简便的验潮器。至今这一方法仍在一些观测站使用，特别是一些短期的临时潮位观测站。

在验潮站站址确定之后，就要考虑验潮站的设置问题。验潮站的设置主要涉及水尺、水准点及验潮井的设置。

水尺是验潮站观测的基本设备，其设立方法按形式分为直立式、倾斜式、矮桩式和悬锤式四种。

（一）直立水尺及安装

直立水尺系采用坚硬的木材制成，其厚为5～10 cm，宽为10～15 cm；尺面涂有白色油漆，其上划有米、分米和厘米等黑色分划（图9-2-1）。由于木质水尺油漆容易脱落且不宜铲除附着的海洋生物，故常在木质水尺上安装搪瓷水尺板。

图9-2-1　水尺

（1）开敞式水域安装方法：水尺上每刻度为2 cm，读数精确到1 cm，每根水尺从零米开始。直立式水尺的设立方法根据不同海底底质、码头等建筑物而定。对于海底底质是泥沙等较软物质的地区，先将水尺钉在木桩上再打入海底，并在四周拉上铅丝加以固定。木桩打入海底的深度一般为1米左右，这样才会牢固。对于海底底质坚硬的地区，可在大石块中间打一孔插入水尺，或用水泥、沙、石浇成水泥沉石，将木桩浇在中间，再将水尺固定在木桩上，然后放入海中，同时用铅丝加固。

（2）有依托物的水尺设置方法：若设站地点有码头、堤坝、栈桥、平台灯塔等海上建筑物，水尺安装则可依照具体地形、地势，将水尺固定在这些人造物的边壁上。无论用何种方法安装，都要使水尺达到稳定、牢固和垂直的要求，且需注意不要安装在容易被船只撞坏的地方。

对于海滩坡度小且潮差又大的地方，只设立一根水尺是不够的，此时需要设立两根以上的水尺，靠岸的水尺的顶端要高于大潮潮面0.5～1.0 m，最外边的那根水尺的零点要低于大潮低潮面0.5～1.0 m。

（二）倾斜水尺及安装

在设置直立水尺有困难的地区（例如在波浪冲击力很大的岸边）可以设置倾斜水尺，此时，由上而下，每隔一定距离，用混凝土做成稳定基础或打下水桩，再用粗木条固定在基础或木桩上面，然后钉上木刻水尺；用水准仪测量间隔1米的水位线位置。再把相邻两条水位标记线中间的斜距离等分为10份或100份，用颜料画出线条并标出数字。

（三）短桩式水尺及安装

此种水尺适用于有严重流冰或漂浮物以及有频繁航运的地方，但不宜置于易淤的地方。

短桩水尺的设置是由若干根牢固地打入海中的矮木桩组成。短桩群的连线应垂直于海岸线，短桩露出地面的高度一般为5～20 cm，并用水准仪测出每根短桩顶之间的高度差。观测水位时，可将活动水尺放在每根矮桩顶的圆头钉上，读取圆头钉以上水尺的水位，再经过矮桩顶上水尺之间的换算，即得水位在水尺上的高程。

（四）悬锤式水尺及安装

它适用于水很深、石质底、岸壁陡峭的地区。在江河封冻无法设立木桩式水尺时，也采用此法。它是将水尺固定在横木上，绳索绕过滑轮，上端伸向水尺板并装有拉环作为指标，下端吊有重锤（或浮鼓），直抵水面。安装时，应估计最低水位，据此决定绳索的长度；观测水位时，先把重锤（或浮鼓）放下，当重锤和海水表面接触时，再看指标拉环在水尺板上的读数，此时的读数就是当时的潮位。

水尺应经常检查和维护，使水尺面保持清洁，要趁低潮时进行擦拭，以保持刻度清晰。如水尺板面剥落不清时，应按原来刻度标志用同种颜色的油漆重新补绘。水尺面附着海洋生物时要及时铲除；严重时应将水尺换下，重新油漆；木质水尺使用半年后，可换下，洗净并重新油漆后作为备用水尺保存。

二、利用水尺进行潮位观测

临时观测站一般是没有自记水位仪的观测站，采用水尺进行观测。目前，利用水尺观测潮位还是普遍可取的一种方法。

（一）观测与记录

水位观测一般于整点每小时观测一次。在高、低潮前后半小时内，每隔10分钟观测一次，在水位变化不正常的情况下，要继续按10分钟的间隔观测直至正常为止。观测的水尺读数，所用水尺的号码应当随时记在验潮手簿内，切不可心记或记在零碎纸头上再填入手簿，这很容易造成差错。

在读取水尺读数时，应尽可能使视线接近水面，在有波浪时，连续读取三个波峰和三个波谷通过水尺的读数，并取其平均值作为水尺读数。

如果水面偶尔落在水尺零点以下时，应读取水尺零点到水面距离的数值，并在前面加一负号。

（二）水位换算

一般验潮站都有两根以上的水尺，因此需将不同水尺的观测资料，换算至同一水位零点上。水位零点一般取离岸最远那根水尺零点下1 m左右。水准标志在Ⅰ号水尺零点上6.35 m，即可将水位零点定在水准标志下7.00 m处。这样，Ⅰ号水尺零点在水位零点上0.65 m。Ⅱ号水尺的零点在水位零点上2.45 m（图9-2-2）。然后，将不同水尺观测资料统一换算到水位零点上，并根据这个资料绘出每天水位曲线，以便检查水位观测的质量。

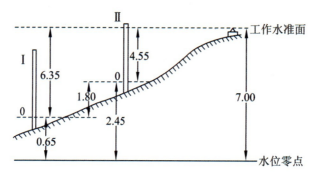

图9-2-2　水位换算

（三）几种特殊情况的处置方法

假如水尺被损坏，而在短时之内又不能立即恢复，或者海面高于最高的水尺，以及海面低于最低的一根水尺而无法进行观测时，处置方法如下：

（1）在岸边刻上海面所在的位置，并记上时间，待适当时刻进行水准测量，求出此时海面在水位零点上的高度。

（2）要多准备几条备用小水尺，一旦水尺被毁或原有水尺不够用的情况出现，将小水尺插入海底以保证进行连续的观测。小水尺必须与另一根水尺有一段重叠带，以便进行水位换算。

三、水准点的设置

水尺设置以后，即可从水尺上读取海面的高度。这个高度是从水尺零点起算的，一旦水尺被撞倒，那么所观测的潮位资料以及由此计算的平均海平面、深度基准面便没有了依据。为了解决这个问题。需要在岸上设立固定水准点：

（1）利用适于放置水准尺的建筑物（码头、防波堤等）凸出部分或岩石，用油漆做上记号，即成为临时墙水准点。

（2）用较长铆钉（铁制，头部弯曲）钉在坚实的墙上，并在其头部顶上涂上油漆记号，作为临时墙水准点。

（3）在土层覆盖很厚的地区，可设置木桩作为临时水准点，木桩顶部钉以带球形帽的钉作为标记。

此后,求出水尺零点和岸上水准点之间的相对高度。由于水准点是长期保存的,即使撤销了水尺,也能够知道水尺零点、平均海平面和深度基准面的位置;而且在验潮期间,可以用来经常检查各水尺零点是否有变动,即使另设水尺,也可保证前后资料的统一性。

设置固定水准点之后,应与国家水准网的水准点进行联测,求出水尺零点在国家水准网中的绝对高程,而且需要长期保存。固定水准点应靠近测站,坚实稳定,不能被潮水淹没;不要设置在离铁路、公路太近或土质松软的地方;要避开人群,避开可能的碰撞,且要有一定的保护措施(如不用时覆盖起来)。

第三节 验潮井的观测

为了消除海面波动对水位观测的影响,一般都采用在验潮井内安验潮仪的方法。20世纪80年代后期,随着电子技术的进步,自动验潮站有了进一步的发展。声学水位计、水压式验潮仪等相继投入使用。

一、验潮井的设置

(一)岛式验潮井

岛式验潮井系由建筑在海面上的支架、引桥、仪器室和测井组成,如图9-3-1所示。其组成概述如下:

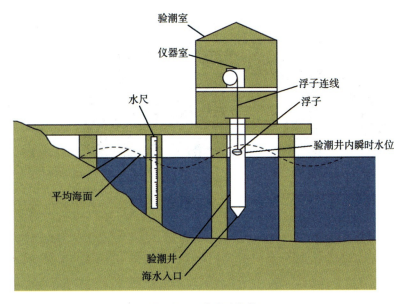

图9-3-1 岛式验潮井

1. 验潮井

可采用钢筋混凝土、铸铁管、钢管、硬质塑料管和玻璃钢等作为井筒材料,内径一般为0.7～1.0 m,最小也不得小于0.5 m。为了能观测到极值水位,安装测井时井口应高于历年最高水位1.5 m,井底应低于历年最低水位1.5～2.0 m。测井底部开有进水孔,使测井内外水面变化保持一致。但为了排除波动对水位的影响,测井内必须安设消波器(通常采用漏斗形消波器)。消波器上口安装高度应在历年最低水位以下0.5 m处。消波器进水管口径不能过小,也不能过大,其口径过小容易被泥沙或其他杂物堵塞,其口径过大则达不到消波作用。

2. 仪器室

仪器室是安装验潮仪记录装置的地方,面积2 m×2 m左右,建筑要求坚固、隔热、通风、防水,以保证验潮仪正常运转。仪器室一般建造在验潮井之上。

3. 引桥

引桥是验潮井与陆岸连接的桥(图9-3-2)。在不能利用现有海工建筑物连接的验潮井时,一般需建引桥,建引桥时,桥面高度应高于历史最高潮2 m,宽不小于0.7 m,其强度应能抗击该地出现的最大波浪。桥面两侧安装坚实的栏杆,以保证人身安全。

图9-3-2 引桥

(二)岸式验潮井

验潮井的测井、仪器室建在岸上,然后用连通海面的输水管与测井连接。这样设计的测井,称岸式验潮井(图9-3-3)。

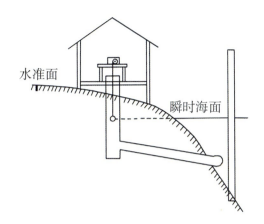

水准面

瞬时海面

图9-3-3 岸式验潮井

岸式验潮井与岛式验潮井的测井的建造有所不同，一般情况下，岸式验潮井井口比岛式验潮井高出0.5 m，井底低于岛式验潮井1.0～1.5 m。井径一般为1 m，最小不得小于0.8 m，并在内壁上安装固定脚蹬。在测井上端高于最高水位1 m处，要开一个直径为20 cm左右的排气孔，并用管道连通至仪器室外，以排除井内水汽。

输水管是连通井外和井内水体的设备，其内端口应在井底上约1 m处，向外海倾斜坡度约5%，长度通常以不超过20 m为宜，否则将会带来安装和排淤的困难。输水管在外海一端管口高度应低于最低水位1.0～1.5 m，但不能触及海底，管口端最好安装用法兰盘相连接的向下弯的直角弯口。可用网包着以防泥沙输入。

不论是岛式验潮井还是岸式验潮井，在建井同时都应设立井外校核水尺和井内参证水尺，以便经常检验验潮仪记录的准确性。

（三）井内外水尺的设置

验潮仪所测潮高的准确性是用校对水尺来检验的，通常在井内设立两根校对水尺（或多根水尺），称为井内水尺。井外水尺的设立方法与上节所讲的设立方法相同，其水尺零点在水准点下的距离通过水准测量为已知。井内水尺是用带尺（或测绳）量取高度为已知的某固定到水面的距离来测得潮高的。

H为已知固定点高度，ΔH为带尺量得固定点到水面的距离，则：

$$潮高 = H - \Delta H$$

井内水尺的安装有两种方法：可以用带形玻璃纤维软尺，或者用多股铜丝塑料线（或钢丝绳）作为测量标尺。带形玻璃纤维软尺，具有伸缩小、读数准确方便的优点。铜丝塑料线或钢丝绳作为水尺，可直接与验潮仪浮子系统并用，省去一套浮筒、平衡锤和滑轮。

二、利用浮筒式水位计进行水位观测

自记水位计的类型很多，按其工作原理可分为：浮筒式水位计、压力式水位计和声学式水位计。目前国外多数采用浮筒式水位计和压力式水位计，而我国多采用浮筒式水位计。

浮筒式水位计的种类很多，但其结构大同小异。以我国生产的HCJ1-2型验潮仪为例，加以介绍。整个仪器由浮动系统和记录装置两个基本部分组成，如图9-3-4所示。

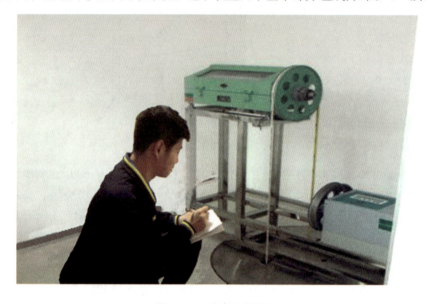

图9-3-4　室内记录装置

HCJ1-2 型验潮仪是适用于测量潮位的连续自记仪器，也可用于江河、湖泊、水库、地质井等水位测量。

整个仪器由浮动系统和记录装置两个部分组成。

（一）浮动系统

浮动系统由绳轮、钢丝绳、平衡锤、浮筒等组成。绳轮、钢丝绳连接平衡锤与浮筒，绳轮随浮筒的升降而转动。当浮筒随海面上升时，绳轮带动记录筒作顺时针方向转动；反之，则作逆时针方向转动。平衡锤对浮筒起平衡作用。

（二）记录装置

记录装置可分钟表部分和记录部分，钟表部分由时钟、导向轮、钟钢丝轮、钟钢丝、钟重锤等组成。

钟钢丝通过导向轮连接钟钢丝轮与钟重锤，使自记钟带动记录部分的笔架、记录笔，使记录笔尖自右向左均匀移动，24 h之内从右端8时移至左端8时，在记录纸筒随海面升降而转动的同时，通过记录装置的自记笔自动地画出潮汐曲线。由此可以从记录纸上读出任一时刻的水位。

HCJ1-2型验潮仪的测量范围为0～8 m，测量水位最大误差为±16 mm，时间记录最大日差为±2 min，连续记录时间为24 h。

（三）验潮仪的观测

（1）验潮仪安装完毕后，将验潮仪记录装置调整到测站基准面上的潮高数进行记录。

（2）每日8时整点读取井内水尺所显示的水位，将测站基面订正后为潮位。

（3）更换记录纸。如正遇平潮时间，可以适当延迟换纸，待高低潮完全过后再换纸。由于等潮推迟换纸时间，则在换下纸时可不再记录潮时和潮高。如换纸时遇高低潮而造成高低潮有可疑处，其潮时应加括号，换纸时应填写日期及上（下）纸人姓名。

（4）自记钟上发条。

（5）按井内水尺观读的水位及正确时间，将自记笔调整到新换记录纸上相应位置，并在记录纸上标记潮高和时间数字。

（6）检查自记笔墨水是否充足，笔尖是否有损坏。

（7）井内外水尺校测时，高、中、低潮位都应进行。当井内外水尺校测读数平均相差1 cm以上时，应认真、全面地进行检查，找出原因。

（四）观测记录的整理

1. 检查和修正记录曲线

首先，检查记录曲线的开始时刻和潮位与前一天的曲线是否衔接；记录曲线是否连续光滑；记录曲线是否出现中断。然后读取潮位。

2. 潮时订正

修匀后记录曲线的时间校核记号如与时间坐标准确一致，那么就根据整小时的时间坐标在曲线上作每整小时的记号。如时间校核记号与时间坐标差值远大于1 min，则应进行潮时订正。由于验潮仪记录观测是每隔12 h校测一次的，故其记录"潮时订正"的时间间隔为12 h，订正值按下式计算：

$$K = \frac{n}{12} \times t_i$$

式中，K为订正值，快为负、慢为正；n为自记钟快（或慢）部分数的绝对值。

3. 潮高订正

若校测时的潮位与校核水尺得出的潮位不符，则需进行潮高订正，其订正方法与潮时订正方法相同。订正时，实测潮位大于曲线读数，K值为正；小于曲线读数，K值为负。

4. 高低潮的挑选

高低潮的挑选，直接从经过检查修正后的曲线上进行。

（五）验潮系统的一般故障排除和维护保养

为了取得较准确完整的潮位记录资料，必须对验潮仪进行经常性的检查和维护保养，在正常情况下，记录曲线是均匀的、清晰的，但有时由于某些原因潮位记录呈现直线形、阶梯形或呈现不明显、不整齐等现象。引起这些记录曲线不正常的原因一般是由于进水孔被堵塞、测井内结冰、传动机械出现故障、记录笔尖和自记钟不正常等。

此时必须定期清洗进水孔或定期加热并在井水表面覆盖50 cm厚的煤油和矿物油的混合物。一般来说，记录曲线出现阶梯形，可能是由于传动机械上有污物，必须对导杆、大绳轮和小绳轮等进行擦拭，记录笔尖也需经常清洗。时钟应根据使用情况定期擦洗上油，一般两年一次。时钟如有误差，可拨动快慢针进行调整。

浮筒式水位计是历史上应用最长的一种水位计，其特点是感应系统通过机械传动作用于记录系统，具有结构简单、坚固耐用、能满足观测准确度要求、维护费用小等优点，因此它是目前最常用的自记水位计。但这类水位计在安装时必须建造测井，不但建造费用较高，而且在有些地方也找不到适合于建造测井的地点。因此，一些不需要测井的验潮仪，像水压式水位计、声学式水位计、同位素水位计等日益受到国内各有关单位的欢迎和重视。

三、验潮井的消波性能

验潮井是提供长期定点验潮的固定、可靠设施。衡量验潮井的优劣标准通常用消波性和随潮性来判别。对于整个验潮井来说，与消波性和随潮性直接相关的是验潮井的进水孔。若进水孔设计得过细，则滤波性能是增强了，但因滤掉了一些不应滤掉的波动，虽则记录曲线平滑，但记录的潮时出现滞后现象，造成井内外潮位明显的不一致。如果进水孔径设计过大，则滤波性能变差，记录曲线波动较大。因此，进水孔的设计关系到整个验潮井随潮性、消波性的优劣，关系到观测资料的质量和可信程度。《海滨观测规范》中规定，进水孔与井筒的截面积比是1∶500，但在理论方面找不出任何依据。通过对22个验潮井的调查可以看出，我国验潮井进水孔大小的设计各有不同，就进水孔和井筒面积而言，有相当一部分井因设计问题，滤波性能欠佳。现根据吴依林等人的文章，提出下面一些依据。

根据流体力学原理，单位时间内流入或流出进水孔的流量为：

$$Q = \mu v S_1 \tag{9-3-1}$$

式中，S_1为进水孔截面积；v为进水孔流速；μ为流量系数。

涨（落）潮期间，井外潮位高（低）于井内，其差值用ΔH表示。因海流对进水孔流入或流出水量的贡献不大，因此，进水孔的流速仅是由井内外水位差的势能转换为动能所提供的。即：

$$\frac{1}{2}mv^2 = mg\Delta h \tag{9-3-2}$$

在dt时间内井内水位变化Qdt，同时，设dt时间内井中水位变化了S_2dh，将上两式合并便有：

$$\frac{S_1}{S_2} = \frac{1}{\mu\sqrt{2g\Delta h}}\frac{dh}{dt} \tag{9-3-3}$$

式中, S_2是井筒截面积, $\dfrac{\mathrm{d}h}{\mathrm{d}t}$是潮位变化率, 即涨落潮率, 它是个随时间变化的变量, 通常在接近高、低潮时刻绝对值较小, 而在半潮面附近绝对值较大。为了确保验潮仪井水畅流, 避免阻塞造成井内潮位滞后, $\dfrac{\mathrm{d}h}{\mathrm{d}t}$应取最大涨落潮率, 即$\left|\dfrac{\mathrm{d}h}{\mathrm{d}t}\right|_{\max}$。按照验潮观测技术要求, 井内外潮位差不得大于1 cm。当井壁光滑时, $\mu=1$。则有:

$$\frac{S_1}{S_2} = \frac{1}{\sqrt{2g}}\left|\frac{\mathrm{d}h}{\mathrm{d}t}\right|_{\max} \tag{9-3-4}$$

厦门港属正规半日潮型。平均高潮位5.66 m, 平均低潮位1.74 m, 平均潮差3.96 m。根据吴依林的研究结果, 厦门观测到的最大涨落潮率是0.045 cm/s, 于是:

$$\frac{S_1}{S_2} = 1.02\times10^{-3}$$

厦门站验潮井筒直径是80 cm, 分别对消波器进水孔直径为2 cm和2.5 cm进行井内外对比观测, 直径2.5 cm消波器进水孔与验潮井筒截面积比是9.8×10^{-4}, 和1.02×10^{-3}极为接近, 验潮结果更好: 井内外观测数据比较接近, 最大个别误差仅1.4 cm, 均方差为0.67 cm, 符合业务要求, 且记录的曲线平滑, 滤波性能良好。直径2 cm的消波器进水孔与验潮井筒截面积比是6.25×10^{-4}, 相当于1∶1 600的面积比, 实验证明, 在半潮期井内潮位滞后现象很明显, 个别误差达4.5 cm, 其均方差达1.68 cm, 超出了规定的要求。而直径2.5 cm的消波器进水孔最大出水速度$v = 46.1$ cm/s, 直径2 cm的消波器进水孔最大出水速度$v = 72.0$ cm/s。

由此, 我们计算湛江附近验潮井的设置时, 根据最大涨落潮率是0.021 cm/s、限制速度46.1 cm/s计算, $\dfrac{S_1}{S_2} = 4.6\times10^{-4}$, 相当1∶2 195。但是, 这些都是在天气良好只有天文潮存在情况下的理想设计。在风暴潮来临时, 0.5小时内可以增水1.5 m, 此时最大涨落潮率是0.083 cm/s, 要求$\dfrac{S_1}{S_2} = 1.87\times10^{-3}$, 即面积比为1∶533, 与《海滨观测规范》中进水孔与井筒的截面积比是1∶500的规定比较接近。因此, 对于不同海区, 不同潮差, 面积比设计必须认真计算、反复试验、合理选择。

第四节　自动验潮仪

一、挪威安德拉公司的验潮仪

验潮仪(图9-4-1)是为记录海洋潮位而特别设计的, 通常放置于海底, 在规定时

图9-4-1 验潮仪

间间隔内，测量并记录压力、温度和盐度（电导率），然后根据这些数据计算出水位的变化。

仪器由一个高准确度的压力传感器、电子线路板、数据存储单元、电源、圆柱形压力桶组成。仪器测量是由一精密的时钟控制的。它一开始是对压力测量进行40 s时间的积分，这样可以滤除波浪产生的水面起伏，积分完成后将数据记录下来。第一组数是仪器电子线路板内元件WLR的检测指示，紧跟着的是温度值，再后的两个十进制数是压力，最后面的十进制数是电导率。

数据存储在存储单元（KSU2992）中，同时存入第一次测量的时间和每天零点以后的第一次测量时间的序列。数据同时以声学方式（频率为16.384 kHz）发射，利用水声接收器3079可监测声信号。

在外海，水位测量中要重视大气压力变化的影响。由于空气压力会引起对应的海面升降，在测量中应对变化进行补偿。

由安德拉WLR得到的原始数据需经特定的转换才能化为工程单位所需的数据。WLR7的工作水深有60 m和270 m，深海型的WLR8最大工作水深为690 m和4 190 m。它们的精度为满量程的±0.01%。

WLR性能稳定、抗干扰能力强，最大记录时间为91 d和364 d（存储单元、电池型号不同），因而特别适合于采集海洋工程设计所需的短期水位资料。

二、SCA6-1型声学水位计

该仪器适用于无验潮井场合的潮位观测。当超声波发射超声脉冲接触水面后，反射回原超声波接收器，因声波在空气中的传播速度（v）已知，其与气压、温度及空气密度有关，由发射与接收讯号的时间差可计算出来回的距离，此结果再除以 2，即为超声波式潮位仪与水面的瞬间距离，同时可转换得知水面的高程（图9-4-2）。

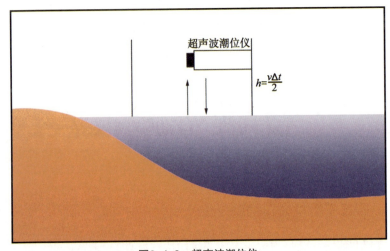

图9-4-2 超声波潮位仪

仪器的特点：它可以显示并打印实时潮时、潮位值和日平均潮位值，并且可以自动判别、打印日高潮、日低潮潮时及潮位值。通过远距离信号传输技术将数据送至分显示器（有线传输1.5 km，有线载波传输10 km，无线传输视电台功率而定）。

三、潮滩

潮滩高程是研究潮滩冲淤变化的重要指标。目前主要采用插钎方法、水准仪和全站仪等方法。插钎方法简单易行，但是会受到人为和自然因素影响而导致误差；利用水准仪或全站仪，精度比插钎方法显著提高，但是受自然环境的影响较大：在生长有大型植被的潮滩，视距不好，工作效率低。近几年来，实时动态测量GPS-RTK（Real-Time Kinematic）技术的发展，给潮滩地形测量带来了质的变化（图9-4-3）。

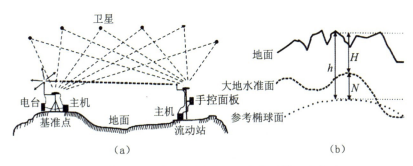

图9-4-3 GPS-RTK组成（a）及测高原理（b）

GPS-RTK的工作基本原理：基准站通过数据链将其观测值和采集的相关信息一起传送到流动站，流动站不仅收集来自基准站的信息，还采集GPS观测数据，并在系统内对系统进行实时处理。采用OTF（On The Fly）方法，在运动中初始化。在数秒钟内求出载波相位整周模糊度值，并根据转换参数及投影方法计算出流动站的三维定位坐标及坐标精度。流动站可处于静止状态，也可以处于流动状态。RTK技术是实时载波相位差分技术，其技术关键在于数据处理和传输技术。就高程测量而言，载波相位差分测量（GPS-RTK）是目前GPS定位中精确度最高的方法。GPS-RTK系统主要包括三个部分：基准站、流动站和软件系统。基准站由单（双）频GPS接收机、GPS接收天线、发射电台及天线、电源等组成；流动站由单（双）频接收机、GPS天线、接收电台、天线及天线杆、手控面板、电源等组成。软件系统为支持实时动态差分测量的处理系统。地面点沿重力方向到大地基准面的间距 H，称为正常高；地面点沿法线方向到参考椭球面的间距 h，称为大地高；大地水准面到参考椭球面的间距 N 称为高程异常。GPS-RTK测高，就是测量正常高 H。

在晴朗无风天气、低潮位时，利用近岸控制点的转换参数，采集潮滩水边线（或一定水深）处的坐标和高程信息，并记录时间（仪器本身具备这个功能）。不同时间段,在水边线(或一定水深)处采集数据点,用于选取控制点或校验点。利用观测区附近潮位站的实时潮位信息,对所测数据点进行潮位修正。选取经过潮位修正的数据点作为控制点或验证点,与近岸(或大堤)的控制点结合,经过多次计算、验证、修正,以误差最小的、分布合理的控制点组合转换参数为准,建立潮滩高程控制网,实施潮滩观测。

第五节　水准联测

一、为什么要联测

要进行验潮,首先要解决水尺零点的高程问题,如果水尺零点不与国家水准网(基面)联测,不求出水尺零点相对国家的标准高程网(国家标准基面)中(如黄海基面、吴淞基面、珠江基面)的高度,那么,这个零点就没有什么意义。在潮位观测结束后,这些资料将很难使用。

在水位观测过程中,如果由于某种原因,水尺的位置发生了变化,要想恢复原来零点,也必须要与岸上水准点联测才能确定。所以,在潮位观测中,水准联测是不可缺少的工作。在联测之后,我们才能够把水尺零点、水尺旁边临时水准点、岸上固定水准点与国家标准基面之间的高度关系求出,这样就能保证我们在水位观测中获得统一的观测资料。这就是水准联测的意义所在。

所谓水准联测(图9-5-1),就是用水准测量的方法,测出水尺零点相对国家标准基面中的高程,从而固定水位零点、平均海平面及深度基准面的相互关系,也就保证了潮位资料的统一性。

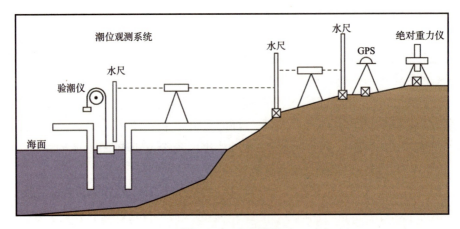

图9-5-1　水准联测

二、水准仪的主要结构及作用原理

水准仪主要由望远镜、水准器、脚架等构成。水准器的作用是使望远镜处于水平视线上进行准确的读数;脚架起固定水准仪的作用,并且能伸缩调整水准仪的高度以便于观测。

水准器由两部分组成:其一为圆形水准器,位于望远镜目镜的左下方,调脚螺旋使气泡大体居中,能够大体上给出水平视线;其二为管状水准器,位于镜筒左侧的长方形护盖内,借助于目镜右下方的微倾螺旋使气泡严格居中(测者可从望远镜目镜左前方的放大镜中直接看气泡影像),这时,能较准确地给出水平视线。望远镜为内调焦式,调焦时,用手旋转镜筒中部右侧的调焦手轮即可。目镜屈光度的调节可以旋转目镜外罩完成。望远镜制动螺旋在物镜的下端,当松开制动螺旋时,仪器的上半部即可绕纵轴旋转;当测量不同方向时,可松开制动螺旋,转动一定角度,再对准标尺,然后拧紧制动,使其固定。当物镜与标尺还不能完全对准时,转动物镜右下方的微动手轮,可使望远镜部分做左右微动,使其对准标尺的正中央,做精确瞄准用,从望远镜中可看到上、中、下三个十字丝。下丝与上丝在标尺上的读数差(以厘米为单位)就是仪器与标尺之间的距离(以米为单位)。中丝的读数就是在水平方向的读数。

水准标尺(包括尺垫)是水准测量的标准尺,一面漆成每隔1 cm的黑白间隔,成为黑白面;另一面漆成每隔1 cm的红白间隔,成为红白面。每根标尺的黑白面从0 m开始;而红白面不是从零开始,一根是从4.678 m开始,另一根是从4.487 m开始,它称为标尺的常数,用它来检查测量的准确度。进行水准测量时,水准尺应放在稳固的点上,通常是放在尺垫或尺桩上,尺垫是铁质的,为圆形或三角形,下面有三足,中间突起。使用时将其踏入泥中,然后将水准尺放在突起部分上,可避免水准尺下沉。为了使水准尺安放时保持垂直,一般在水准尺上装有圆水准器,以检验水准尺是否垂直。

第六节　海平面变化

一、中国平均海平面及其变化

将某测站测得的任意时段每小时的潮高取平均值,称为某测站的、在某一段时间的平均海平面。平均海平面有日平均海平面、月平均海平面和年平均海平面。从实际观测得到的潮位资料中,发现每天、每月和每年的平均海平面都是变化着的。同时,发现不同地点的平均海平面也有差异,但它们的变化大致可以归纳为:

(一)平均海平面季节变化

平均海平面随季节变化。从短期的观测资料中,发现某几天中的平均海平面比其他几天更高或更低些。其原因,除了天体引潮力所引起的大小潮产生日不等现象外,主要是由于天气状况的影响。例如,风、气压分布、降水、径流等使得海水在局部地区发生堆积或流失,这是日平均海平面不规则变化的一个重要因素。在渤海和黄海,最高的月份一般是在9月份,最低一般在2月份;南海最高月份一般是在10~11月份,最低月份一般在3~4月份。这与海水温度和季风有关。例如,我国在夏季和秋季,多刮东风或东南风,由于这种季风的影响使沿海海平面增高;在冬季多刮北风或西北风,使海平面降低。

(二)平均海平面多年变化

一般情况下,平均海平面还有以年、多年为周期的变化。以多年为周期的变化规律,主要是由长周期性天文因子(8.85年、18.61年)引起的。因此,取9年、19年资料计算的平均海平面较为理想。因气候变暖、海平面上升,则是近几十年来不争的事实。天津港长期平均海平面比较稳定,2005年之前,变动在3 cm之内,2005年之后,平均海平面呈上升趋势:平均每年上升3 mm。浙江省则略低于这个数值(表9-6-1)。

用16年(1992~2008年)高度计融合网格化数据对台湾岛周边水域海平面变化情况进行分析,得到如下结论:海平面年均上升(0.34±0.02)cm/a,对周围4个验潮站潮位数据分析结果和上述结论基本一致:石桓(0.37±0.04)cm/a,高雄(0.25±0.10)cm/a,厦门(0.68±0.06)cm/a,基隆(0.32±0.09)cm/a。

表9-6-1 浙江省沿海海平面年上升速率

(单元:mm/a)

地名	澉浦	乍浦	龙湾	海门	镇海	瑞安	长涂	定海	健跳	西泽	坎门	平均
速率	3.90(48)	3.70(48)	1.66(44)	2.73(41)	2.61(47)	1.29(48)	2.21(41)	3.13(41)	1.85(27)	1.19(41)	2.21(43)	2.41

注:括号中为统计年数。

近40年海南岛南岸海平面呈上升趋势,年平均上升速率 0.64 mm/a,比全球海平面上升速率偏小。

总的看来,我国近海岸的海平面平均上升速率如表9-6-2所示。

表9-6-2 不同海岸平均海平面年上升速率

海区	平均上升速率(mm/a)
渤海	2.6
黄海	0.8
东海	2.7
南海	2.1
全国	2.1

（三）平均海平面随地点变化

平均海平面随地点变化也是显著的。根据我国实测资料的统计，发现不同海区的平均海平面也不一致。各海区长期验潮站的平均海平面与青岛平均海平面相比较，渤海比青岛平均海平面高0～10 cm，东海比青岛平均海平面高0～20 cm，南海比青岛平均海平面高20～40 cm（但也有个别海区海平面低于青岛海平面的情况）。

各海区的平均海平面不一致的原因，是由于各地的地理条件、气候因素、海水密度等不同所造成的。

二、全球海平面年际变化

对1993～1998年资料进行统计，不同时段海平面变化率分别为1.4，1.6，2.3 mm/a。陈长霖利用验潮站和卫星高度计重构数据，认为20世纪全球平均海平面上升率为1.8 mm/a。ENSO事件可能是全球海平面年际变化的主要原因。全球海平面上升估计如表9-6-3所示。

表9-6-3　Mike Hulme和T.M.L.wigley 对全球海平面上升估计

年份	低估计（cm）	中等估计（cm）	高估计（cm）
2000	1	2	4
2010	1	5	10
2020	3	8	16
2030	4	11	23
2040	6	15	31
2050	7	20	39
2060	10	25	47
2070	12	31	56
2080	14	36	66
2090	17	43	76
2100	20	49	86

第七节　遥感观测

数百年来人们在沿海建立了许多潮汐观测站，对近海潮汐概况如潮高、潮时等有了很好的了解，然而在深海大洋，验潮点稀疏，资料很少。卫星高度计提供了充分的空间覆盖的深水大洋海平面测高数据，从而可以计算全球潮汐状况，建设潮汐模型，模拟全球潮汐。

一、测潮汐的基本原理

法国太空总署（CNES）和美国太空总署（NASA）联合发射升空的TOPEX/POSEIDO及JASON卫星，利用两组最新雷达测高系统（NASA制造的双频测高仪和CNES制造的单频测高仪）测量海平面高度（图9-7-1），并应用此资料来研究全球海洋环流。

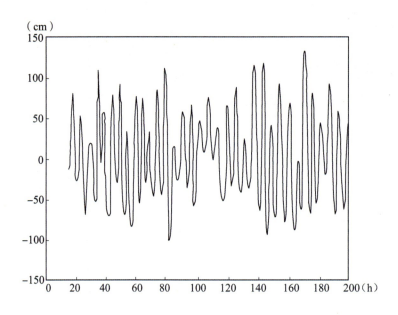

图9-7-1　大陆架上一点有潮海平面高度随时间变化曲线图

二、海洋水准面观测

海洋水准面是指仅受重力和地转偏向力作用的无运动的均匀海洋表面。显然，由于地球水陆分布的不均匀，水准面并不是理想的椭球面。如果有了水准面，则对海流、潮位、波高和风暴潮等都可以从实测水面与水准面的偏差算出。因此精确测出海洋水准面具有很重要的意义。

海洋（大地）水准面是一个不能用简单几何形体和数学公式表示的连续封闭的曲面，但是它直接反映了海洋的海底地形。海底地形的变化周期至少是多年的，而海面形状则是短周期的（如小时、周、旬、月、年等），卫星高度计所观测到的最大的地球物理信号就是海洋（大地）水准面的波动，使用多年高度计海平面高度资料进行平均，可消除掉海平面起伏的影响，而得到海底地形。

海底地形是地球构造、密度等地球物理特性的具体体现，从而表征了地球的重力场。从测高资料可以发现，海洋（大地）水准面在-104 m到76 m之间变化，新几内亚海平面高出基准椭球面76 m，而在印度洋上的马尔代夫岛附近，则有低于-140 m的凹陷。

测量水准面要使用卫星高度计和精确定位方法，以25 km间隔的空间网格（指星下点路径组成的网格）进行（图9-7-2）。通过高度计资料、卫星轨迹的轨道分析联合海面常规潮位计观测值，最后形成覆盖大洋的精确水位面（±20 cm），水位面的高度是相对于地球理想的参考椭球面而言的。

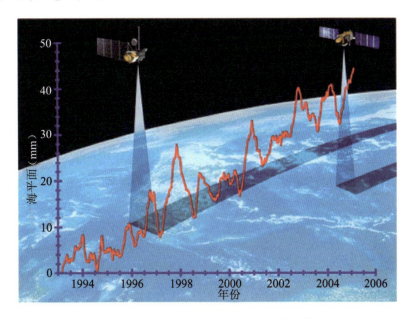

图9-7-2　人造卫星测高观测海平面高度示意图

（引自 NASA的 Satellites measure and monitor sea level 网页）GPS-RTK（Real-Time Kinematic）技术

固体地球和海洋上潮汐涨落的重力变化，会摄动卫星轨道。摄动量虽小，但是能观测到。通常精确的卫星轨道观测，计算潮汐球谐函数展开式中的低阶系数，求出日潮和半日潮分量，以及更微小的长周期变化（倾角和升交点）。

为了获得平均参数，利用开普勒参数的坐标系统，在一天时间内（或更长），每分钟计算一次星历表，将一分钟经过的一小段实际弧形轨道用一小段与其相切的椭圆轨道来近似，并求出相应的、相切的椭圆轨道的参数（称为相切轨道参数）。从相切轨道参数中减去所有已知的轨道摄动量（重力、太阳辐射压力和空气阻力），求得一组变化率明显减小的参数，再对此进行平滑、平均。

第十章 海流观测

第一节 导 言

海水运动是由湍流、波动、周期性潮流和较稳定的"常流"等组成的，这些流动有着不同尺度、速度和周期，并随风、季节和年份而变，其强度一般由海面向深层递减。海流会影响舰艇的航向和航速。在较大横流作用下，舰艇会偏离预定的方向，特别是在狭窄复杂航道航行或通过水雷障碍物时，舰位偏离航线会发生航海事故。海流能增加或减低船只的航速，船只顺流航行的航速增加，可节省时间和燃料；逆流航速减低，燃料消耗增大，耽误时间。此外，海流的水体输运，是研究污染物扩散，海洋生态变化，世界气候变迁的必备知识。

这一章所讲的海流观测，主要是指海水运动空间尺度较大（大于5 km）、时间尺度较长（周期超过12小时）的运动，其中包括周期性潮流和非周期性常流（余流）。湍流和波动则不在考虑之列。

潮流，实际上在出现周期性水位升降（即潮汐运动）的同时，会伴随出现水平方向的流动。它与潮汐运动一样，也是受月亮、太阳的引潮力影响而产生的。没有水平方向的潮流运动，就不会有垂直方向的升降运动。因此，潮流也是以24小时48分为周期的，细分则有半日潮流、全日潮流和混合潮流三种形式。

半日潮流，是在24小时48分的时段内，有两次涨潮流和两次落潮流运动。如果是在港湾中，则有两次进港和两次出港，并且流速也经历从小到大、再从大到小的过程（图10-1-1）。

日潮流，则是在24小时48分的时段内，只有一次涨潮流和一次落潮流运动。如果是在港湾中，则有一次进港和一次出港，并且流速也经历从小到大、再从大到小的过程（图10-1-2）。

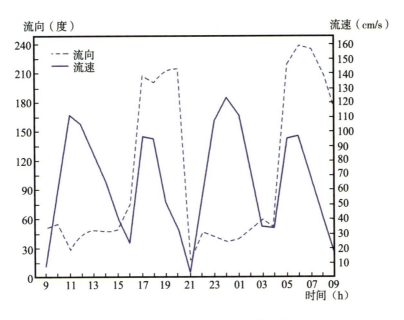

图10-1-1　江苏燕尾港附近的潮流

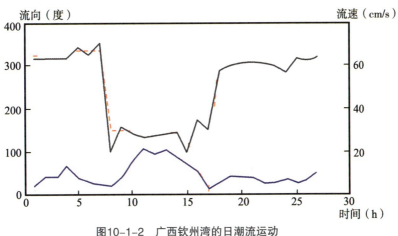

图10-1-2　广西钦州湾的日潮流运动

　　但是潮流比潮汐更加复杂，潮汐表现为垂直方向简单的升降，而潮流不仅有流向的变化，还有流速的变化。在沿岸或海湾地区，潮流流向只在两个方向来回变化，称为"往复流"。往复流流速变化显著：有时很大，有时为零。就像一个奔跑的人，突然"向后转"，中间必然要有短暂停留一样。

　　但是，外海的潮流运动是旋转流运动：有的是顺时针运动，有的却反向而行；有的近似圆形轨迹，有的却走成"棒槌状"（图10-1-3）。

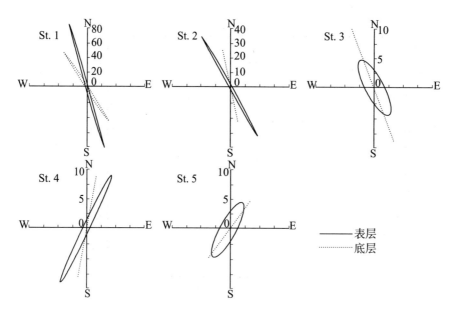

图10-1-3　潮流有各种各样的旋转运动

海洋中除了由引潮力引起的周期性潮流运动之外,海水还有沿着一定路径、方向基本不变的大规模运动,这种运动称为定常运动。世界大洋环流就是这类最典型的运动(图10-1-4)。

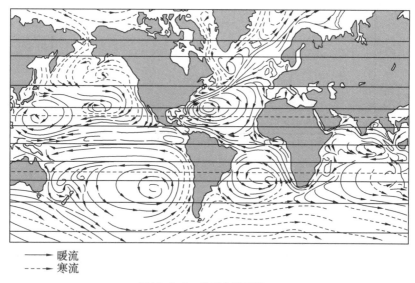

图10-1-4　世界大洋环流

中国海多为浅海,其定常流非常复杂。首先表现为流速较小,通常要比潮流小一个量级。因此观测时,海流计的数据更多表现为潮流特征,"常流"仅表现为一种"调制作用"。要想求得"常流",必须从观测资料的系列中使用滤波方法滤掉潮流,剩下的才是"常流"。由于它是"剩余"之物，所以很多文章又称其为"余流"，就是周期大于24小时、方向基本固定的流动。产生浅海余流的原因非常复杂：风、径流、地形引起的潮汐余流、密度分布不均匀等都可以导致余流的产生。这就导致"余流"的多变性。因此，海流观测时间的选取，海流观测时限的长短，海流观测地点的选择，都是至关重要的。这也是我们海流观测方法中的精意所在，不可等闲视之。

掌握海水流动规律非常重要，它可以直接为国防、生产、海运交通、渔业、建港等服务。海流与渔业关系密切：在寒暖流交汇的地方往往会形成优良的渔场；在建港时要计算海流对泥沙的搬运作用；在水上交通中要考虑顺流航行的时效；在岸边电厂冷却水的排放中，要用海流计算温度扩散的范围和影响；现在海洋中生态系统的维护，海洋污染物的扩散和保护，海气之间的热交换，气候变暖等都离不开海流这一至关重要的因素。

第二节　常用的海流计

能将海水运动的流速、流向观测出来并提供给人们进行分析的仪器，我们统称为海流计，即计量海水流动的仪器。根据其流速测量原理，可以将其分为机械旋桨式海流计、电磁感应式海流计、声学多普勒海流计和漂流浮标四个基本种类。

一、机械旋桨式海流计

这类仪器的基本原理是依据旋桨叶片受水流推动的转数来确定流速，用磁盘确定流向。原理基本相似，只是信号记录和传输方式不同。根据这类仪器记录部分的特点，大致可分为厄克曼型、印刷型、照相型、磁带记录型（安德拉海流计）、直读型、遥测型等旋桨海流计。

（一）厄克曼海流计

厄克曼海流计（图10-2-1）是瑞典海洋学家厄克曼在1905年设计的，主要由扼架、旋桨、离合器、计算器、流向盒及尾舵等部件做成。旋桨在水流冲击下旋转，转速多少和流速强弱有关。转速通过计数器记录下来；流向则通过海流计本身的走向（在尾舵作用下和流向一致）与流向盒中的磁铁（总指北）夹角计算出来。在使锤作用下，离合器使计数器的齿轮和旋桨轴的蜗杆接触（工作）或分开（不工作）。虽然此型海流计已经进入历史博物馆，但是，在海洋调查的历史长河中，历经80多年而成功隐退，对海洋科学的促进，是任何一种海流计不可替代的。其基本原理仍为大多数海流计所沿用！

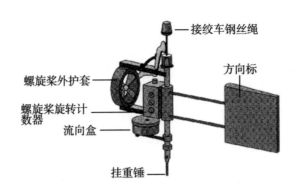

图10-2-1　艾克曼海流计

但是，这种机械式海流计每测一层必要提上来记录一次，然后再观测另外一层，麻烦、费时、速度慢而且不精确。20世纪60年代，我国天津气象仪器厂根据苏联"阿列克赛"海流计基本原理，试制出一种可以将流速流向值"印刷"在纸带上的印刷海流计，可以在水下记录7 d、15 d和30 d资料后再取上来读取。这比艾克曼海流计似乎要先进得多，但是，这种印刷海流计故障频出，印刷机构也经常"罢工"，最终也走出历史视线之外。

图10-2-2　直读海流计

（二）直读海流计

直读海流计（图10-2-2）是20世纪70年代之后兴起的一种仪器。仪器采用旋桨式转子感应流速，其转速与被测流速成正比；在规定的测量范围内具有良好的线性关系，其特性系数约为2.5转/米，仪器的旋桨具有良好的流入角特性和倾斜特性，故有良好的动态特征。由于仪器采用了双垂直和双水平尾翼，海流在3~350 cm/s的不同速度下，海流计始终处于水平状态，并且旋桨都处于正面迎流位置，充分体现了标准极坐标型海流计的要求。机内罗盘根据地磁场定向，其夹角即为磁流向。数据终端的数据处理采用单片微机系统，具有较好的耐低温和低功耗特性，终端数据可通过电缆传输到甲板上的液晶显示器，观测者可以直接读取，故曰"直读海流计"。这样既可避免艾克曼海流计不断提上、放下的麻烦，又可避免印刷海流计不知何时"罢工"的尴尬！同时它还可以用浮子把探测器漂离船体测量表层流的速度和方向。

（三）安德拉海流计

安德拉海流计（图10-2-3）的工作原理为：当转子转动时，经永久磁铁、随动磁铁和干簧管的作用，将转子转数变为电脉冲输入计数器。计数器的输出经机电编码器转换为10个宽窄脉冲组成10位二进制码,记录于磁带上。这种海流计可以连续记录1个月以上,然后将存储器中的电子信息在计算机上读取。此仪器安装在水下锚系统中,连续观测海流流速、流向、温度、深度、电导率。由于它具有性能稳定、可靠,操作简便等优点,已广泛应用于海洋科研调查和工程测量中。

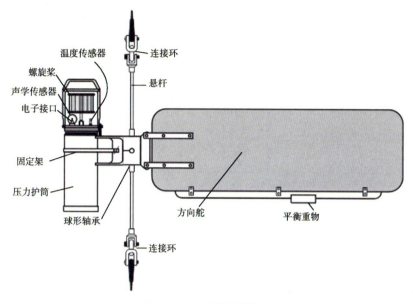

图10-2-3　安德拉海流计

二、电磁海流计

前述的旋桨海流计,螺旋桨是不可或缺的基本部件。但是由于它直接暴露在水体中,不可避免地受到漂浮物和附着生物的影响,从而导致流速测量不准。因此,海洋仪器制造者,挖空心思要找出一种不用旋桨仍可以测出流速的东西。于是电磁海流计开始问世,最早出现的是S4型球形电磁海流计(图10-2-4)。

电磁海流计的基本原理:流过一个环形线圈的电流在传感器周围产生一个磁场,流动的水体作为一个运动的导体切割磁力线时,根据法拉第感应定律,会激发与流速成正比的电压(电位梯度),然后被安装在球形内赤道位置的两对钛电极测得,信息存放在固态存储器内。球形外形可以消除水波运动的垂直分量,减少测量误差。

三、声学多普勒海流计

这也是不用旋桨感应流速的海流计。图10-2-5是厦门博意达科技有限公司生产的HXH03-1S型声学多普勒海流计。

其基本原理:当观测对象和观察者做相对运动时,观察者释放的超声波经被测对象反射回来之后,接收到的频率就会和原频率不同,这就是多普勒频移。在生活

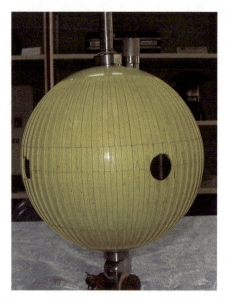

美国Interocean公司生产的S4型球形电磁海流计　　　日本ALEC公司生产的EM电磁海流计

图10-2-4　电磁海流计

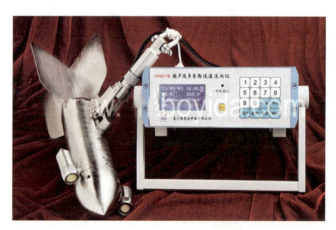

图10-2-5　声学多普勒海流计

中, 远去的火车鸣叫声频率会逐渐降低, 迎面而来的火车鸣叫声频率会增高而尖锐刺耳。因此, 能发出超声波的探头前面, 随水流一起移动的小颗粒、小气泡也会反射超声波, 从而使探头接受的声波频率发生改变, 这种改变随水中悬浮物运动速度的增加而增加, 由此可测出多普勒频移, 也就测出了水的流速。仪器无活动部件, 无摩擦和滞后现象, 对流场不产生任何扰动, 不存在机械惯性和机械磨损, 可以真实反映流场。其缺点是: 在水下的仪器本身是超声波发射者, 因此发射能量、电池寿命和声波衰减等问题不易解决, 从而限制了该类仪器的发展。

四、声学多普勒海流剖面仪

声学多普勒海流剖面仪（ADCP, 图10-2-6）和声学多普勒海流计原理一样, 也是超声波射到海水内微颗粒之后, 由于微颗粒具有不同的运动速度, 接收器接受返回声波的频率和声源固有频率就不一致, 从而测定流速。但是, 不同的是: 它有四个发射超声波的探头, 可以测量两个方向的水平和垂直流速, 从而得到这两个方向流速的空间矢量, 将它们合成后, 就得到某一个特定点上真实的流速矢量。它一次可以测量一个剖面上若干层水流速度的三维分量和绝对方向。其基本原理如下:

例如, 水质点散射单元以一定速度运动, 根据多普勒效应, 应接收的信号频率是:

$$f' = \frac{c + v\cos\theta}{c - v\cos\theta} f_0$$

式中, f' —接收信号频率;

f_0 —发射信号频率;

c —声波在水中的传播速度;

θ —发射波速或接收波速与海流方向的夹角。

$$f_d = f' - f_0 = \frac{2v\cos\theta}{c - v\cos\theta} f_0$$

由于 $v\cos\theta$ 远小于 c, 以

$$f_d = \frac{2f_0 v\cos\theta}{c}, \quad v = \frac{c f_d}{2f_0\cos\theta},$$

若 $f_0 \cos\theta$ 为已知, 则测出 f_d 和 c, 就可求出流速 v。

Mackenzie 根据前人研究, 于1981年提出了在如下特定条件下（温度 T、盐度 S 和深度 D）的声速公式:

$C = 1448.96 + 4.591T - 5.304\times10^{-2}\ T^2 + 2.374\times10^{-4}T^3 + 1.340\times(S - 35) + 1.630\times10^{-2} D + 1.675\times10^{-7} D^2 - 1.025\times10^{-2} T(S - 35) - 7.139\times10^{-13} TD^3$

利用回声波时间差（至少3束）测定水体散射多普勒频移, 就可以求得三维流速, 并可以转换为地球坐标下的 u（东分量）、v（北分量）和 w（垂直分量）。

由于声速在一定水域、一定深度范围内的传播速度不变, 根据发射和接收时间差, 可以确定深度, 从而推算出不同深度处的流速。

类似的还有声传播时间海流计, 声波在海水中传播距离相同的情况下, 逆流声波所用的时间要比顺流声波所用的时间长, 通过测量逆流、顺流两次声波的时间差, 可以计算出海水的流速。由于它的先进性, 其已被海委会（IOC）正式列为新型的先进海洋观测仪器之一。

最初的机械转子式海流计仅能够测量单点平均流速且对流场有干扰影响, 测量准确度仅在厘米量级; 之后的声学矢量海流计不仅能够单点测量平均流速而且还能够精确测量瞬时流速, 测量准确度可以达到毫米级, 对流场的扰动也降低了许多; 现在的声学多普勒海流剖面测量仪, 不仅测量准确度达到毫米量级, 对流场无扰动, 而且

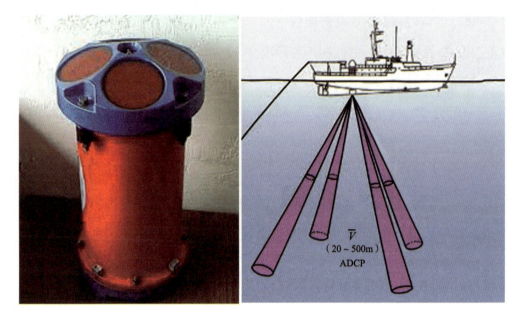

图10-2-6　ADCP

在观测效率上有了极大的提高。它可同时测量垂直剖面上近百层的瞬时流速,精细分层达到米级。它不仅适用于定点测量方式而且也适用于走航测方式。它已被广泛地应用到潜标、浮标、坐底观测系统、AUV、滑翔器等几乎各种观测平台上,极大地丰富了海流观测的手段,实现了各种方式的观测。不仅如此,它还改变了人们认识海流的方法,从孤立的一点,扩展到了垂直剖面,从两维水平空间扩展到了三维立体空间。由此使得海洋学家能够从微观到宏观,从单点到立体更加全面地研究海流,揭示海流的内部结构和变化规律。

第三节　漂流浮标测流

一、浮标追踪的可视化

漂流浮标具有体积小、重量轻等优点,在海洋观测中优势日渐突出。它能在恶劣海况下全天候或全天时工作。

漂流浮标测流属于拉格朗日方法。

设浮标点运动方程为:

$$\frac{\mathrm{d}x\left(t\right)}{\mathrm{d}t} = \vec{V}\left(x\left(t\right)\right)$$

其解为:

$$x(t) = x(0)t$$

$$\int_0^t \vec{V}(x(t))\,\mathrm{d}t$$

选出初始位置,采用数值积分方法,一步步跟踪下去,即可得到浮标点位置随时间变化的曲线。

漂流浮标可以给出输运物质的移动轨迹。要想知道每个时刻的漂移速度,则只能靠两个邻近位置所经历的时间求得,而多参数漂流浮标则可以测出任意时刻的漂移速度。

二、南海分局的实验

南海分局海洋环境监测中心,在粤东红海湾海区,于2011年2月17日6时开始使用多参数浮标和无动力船模拟人落水后随流漂移的情况,至2011年2月19日8时结束。同时由安装在无动力船上的ADCP协同测流,测得的为海平面下5 m的数据;风速由多参数浮标(高出海平面1.5 m)或无动力船上的自动气象站(高出海平面7 m)测得,数据间隔均为10 min。图10-3-1为多参数浮标的漂移轨迹。这种测量方法,既可以描述落水物漂移轨迹又可以知道每10分钟间隔的漂流物的速度和方向(图10-3-2),从而可为救助模拟提供新思路。

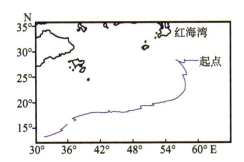

图10-3-1 冬季粤东漂移试验海区多参数浮标的漂移轨迹

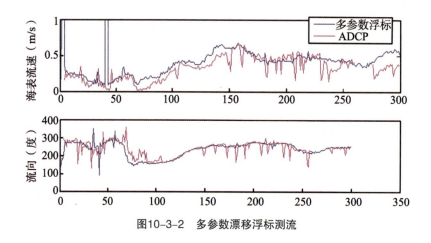

图10-3-2　多参数漂移浮标测流

第四节　地波雷达测流

一、岸基高频地波雷达测流

高频地波雷达，工作于高频（3~30 MHz）频段，利用垂直极化电磁波沿海面绕射传播特性，能够探测到视距以外的区域，因此又称其为高频超视距雷达。同其他的海洋监测设备相比，高频地波雷达具有探测距离远、监测面积大和投资较少的优点，同时由于高频地波雷达架设在岸边或置于移动平台上，系统工作基本不受自然环境的影响，因此能够对海洋进行全天候的实时监测，在监测我国专属经济区、维护国家权益、保护海洋环境等方面具有重要作用。

我国研制的高频地波雷达OSMAR系统观测结果表明：该雷达观测采样的周日变化明显，采样覆盖率50%的观测范围可达到125 km。雷达径向流的潮流分布与传播特征的空间特征与以往研究相似，表明该雷达观测海流结果的合理性，不同时段观测结果的一致性也证明了该雷达的稳定性。利用示范区内的浮标ADP以及坐底式潜标ADCP的海上观测，以同步序列的距离均方差为比测误差评价标准，径向流的比测误差在7.6 ~ 12.5 cm/s之间，方位角误差在10° 以内，合成矢量流流速以及u, v分量在8.6 ~ 13.0 cm/s之间。

其测流基本原理：每座地波雷达可以测出径向流速，两个矢量流速合成后，就是海洋中某一点的真实流速（图10-4-1）。图中第一座雷达可以观测60° 角，第二座可以全方位观测。

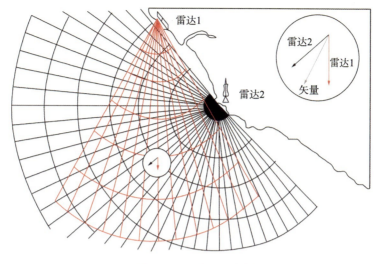

图10-4-1 两座地波雷达测流

二、船基地波雷达测流

传统的岸基高频地波雷达系统往往包含两部或多部雷达,每部雷达都可以测量海表面流的径向分量。两部或多部雷达重叠覆盖的区域可以合成海表面流的矢量流图,然而,舰载高频雷达只有一套发射和接收天线系统,因此无法采用岸基高频雷达矢量流的合成方法。

舰载高频地波雷达一直处于运动状态,当假设海表面流在一段时间内是恒定的时候,可以认为舰载高频雷达在不同位置对同一海表面流进行了观测。例如,试验中舰载高频雷达采用的相干积累时间t_c为 536.9 s,相干积累时间之间的重复率为 75%,平台移动速度大约为 5 m/s,可以得到两次观测之间平台的航行距离为 671 m,与雷达距离单元格边长(5 km)相比,可以将几个相干积累周期所观察的海面区域认为是相同的。

图10-4-2中,坐标原点表示雷达观测的海面单元,在一定时间内对此单元进行了n次观测,则得到了n组海表面矢量流的径向分量(图10-4-3),这些分量可以通过矩阵方程组求解。

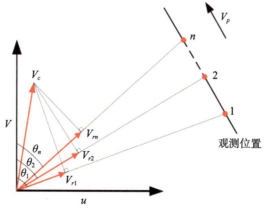

图10-4-2 船基高频测流示意

153

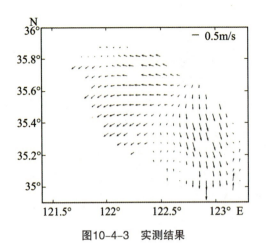

图10-4-3　实测结果

第五节　遥感测流

海洋中的海流主要受风力、引潮力和密度分布不均匀所驱动。在旋转地球上运动流体的表面相对于水准面产生倾斜，而坡度的大小正比于流速。在湾流、黑潮等西边界流处，坡度量级约为每100 km升降1 m。而由地形效应和风应力所形成的海水升降流动通常极为缓慢，太空遥感尚无法感知其流速，但能识别这种现象和确定其位置。

测流主要使用雷达高度计，它是最具特色和潜力的主动式微波雷达系统 。用它测出海面起伏、高低不平的"地形"，测量距离约800 km，测量误差达到2 cm，精度为2.5×10^{-8}。借助地转平衡方程，则可以算出地转流流速。海流观测精度要求远大于±10 cm/s；而海流的位置误差为几千米。

如果ζ为相对于大地水准面的海平面高度，则地转平衡方程可写为：

$$fv = g \frac{\partial \zeta}{\partial x} \tag{10-5-1}$$

$$fu = -g \frac{\partial \zeta}{\partial y} \tag{10-5-2}$$

式中，f是科氏参量，u是流速东分量，v是流速北分量，g是重力加速度。

一、利用海平面高度差可以判断黑潮流轴位置

图10-5-1是测量海平面高度的TOPEX卫星对黑潮海平面高度观测的结果。由于地转流流速大小与海平面高度ζ的梯度成正比，且方向是在ζ的正梯度力矢量右面90°，由此可以判定图10-5-1中黑潮主流轴（流速最强处）位于由"240"标识的位置附

近。由图10-5-1可以清晰看出黑潮主轴从台湾岛东部, 蜿蜒流向东北, 在吐噶喇海峡南缘折转向东, 再向东北, 然而沿日本海岸向东流去。

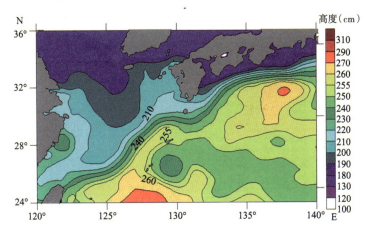

图10-5-1 黑潮主轴多年平均海平面高度 (陈春涛, 2009)

二、利用南海海平面平均高度反演南海流场

图10-5-2是南海多年夏季平均高度, 同样利用式 (10-5-1)、式 (10-5-2) 可以算出相应的表层海流 (图10-5-3)。

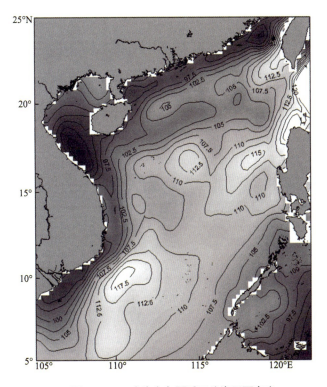

图10-5-2 南海多年夏季平均海平面高度

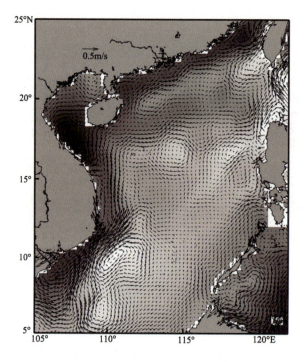

图10-5-3　根据多年夏季平均海平面高度计算的地转流场

第六节　怎样正确使用海流计测流

　　海流计是人们观测海流的有力"武器"，了解武器性能，爱护武器本身，自然是义不容辞的责任。海流计是精密的电子学产品，任何不经意的碰撞、滑跌，都可能导致仪器损坏或者精度降低；又由于长期使用中会有磨损、元件老化，也会造成精度改变、"零点"漂移，所以，要定期送质检部门校正。这里我们不做详细讨论，只就几个关键问题在此作必要介绍。

一、选择合适的精度

　　从仪器发展过程来看，仪器的精度在不断提高，可靠性也不断增加，昂贵仪器不断引进，新老仪器的混合使用也带来一系列问题。首先，是精度不同。例如，直读海流计的流速、流向精度和ADCP是不同的（表10-6-1）。

表10-6-1　不同海流计的流速、流向观测精度

仪器型号名称	制造国	测量范围		测量精度	
		流速（cm/s）	流向（°）	流速（cm/s）	流向（°）
厄克曼海流计	瑞典	3 ~	360	± 5	±（10~15）
印刷海流计HLJ1	中国	3 ~ 148	360	± 2%	± 5
直读海流计HLC9-2	中国	5 ~ 700	360	± 1.5%	± 4
安德拉海流计RCM11	挪威	0 ~ 300	360	± 1%	± 5
电磁海流计S4	美国	3 ~ 300	360	± 2	± 5
多普勒海流计HXH03-1	中国	2 ~ 700	360	± 1% ± 1	± 3
AWAC1MHz ADCP	挪威	0 ~ 1000	360	± 1% ± 0.5	± 2
WHS600kHz ADCP	美国	0 ~ 2000	360	± 0.25%	± 2
WHS300kHz ADCP	美国	0 ~ 500	360	± 1%	± 5
WHS150kHz ADCP	美国	0 ~ 500	360	± 1%	± 5
WHS75kHz ADCP	美国	0 ~ 500	360	± 1%	± 5
ALEC电磁海流计	日本	0 ~ 250	360	± 1	± 2%

如果在一次观测实施过程中，在用ADCP仪器同时也用直读海流计，那么在描述资料可靠性方面，就不能用最高精度，而是要用最低精度。这无疑会影响工作质量和单位的信誉。其次，我们引进使用了大量国外仪器，但校正设备却很少引进，仪器使用多年后，精度是否仍然一如既往保持不变？无人能给以确切回答。按照"电子产品总有老化的过程"来看，精度自然也会不断降低。国内直读海流计可以每年标定一次，国外ADCP怎么办？

二、关于ADCP走航测流中的校正

走航ADCP使快捷而大范围的流速测量成为了现实。但资料的可信度分析与系统误差订正是一个重要的环节，未经系统误差订正的资料可能存在显著的误差。系统误差中，包括速度测量振幅的误差和速度方向的误差。

Joyce已给出了系统误差的订正方法，现为走航ADCP 资料处理中广泛使用（Pollard & Read, 1989）。Joyce的方法中，订正角为常数，能有效地消除ADCP换能器的安装偏角引入的误差以及罗经的初始设置误差（这两者为固定值）。但是，陀螺罗经有可能存在所谓的速度误差，该误差与船速、船向及纬度相关。在陀螺罗经存在着显著速度误差的情况下，将订正角取为常数同样可引入较大的误差。

怎么剔除数据中的系统误差，提取正确的观测信号，成为资料处理的一个关键问题。夏华永、廖世智在南海海洋调查中对观测资料进行了较好的处理，并提出一套行

之有效的处理方法。

首先，陀螺罗经存在纬度误差、速度误差、冲击误差、摇摆误差和基线误差等。速度误差同船舶的航速、航向和所在地纬度有关，这在系统误差订正中都要予以考虑。船舶机动航行时因惯性力对陀螺罗经的影响而产生所谓的Schuler摆动，即所谓冲击误差。在船舶突然转向、加速与减速时，罗经信号误差较大，且不能得到有效的订正。这种情况下，参考GPS船速的处理结果误差很大。因此，在观测过程中，避免急速转弯、突然加速与减速是有利于提高观测资料质量的。

其次，海况较差时，观测精度受到极大的影响。船体横摇大时，四个换能器测得的水深相差极大。在一个波浪周期内，船体摇晃极大，不能保持较为恒定的航速。由于一个波浪周期内产生了很大的加速与减速，罗经信号的精度也受影响。因此，在资料中要有效剔除不正常数据。例如：去掉航速小于1 m/s时的观测资料；去掉流速大于1.5 m/s的资料；去掉流速垂向梯度大于0.15 m/s的资料；去掉相邻两层速度差大于0.5 m/s的资料等。

最后，在有底跟踪信号的测量区域，近底1~2层观测资料容易受到海底反射声波的影响，观测结果偏大。在资料处理中，这些受海底反射影响的观测值不能完全被程序识别。因此，在资料的应用中，对底层资料应更加谨慎处理。

三、在潮流较强的海区中ADCP使用的局限性

所谓潮流较强，就是指潮流速度要大于海流（余流）速度一个量级左右。ADCP测量的结果，是瞬间所有流速之和。由于潮流速度大于海流，因此，ADCP资料更多反映瞬间潮流特征，即潮流方向的旋转性和流速的周期变化。图10-6-1中给出的流速是夏华勇等用ADCP走航观测的结果。从图中看不出规律性东西，只能表示在观测时段内涨潮和落潮的某些特征。

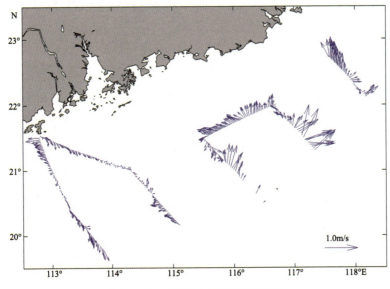

图10-6-1 珠江口ADCP测得的流速

　　但是,对于潮流相对较弱的海区,即潮流流速小于海流速度的海域,海流特征就明显表露出来。例如,"雪龙"号1996年冬季在赴南极调查经过苏禄海时,走航ADCP 观测的流速就有明显的规律:即在50 ~ 75 m水层内,南海水进入苏禄海的(图10-6-2)流速在70 ~ 100 cm/s之间变化。

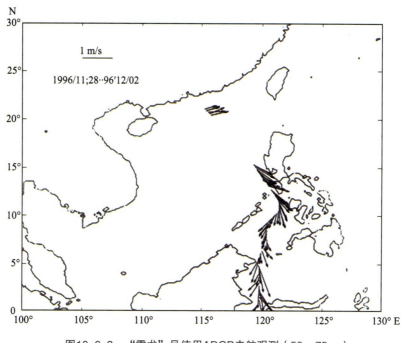

图10-6-2　"雪龙"号使用ADCP走航观测（50 ~ 75 m）

四、定点测流中误差的引进

　　目前,海流观测中多采用定点方法测流,即使用锚定船只或浮标、海上固定平台（如石油井架）或仪器直接坐底等方式,在一定时段内,使用悬挂仪器,观测固定站位置海水的流动。

（一）锚定船只测流

　　这是20世纪80年代以前最常用的测流手段。之所以如此,是因为海流计当时多为机械式,自动观测和记录能力差,在多数情况下要人工操作方可完成。此外,由于观测者随船前往观测地点,对一个远离大陆的陌生海域中的仪器进行掌控,总比无人值守的锚定浮标要好得多。但是,船上的钢铁装置对磁罗针的影响是尽人皆知的事实,可是人们无法判断这种影响有多大。

　　1. 船磁的影响

　　海流计感应流向的罗经系统本身有一块永久磁铁,在地磁场中能感应当地磁力线的方向。铁壳船本身在磁场中受到磁化,已变成一块磁铁,它必然对海流计罗经产生影响。根据侍茂崇等（1990年）所进行的铁壳与木船对比观测结果,可以在一定程度上说明问题。

　　实验时用一艘吃水1 m的铁壳登陆艇，与系在艇尾20 m远的木舢板上同时放印刷海流计进行对比观测。为了防止仪器本身的误差而造成这种对比失误，过24小时后再将两台一起互换位置继续对比，同时用大船上的罗经校正涨流、落流方向，以此核实印刷海流计的记录。经过这种反复对比，证实了放在舢板上印刷海流计的记录更为可靠，而在登陆艇舷边垂下的印刷海流计记录中的流向有很大的误差（表10-6-2）。在表10-6-2中，两台对比仪器入水深度为 2 m，其流速差平均值为0.8 cm/s，其流向差平均值为-29.7°，其流速差方均根值为3.8 cm/s，其流向差方均根值为48.7°。后来，将仪器入水深度改为1 m，但是在大船上的仪器则用杆子支离船舷外 3 m处观测。因此，流速、流向差都有所降低（表10-6-3），其流速差平均值为0.9 cm/s，流向差平均值为-11.4°，流速差方均根值为2.1 cm/s，流向差方均根值为29.6°。同样的试验，还在2 000多吨的"东方红"号调查船上进行过，与"东方红"号船同时进行比测的是10吨的木壳渔船，其比测结果列于表10-6-4中。

　　将表10-6-2与表10-6-4进行对比可以看出：并不是船只越大，误差就一定会增大；在登陆艇上流向都比小舢板上的测出结果大，而在"东方红"号调查船上，落潮时，实测流向大于真实流向，而涨潮时实测流向多小于真实流向，流向的这种变化会给余流计算带来很大误差。从"东方红"号调查船与渔船对比结果还可以看出：随仪器放置深度加大，误差将趋减小；"东方红"号吃水5 m，仪器放到10 m水深时，这种影响已经很小。它表明，用"东方红"号调查船在外执行任务，表层5 m层的测流资料是不可靠的，10 m仍受到影响，在浅海测流最好用木船而不用铁壳船。

　　最应值得注意的是，不同的铁壳船对测流的结果具有不同的影响，而这些影响是计算不出来的，因为它与仪器放置的位置（船首、船尾）、距船舷远近、放置的深浅都有关系。如果一定要用铁壳船，最好在出海之前能与木船同时进行比测，较清楚地掌握误差规律，以便对实测资料进行校正。因此，在浅海测流时最好用木船而不用铁壳船。由于海上环境所限必须用较大的铁壳船，则要想法让测点尽可能远离船体，这对上层海流的观测尤其重要。

　　国外也有人做过试验，在85 m长的破冰船上，观测20 m深度处的流向可以达到100°的误差。

　　但是，锚定船只使用声学海流计观测海流，则没有船体影响的问题。

　　2. 铅鱼和吊链的影响

　　通常人们并不注意这一因素的影响，然而，实验表明这一因素的影响是不可忽视的，尤其是对小尾舵海流计，这一影响更为显著。朱文光（1987年）在流速为5～10 cm/s条件下的实验结果表明，小尾舵的直读海流计在不同的条件下误差是不同的：吊链+铅鱼，误差为10°～13°；吊链悬挂，误差为10°～40°；拉力电缆吊挂，误差为5°～10°。实际上，在小流速时（例如海流开始转向时），铅鱼在仪器对流向变化的响应中起阻尼作用。从实验结果看，拉力电缆吊挂比链条吊挂要好。

表10-6-2 垦东14站流速（cm/s）流向（°）对比观测（仪器吃水深度-2m）

时间	21	22	23	00	01	02	03	04	05	06	07	08	09	10	11	12	13	14	15	16	17	18	19	20
流向（°）舢板	330	285	260	180	155	160	160	157	165	167	156	340	345	336	320	345	24	75	140	135	140	190	336	345
大船	330	300	267	170	220	234	235	237	240	225	190	34	30	33	30	342	15	26	170	170	170	170	300	30
向差	0	-15	-7	10	-65	-74	-75	-80	-75	-58	-34	-54	-45	-57	-70	3	9	49	-30	-35	-30	20	36	-45
流速（cm/s）舢板	18	6	6	12	16	33	40	39	33	19	6	17	35	36	22	10	6	8	12	20	16	13	19	37
大船	10	6	0	10	21	39	41	39	31	20	2	17	32	31	22	14	5	10	16	20	14	14	13	32
速差	8	0	6	2	-5	-6	-1	0	2	-1	4	0	3	5	0	-4	1	-2	-4	0	2	-1	6	5

注：流向平均差-29.7°，流速平均差0.8 cm/s，流向均方误差48.7°，流速均方误差3.8 cm/s。

表10-6-3 垦东26站流速（cm/s）流向（°）对比观测（仪器吃水深度-1 m）

时间	08	09	10	11	12	13	14	15	16	17	18	19	20	21	22	23	00	01	02	03	04	05	06	07
流向（°）舢板	230	165	225	330	318	345	330	10	116	147	143	135	165	225	290	320	320	300	330	330	106	137	141	146
大船	180	160	226	360	351	354	354	10	100	165	166	195	150	210	300	326	360	6	20	0	120	123	131	133
向差	50	5	-1	-30	-33	-9	-24	0	16	-18	-23	-60	15	15	-10	-6	-40	-66	-50	-30	-14	14	10	13
流速（cm/s）舢板	28	6	6	38	40	39	21	9	3	8	12	13	10	5	5	28	33	34	18	5	3	22	31	30
大船	25	5	5	36	36	38	19	11	10	10	10	11	12	7	6	30	34	31	16	6	0	20	29	28
速差	3	1	1	2	4	1	2	-2	3	-2	2	2	-2	-2	-1	-2	-1	3	2	-1	3	2	2	2

注：流向平均差-11.4°，流速平均差0.9 cm/s，流向均方误差29.6°，流速均方误差2.1 cm/s。

表10-6-4　　"东方红"号与渔船同步比测结果

站位	仪器深度（m）	小大船流速差平均（cm/s）	小大船流向差平均（°）	小大船流速均方根差（cm/s）	小大船流向均方根差（°）
A4	0	1.2	5.0	8.6	25.8
	4	0.8	7.5	8.3	25.8
	8	1.6	3.8	7.2	17.6
	10	1.2	0.2	5.1	5.1
A5	0	1.7	6.5	10.1	29.4
	4	0.9	8.3	8.8	30.8
	8	1.8	4.2	8.0	20.4
	10	0.8	0.1	3.8	3.7

3. 海洋生物的影响

海洋生物附着构成了锚定浮标系统水下传感器的直接威胁，其中尤其对各种流速传感器影响是致命的。

海洋附着生物分植物和动物两大类，品种有上千种，其中附着在船体和海洋建筑物上的植物约有600种，动物约有1300种，常见的有50~100种。这些附着生物的幼虫或孢子能够随波逐流，发育到一定阶段后，就在水下建筑物和仪器上定居。附着的植物主要是藻类，如海藻、硅藻、浒苔等；附着的动物主要是藤壶、牡蛎、石灰虫、苔藓虫、海葵、寄生蟹等，不同地区附着的生物不同。我国海岸线长，从南到北有着不同种类、不同数量的各种海洋附着生物。有关实验表明，就我国沿海来说，近海比外海严重，浅海比深海严重，夏天比冬天严重，南方海域比北方海域严重。水下建筑物和仪器本身也存在影响生物附着的因素，粗糙表面较光滑表面容易附着生物，例如，藤壶的幼虫最喜欢附着在清洁而又粗糙的表面上。海水对仪器的相对运动，即流动的海水可能将附着在仪器上的生物冲刷掉。此外，光线和颜色对生物的附着也有影响，较多的附着生物喜欢黑暗的环境，这使得幼虫容易附着在海流计的底部，藻类喜欢阳光，以便进行光合作用，因此多附着在海流计上部。颜色较深的仪器比颜色较浅的仪器容易附着生物。

海洋生物附着对浮标系统的水下传感器影响是很大的，严重时可使它们完全丧失功能；对机械旋桨或转子式流速传感器的影响是：在旋桨或转子上附着一层微生物，随着时间的推移附着生物的厚度逐渐加大，使旋桨或转子的重量增加，传感器的动态特性发生变化，最终使其丧失功能；对声学海流计来说，由于生物附着在换能器上，使仪器的固有频率发生变化。

现有的防生物附着涂料的效果主要由漆模中毒料（Cu_2O，HgO和有机锡）的渗出量决定。防生物附着涂料的作用原理：毒料溶解后向海水渗出，在漆膜表面形成有毒溶液薄层，用以抵抗或杀死企图停留在漆膜上的海洋生物孢子或幼虫。由于防附着涂料中的毒料是从漆膜表面"薄层"通过扩散或涡流向外消耗的,若防附着涂料要维持长时间有效,贮存在漆膜内的毒料必须以一定的方式逐渐渗出,以维持与漆膜表面的水层中有足够的毒料浓度,涂料才能起到防附着作用。

(二)表层锚定浮标测流

在海洋的上层,波浪具有特别重要的作用。波浪起伏的海面可认为是随机运动的表面,表面波所激起的表层海水的运动,是与湍流有区别的,可以用统计方法分离波动随机场和湍流场。

呈现在仪器上的短暂的快速水平运动都是直接由波浪或间接由波浪使平台动荡以及海水的乱流所导致的。

在风浪的作用下,由于流速传感器和浮体之间采用"柔性"连接,浮体运动的影响近似认为对传感器附加上下垂直运动和水平往复运动。萨沃纽斯转子的特点是对各个方向的流速是同样灵敏的。实验表明,萨沃纽斯转子在水平速度v_T和垂直上下附加运动的作用下,实测速度v_{cp}与真实流速v_T相差较大。图10-6-3是以5.8 cm/s的垂直速度、0.25 m的垂直振幅、20 s的周期进行的波动实验,流速传感器输出的速度呈脉动状态,其变化周期约是垂直运动周期的一半。

浮体运动所形成的水平速度分量,对全向型不可逆转的流速传感器起到"加速"作用。由于各种海洋因素的影响,如可能产生的振动、波浪起伏和涡流,此时不可逆流速传感器不能自动消除周期比传感器取数时间短的速度分量。假设附加水平分量的方向与流向相同,并以v_B表示,当$v_B>|v_T|$时,出现变向流,因不可逆流速传感器所记录的速度与流向无关,平均流速v_{cp}超过真实流速。

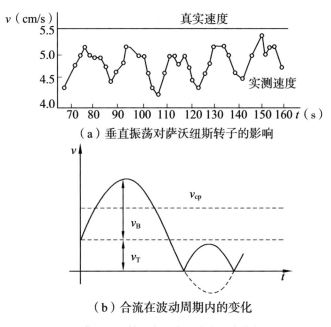

(a)垂直振荡对萨沃纽斯转子的影响

(b)合流在波动周期内的变化

图10-6-3 萨沃纽斯转子在垂直运动中导致的水平流速误差

(三)固定平台测流

固定平台最常见的就是海上石油平台,其抗风浪能力是其他观测平台不能比拟的,因此,国内利用石油平台观测海流是很常见的现象。但是这种观测方法存在诸多问题:

石油井架具有四条粗壮的钢腿,它必然会改变海水流动方向和仪器中磁铁的指向,测出的海流的流速流向都要受到影响。图10-6-4中给出的是2004年5月在黄河海港附近大潮的涨落潮流。其中3号站,就是利用石油井架观测的结果。由图中可以看出,涨潮流(指向东南)与4号站和1号站有明显不同:总的看来,向东移动30°角,还有两个时间指向北和西南。涨潮流速偏小,落潮流速增大。由此而计算的余流也和其他附加站点不同。

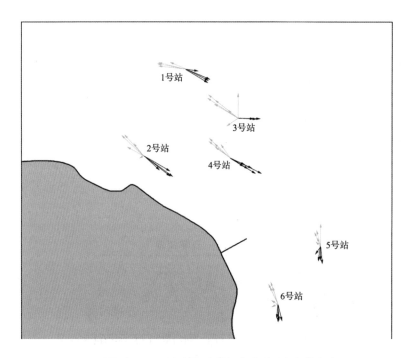

图10-6-4 2004年5月黄河海港附近大潮的潮流

SZ 36-1站位于辽东湾中部,测流时间段为1997年6月6日~1998年6月12日。表层(5 m)观测使用S4ADW海流计,中层(15 m)和底层观测使用RCM4安德拉海流计。

从图10-6-5中可以看出,该站余流矢量比较稳定,表层流速量值在1.8 ~ 7.1 cm/s之间变化,流向基本为SE向。与风矢量比较看出,12月及1月的余流矢量略有加强,这是由于海面出现较强的西北风影响所致。其他月份,几乎看不出5 m层平均余流有随月平均风矢量的变化而变化的特征。

这种流型令人生疑:不可能一年四季指向一个方向。根据可靠数值计算结果,夏季表层海流应该向西,冬季向东。特别是冬季,15 m层余流和表底层方向相差甚大,都是令人费解的。当然这和观测者无关,而是和石油井架这个特殊载体有密切联系。在我们曾经分析过的10个以石油平台作为载体的测流结果中,也有几个平台资料是符合那里水体运动规律的。后来了解,他们悬挂海流计时不是直接从平台边缘下垂,而是在考虑平台柱体影响之后,用支杆将仪器挑离平台,或直接用一个小浮标载体,远离平台之外观测。笔者一次乘渔船靠近石油井架,那里流动非常复杂,无法控制船向,一下被卷入四个桩柱之间,几乎船毁人亡,也正是从那之后,才开始对此载体产生质疑。

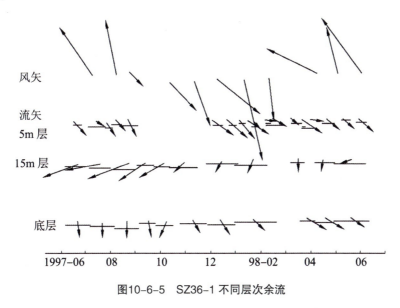

图10-6-5　SZ36-1 不同层次余流

要想弄明白石油井架对海流计观测结果的影响,则是至为困难的工作:不同石油平台结构、仪器悬挂不同位置、平台四个桩柱和涨落潮主流方向夹角等都可以造成测流方向和速度的显著差别。

第七节　观测时间选择

一、昼夜观测至少要25小时

在我国最早海洋调查规范中规定:海流一个昼夜观测要24个小时的资料。后来我们建议:新规范中要规定"一个昼夜观测要25个小时的资料"。理由为:不管是日潮还是半日潮流区,都要在24小时48分钟内(近似25小时)潮流才能完成一个周期性运动。在一个完整的潮流周期内,潮流的速度矢量和为零。正是基于此原理,才能将周期性的潮流与余流分开。如果仅用24小时观测资料，就会带来计算误差。

设实测的东分量、北分量流速为u、v，则：

$$\begin{cases} u = u_r + u_t \\ v = v_r + v_t \end{cases} \tag{10-7-1}$$

式中，u_r，v_r为常流（余流）部分，它与观测时段内时间无关；u_t，v_t为纯潮流部分，它是时间t的函数，如果把近海潮流运动矢端轨迹看成椭圆，则：

$$\begin{cases} u_t = u_m \sin \dfrac{2\pi}{T} t \\ v_t = v_m \cos \dfrac{2\pi}{T} t \end{cases} \tag{10-7-2}$$

式中，u_m，v_m是椭圆长短轴的最大值。对上式在一个潮周内（24.8 h）进行积分，并除以周期T，得：

$$\begin{cases} \dfrac{1}{T} \displaystyle\int_t^{T+t} u\,\mathrm{d}t = \dfrac{1}{T} \displaystyle\int_t^{T+t} (u_r + u_t)\,\mathrm{d}t = u_r \\ \dfrac{1}{T} \displaystyle\int_t^{T+t} v\,\mathrm{d}t = \dfrac{1}{T} \displaystyle\int_t^{T+t} (v_r + v_t)\,\mathrm{d}t = v_r \end{cases} \tag{10-7-3}$$

式中，
$$\begin{cases} \dfrac{1}{T} \displaystyle\int_t^{T+t} u_t\,\mathrm{d}t = \dfrac{1}{T} \displaystyle\int_t^{T+t} u_m \sin \dfrac{2\pi}{T}\,\mathrm{d}t = 0 \\ \dfrac{1}{T} \displaystyle\int_t^{T+t} v_t\,\mathrm{d}t = \dfrac{1}{T} \displaystyle\int_t^{T+t} v_m \cos \dfrac{2\pi}{T}\,\mathrm{d}t = 0 \end{cases}$$

但是，如果积分区间不是T而是T'，那么上式积分就不为零，而是u'和v'：

$$u' = \frac{1}{T} \int_t^{-T+t} u_m \sin \frac{2\pi}{T} t\,\mathrm{d}t = \frac{u_m T}{2\pi T'} \left[\cos \frac{2\pi t}{T} \left(1 - \cos \frac{2\pi T'}{T} \right) + \sin \frac{2\pi}{T} t \cdot \sin \frac{2\pi}{T} T' \right]$$

$$v' = \frac{1}{T} \int_t^{T+t} u_m \cos \frac{2\pi}{T} t\,\mathrm{d}t = \frac{v_m T}{2\pi T'} \left[\cos \frac{2\pi t}{T} \sin \frac{2\pi T'}{T} - \sin \frac{2\pi t}{T} \left(1 - \cos \frac{2\pi T'}{T} \right) \right]$$

在分析资料时，如果用T'=24h，这样一来，上式可简化为：

$$\begin{cases} u' \approx -3.3 \times 10^{-2} \times u_m \sin \dfrac{2\pi t}{T} \\ v' \approx -3.3 \times 10^{-2} \times v_m \cos \dfrac{2\pi t}{T} \end{cases} \tag{10-7-4}$$

式（10-7-4）中t是流速起始观测时刻，下面我们用几种简化情况来分析。

（一）潮流为往复式运动

假定$v_m \approx 0$，$u_m = 100$ cm/s，式（10-7-4）就变为：

$$u' \approx -3.3 \times \sin \frac{2\pi t}{T}$$

从式中可以看出；$t=0$（即从转流时刻开始观测），那么$u' = v' = 0$；若$t = \dfrac{1}{4}T$（最

大流速时刻），则$u' = -3.3$ cm/s。它表示最后求得的余流中，少了3.3 cm/s。由此可见，误差是起始时刻的函数。近海余流u_r、v_r大多很弱，一般为每秒几个厘米，u'与u_r、v_r量级一样，这必然给真正余流计算带来误差。

（二）潮流为椭圆运动

如果假定$u_m = 100$ cm/s，$v_m < u_m$，则其最大误差要比±4 cm/s略有增大；随起始时刻的不同，u'和v'的合成方向也在变化，这更增加余流分析的复杂性。在特殊情况下，潮流旋转是一个圆，$u_m = v_m = 100$ cm/s，则$u' = ±4.7$ cm/s，它不随起始时刻t的不同而变化，在强潮流区潮流速度大于100 cm/s，这种误差还要加大。

为了减少这种因潮流滤波不彻底而带来的误差，建议用25小时序列资料进行分析；在$T = 25$ h情况下：

$$\begin{cases} u' \approx -0.8 \times 10^{-2} \times u_m \sin \dfrac{2\pi t}{T} \\[3mm] v' \approx -0.8 \times 10^{-2} \times v_m \cos \dfrac{2\pi t}{T} \end{cases} \tag{10-7-5}$$

从式（10-7-5）中可以看出，用25小时的资料分析比用24小时序列资料分析的方法大大降低了误差。

二、大、中、小潮是怎样定的？

在许多工程的任务书中，经常要求任务承担单位在给定的时间内进行大、中、小潮观测。很多情况下，查查这个海区潮汐表，看一看何时出现大潮，然后每隔3天观测一次，就是中潮和小潮。似乎约定俗成，谁也未提出反对意见。但是，在执行过程中，我们发现存在不少问题。

（一）为什么要进行大、中、小潮观测？

进行短期（三次24小时）潮流观测，是为了潮流调和常数计算尽可能准确，观测日期的选择一直受到足够重视。为了处理方便，一般都在一天时间内把准调和模型粗略地代之以调和模型，采用潮族分离方法处理，故有进行若干个周日观测的苛刻要求（即所谓天文良好日期）。

鉴于复杂的天文良好日期计算，和复杂多变的天气，要在选定那几天完成三次观测，难度非常大。后来，退而求其次，就是大、中、小潮观测各一次，也可以在很大程度上满足潮流调和常数计算的精度要求。况且随着计算手段日益进步，直接用最小二乘法处理短期的、甚至零散的潮流资料已经成为可能。

在这三次观测中，对大潮要求更为严格。因为大潮期间流速大，可以减少相对误差。

此外，根据大、中、小潮观测资料对比，可以直观看出：不同潮时条件下潮流和余流运动规律。对一些和潮时有关的项目，如电厂的取水和排水、污染物排放时间的选择都能一目了然。

（二）衡量大、中、小潮的标准是什么？

既然，大、中、小潮观测是必要的，那在技术层面上要有一个界定，有一个约定俗成的标准，不要任意抓住一个大、中、小潮就开始观测。现在大家普遍承认，在非无潮点海域，按照潮汐调和常数计算的每天最大潮差，画出累积频率分布曲线（图10-7-1），在最大潮差频率小于10%范围内的任一个潮差，都是大潮；在最大潮差频率接近50%范围（45%~55%）内的任一个潮差，都是中潮；在最大潮差频率低于90%范围内的任一个潮差，都是小潮。应该说，这个标准还是比较合理的，既不限定太死、执行起来困难重重，也不百人百样、随性所欲，且与工程中一些规定也是不谋而合的。

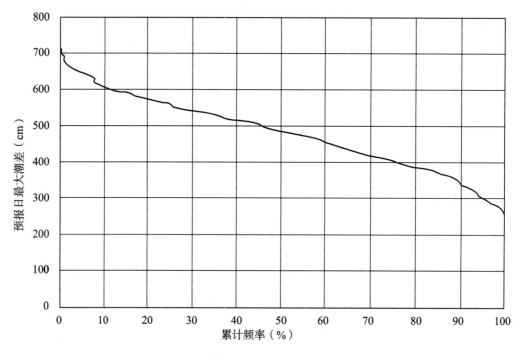

图10-7-1　最大潮差高潮累计频率曲线

（三）潮位的大、中、小能代表潮流强、中、弱吗？

上述的标准在北方半日潮或不规则半日潮海域，潮差高低与潮流速度大小之间是存在正比的关系（无潮点除外）的。但是，在日潮和不规则日潮海域，流速与潮差之间很难确立一种正比的关系。例如，粤东红海湾中间一个站点，大潮潮流速度25小时全层平均最大的是12 cm/s，而小潮竟是22 cm/s；大潮表层最大流速是23 cm/s，而小潮竟达到39 cm/s（是时，天气很好，风速只有1~2 m/s）。为什么会出现这种"反常"现象？仔细研究并不奇怪：大潮期间，是典型日潮，一天只有一涨一落；小潮期间，半日潮型占主导地位，一天两涨两落。在达到相同潮高条件下，小潮流速要比大潮快一倍；如果小潮潮高只有大潮的1/2，这时两者流速仍然相等。

三、要尽量延长观测时间

20世纪80年代之前,中国海海流资料基本都是周日连续观测。导致这种情况出现,和当时仪器落后以及经费困难有关。随着科研经费大量投入,国外先进仪器不断引进,多日连续、甚至全年连续观测,已经屡见不鲜。随着长系列观测资料的出现,海流运动许多崭新的规律也呈现在人们面前。前面我们讲过,中国海有众多浅水域,影响海流(余流)的因素很多,其中风是最敏感因子。在风吹过50 m以浅水域,6个小时之后就可形成稳定的风海流。冬天天气系统比较稳定,海流运动规律比较明显,但是春、夏、秋季则不然。如果仅根据一个昼夜的观测资料,就断言某某规律的出现,实在有"瞎子摸象"之嫌。

在南海,一次中尺度涡演变过程,将使珠江口海流变得面目全非(图10-7-2)。从图中可以看出:2月17日,中尺度涡从锚系浮标站东北方靠近,所以海流指向西北,随着中尺度涡向西运动,海流流向也随之改变,到3月27日变为南向,但流速也由强变弱。随着水深加深,虽然流速减弱,但是方向和51 m层基本一致(图10-7-3)。

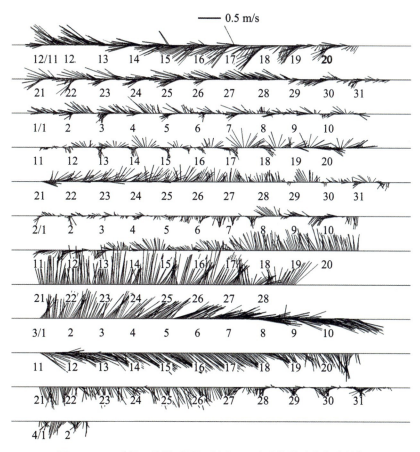

图10-7-2　珠江口外锚系浮标实测51 m水层海流(南海分局)

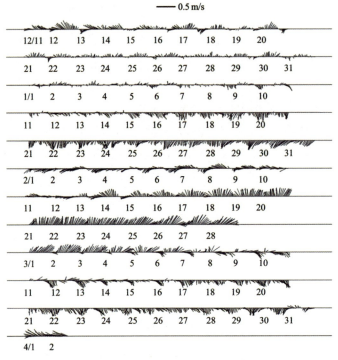

图10-7-3 深层（467.3 m）实测海流（南海分局）

第八节　近底层海流的梯度观测

一、近底层海流观测的重要性

所谓近底层海流，系指离海底2 m以内、海水流动的速度和方向。其中包括潮流与余流（定常流动那部分）两个部分。

海洋水文观测规范中曾明确规定，海流观测的最低层次，为高出海底2 m的水层。长期以来，人们形成一种观念认为这似乎已经够了。实则大谬不然，海洋科学研究中经常需要知道比2 m更贴近海底的海流结构。例如：从研究海洋湍流角度来说，海底是流体的固体边界层，由于海底底质各异（有泥、沙、砾石）、底形起伏不定，这一层中流速结构也就有所不同。流速表达式通常写为：

$$u = \frac{1}{k_0} \left(\frac{\tau_0}{\rho} \right)^{\frac{1}{2}} \ln \frac{z + z_0}{z_0}$$

式中，k_0为卡曼常数，一般为0.40；τ_0为边界上摩擦应力；ρ为海水密度；z_0为海水的粗糙度,它是与海底粗糙程度有关的一个物理量。要想知道$u(z)$的分布规律,就先要进行贴底层流速、流向的观测。

再如,研究近岸泥沙运动动力学问题时,更需要知道贴底层海流的流速与流向,需要知道大风天气贴底层流的变化,因为海底上泥沙的运动(推移质)与海底处启动流速有关。

此外,生物与水产养殖也需要知道贴底层的流速,以便确定该海区养殖何种生物为宜。

但是,我们不能埋怨规范的制定者,说他们考虑不周,实际上,规范仅是现存仪器使用的肯定与统一,它只反映了我们国家仪器的水平与科研的水平,按照调查船的常规操作方法,仪器就是不能放在海底上测量,因为海水流动方向多变,海底地质更是千变万化。以我们目前使用的几种海流计来说,如果仪器放在海底,不是读不准数字(流向首当其冲),就是读出的数也是不准确的(仪器放置位置倾斜),甚至仪器沉入泥底(在河口最容易发生);即使海流计不放在海底,贴近海底也不行:由于波浪的上下运动,将会使海流计不时触底,从而给测量带来很大的误差。

因此,研究贴底层海流不是很容易的一件事,必须要用除调查船之外的其他一些办法来进行。

二、近底层海流的梯度观测

1979年,本书作者承担了鲁南大港的海流观测和泥沙运动的定量计算任务,当时面临的问题是必须解决近底层海流观测的方法和手段,经过反复试验和改进,我们最后采用了一种钢架的结构,放在海底上悬挂海流计,进行了长达四个月以上的连续测流,取得了截至目前我国最长的贴底层流的观测系列数据,从而对海底推移质的运动,对风海流,对海底粗糙度的计算,提供了第一手资料。

我们利用海流计观测三个层次海流,求出的z_0值为1.65 mm。海底底质为细沙。现在我们有坐底式ADCP测流,完全可以根据底层流速分布,计算出更精确的值。

2013年国家海洋局第一海洋研究所曾在南海水深1 089 m处布放ADCP观测离底50 m水层内流速分布。为了取得流速的梯度分布,ADCP横摇和纵摇不能超过2°,这要求ADCP基本竖直,又要求浮球提供足够浮力。根据一年的观测结果,发现受底摩擦影响,从50 m向下,余流方向逐渐左偏,同时发现,即使在1 000 m水深处,内波的能量仍然是潮波运动的主要部分。

第九节 海流观测资料的整理与分析

一、流速流向曲线绘制

海流观测给出的是流速、流向的离散型的数值，必须经过分析处理才能获取我们所需要的信息，进而探讨海流的运动规律和内在的机制。本节将对海流观测资料的最基本的分析处理方法作一介绍。

海流观测大多数是对某测点上的流速、流向随时间变化的逐时观测（即一个小时观测一次），因而流速流向曲线图属于水文要素变化的范畴，是过程曲线。有些先进的海流计本身带有资料处理系统，能够给出流速流向曲线图，多数海流计只能得到离散的数据，需要人工绘制流速流线图。一般来讲，这是处理海流观测数据的第一步工作，应尽可能在船上绘制，这样可以及时了解该站流向、流速的变化情况，以便及时发现问题，进行纠正或再测。绘制方法如下：

（一）在往复流为主的水域流速、流向曲线绘制

（1）流向曲线的相邻两点间的连线（包括转流场合）所经过的角度数一般不能超过180°，360°线实质上与0°线一致（图10-9-1）。

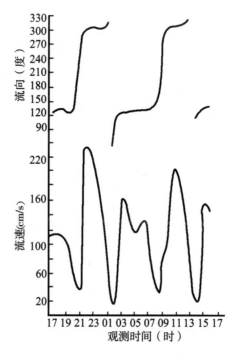

图10-9-1　绘制流速流向图

（2）转流时应根据以上的原则及相邻各层情况仔细判断转向是向右转还是向左转，即连接时曲线应向上方还是向下方延伸。

（3）转流时流向曲线与流速曲线应当有以下对应关系：流向变化最快时对应着流速最小值。当转流的时间不好确定时，应当参照上、下层情形确定。

（4）流速曲线在最大值与最小值时应注意两点：

曲线所达到的最大值常常要大于最大观测值，在转流时，曲线所达到的最小值常常要小于最小的观测值。因此，绘制时，要根据曲线的整个趋势，参照上、下层情况，同时还要根据流向曲线在此时转流的迅速或缓慢来估计流速曲线中可能的最大值和最小值。

（二）在旋转流水域流速流向曲线绘制

和往复流不同之处在于，旋转流流向不是只在两个方向变化，而是在12.4小时（半日潮海区）或24.8小时（日潮海区）内流向连续变化360°，形成椭圆流矢量，最大流速在椭圆长轴方向，最小流速在椭圆短轴方向，两者相差90°，而不是往复流的180°。画图者可根据这个原则，指导修图工作，如果突然出现流向变化顺序颠倒，要对照上下层检查资料是否有错。

二、流速流向曲线修匀

由于观测时流场的随机扰动和各种偶然误差的客观存在，依观测的数据绘制的流速流向曲线会在主体变化上产生一些上下扰动，甚至在个别点上产生大的跳跃，使曲线呈锯齿状，因而不能完全反映实际海流或不能真实地体现客观流场，所以在进行进一步的海流资料处理以前，要预先对流速流向曲线图进行必要的修匀（图10-9-2）。

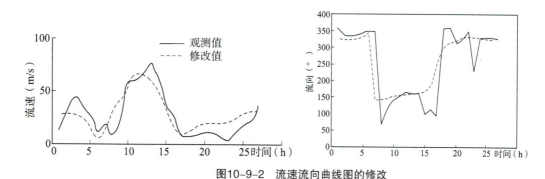

图10-9-2　流速流向曲线图的修改

（一）修匀后的流速曲线应符合的规律

曲线应当是圆滑的，不是上、下频繁跳动的，明显的个别奇点资料应删掉。

在流速大时，流向变化缓慢，流速小时，流向变化迅速。

在旋转流的情况下，流向变化是逐渐的、平稳的，流速变化不很大。在往复或者旋转流带有较大的余流情况下，流速曲线显示为峰谷相间的波状，与之相应的流向曲线是一个一个平台状。

（二）上下各层间的对比

近岸浅海，潮流是实测流中的主导成分，潮流上、下层变化是不大的，表现得较显著的仅是下层（尤其是底层）的最大流速比上层的要小，最大流或者转流时刻一般上、下层变化不很大，因此各层曲线图形相似。

上面所谈到的规律，在修改曲线时只能作为一般参考，而在实际修改曲线时，应当尊重实测数据，并参考上、下层曲线反复思考。当然，随着观测时间变密，观测序列增长，观测仪器精度提高，自动化程度显著增强等，这种修改已经退回到不重要的地位，只对一个昼夜观测、时间间隔0.5～1个小时情况下，才有一定意义。

三、专业图表的绘制

专业图表，是海流调查成果的必要展示，也是写文章最明确揭示内在规律的有力附件。由于海流是矢量，具有时空的复杂变化，因此，海流的专业图表各种各样，最重要的有涨落潮的"流玫瑰"图，从中可以看出，涨落潮具有往复和旋转两种特征；不同层次余流矢量图，从中可以看出余流随季节的变化；流速流向曲线图，从中可以看出流速与流向的对应关系；流速流向大面分布图，从中则可以看出余环流（水体输运）运动规律。

第十一章　海洋气象观测

　　海洋气象观测，分常规观测和非常规观测两种。前者按国际统一规定的时间和内容进行观测并发布天气报告，后者包括海洋调查、海上观测实验和其他非特约船只的观测。常规观测中以商船气象观测数量最多，已积累了近百年的记录。据美国国家气候中心统计，20世纪70年代以来，每天可以从世界各大洋获得9 000多组的实时天气报告，但这种观测在时间上是不连续的，在空间上是分布不均匀的。第二次世界大战以后，在北大西洋和北太平洋先后设立了十多个定点天气船，加上日益增多的自动浮标气象站，可以获得较高质量的连续观测资料。

　　20世纪60年代以来，随着气象和海洋卫星的发射并投入业务使用，人们可以在地球大气外层空间的不同高度上，对大气和海洋进行大范围的、均匀的实时观测，直接或间接地获得海洋上空各层的大气温度、湿度、风速、云雾、降水、海面温度，以及海面风速、海浪、海流、水位和海冰等各种要素的观测值，对海上龙卷、热带风暴、温带气旋等灾害性天气系统进行严密的监测，为研究海上的天气和天气系统及与其密切相关的海洋现象，包括海雾、海冰、海浪、风暴潮、海上龙卷、热带风暴、温带气旋的机理分析及其预报方法提供重要基础资料。

　　世界气候变暖，以气候变化为核心的全球变化是当今人类面临的最严峻的挑战之一。分析全球气候变暖成因，首先要研究太阳辐射：太阳辐射是大气及海陆增温的主要能量来源，也是大气中物理及天气气候过程和现象的基本动力。其次，要研究大气环流：由于地球变暖，地表冷热不均，导致地表大气的流动异常。第三，要研究海-气相互作用，研究海洋和大气之间各种物理量，包括热量、动量（或动能）、水分、气体和电荷等的输送和交换的过程及其时空变异，才能在大尺度海-气相互作用的范畴内，研究大气环流和海洋环流的生成及其对应关系，大洋西边界流动（湾流和黑潮）对于其邻近海区的天气、天气系统和气候的影响，热带海洋对局部乃至全球大气环流和气候的影响（例如厄尔尼诺现象），大气中二氧化碳含量的增加和海洋对此过程的作用及其对气候变迁的影响等。

第一节　概　述

一、海洋气象观测的目的

（一）服务于海洋气象预报

为海上天气预报提供背景或实时气象资料，对海上天气特别是灾害性天气（如大风、龙卷风、台风、海雾等）作出准确预报，是海上作业的一种环境保障服务。

（二）服务于海洋水文预报

根据海区环境特征值的历史资料和现实观测结果，运用专门研制的物理模型和数学模型，对未来的海洋环境特征值作出预测并发布公告。预报内容有海浪、风暴潮、潮位、海流、水温、盐度、海冰、台风、环境污染等。20世纪80年代以后，已发展到专项作业保障服务，如远洋最佳航线选择、海上石油开采、天气和海况预报等。

（三）海洋科学的需要

了解作为海洋上边界和海洋驱动力之一的大气运动，是了解海水各类运动的关键学科之一。

二、海洋气象观测内容

海洋气象观测是指用目力和借助仪器对云和近地面大气状况及其变化进行连续的、系统的观察和测定。

目测项目：云、能见度、天气现象（声、光、电等）。

器测项目：气压、空气的温度、空气的湿度、风向、风速、降水、蒸发、日照等。

在船只航行时，还要记录船的航速和航向，对已经观测的风速、风向进行校正等。观测结果经记录和计算，然后编成电码，在规定时次的正点后十分钟内发出情报。世界气象组织负责制定全球地面（海面）观测方法、观测度量的单位和精度。建立传输资料全球电信系统与资料编码形式，并提供不同生产厂家仪器之间性能的比较。

三、海洋气象观测的次数和时间

（1）担任气象观测的调查船只（不论是走航还是定点观测），每日都要进行四次绘图天气观测。观测的时间是2：00，8：00，14：00，20：00（北京时间）。

（2）在连续站观测中，除四次绘图天气观测外，还要进行四次辅助绘图天气观测。观测的时间是5：00，11：00，17：00，23：00（北京时间）。

（3）在大面观测中，一般是到站后即进行一次气象观测，如到站时间是在绘图天气观测后（或前）半小时内，则不进行观测，可使用该次天气观测资料代替。

第二节　能见度观测

一、能见度

"能见"，就是能将目标物的轮廓从它所在的天空背景上分辨出来。有时虽然目标物的某些细节甚至部分轮廓辨认不清，但仍要算作"能见"。只有当目标物与天空背景完全融合，连其大概情况都看不出来时，才能算作"不能见"。"能见度"，通常是指人的正常视力在当时天气条件下所能见到的最大水平距离。"有效能见度"是指周围一半以上视野里都能见到的最大水平距离。

二、能见度的观测

当舰船在海岸附近时，首先应借助视野内的可以从海图上量出或用雷达测量出距离的单独目标物（如山脉、海角、灯塔等），估计向岸方面的能见度（图11-2-1），然后以水平线的清晰程度，进行向海方面的能见度估计。

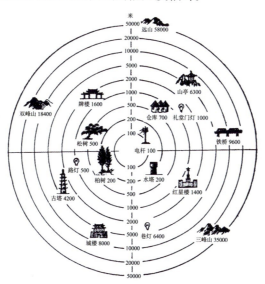

图11-2-1　沿岸/陆地上，可选用目标物

当舰船在开阔海区时，主要是根据水平线的清晰程度，参照表11-2-1进行能见度等级估计。当水平线完全看不清楚时，则按经验进行估计。

表11-2-1　海面能见度参照表

（单位：km）

海天水平线清晰程度	眼高出海面≤7m	眼高出海面>7m
十分清晰	> 50.0	——
清晰	20.0 ~ 50.0	> 50.0
比较清晰	10.0 ~ 20.0	20.0 ~ 50.0
隐约可辨	4.0 ~ 10.0	10.0 ~ 20.0
完全看不清	<4.0	<10.0

（1）观测员站在能看清岸上目标物的高处，用目力找出最远可见的目标物。

（2）从海图上量出或用雷达测量出船与目标物之间的距离，换算为能见度等级；目标物的颜色、细微部分清晰可辨时，能见度定为该目标物距离的5倍以上，目标物的颜色、细微部分隐约可辨时，能见度定为该目标物距离的2.5~5倍，目标物的颜色、细微部分很难分辨时，能见度定为大于该目标物的距离，但不应超过该目标物距离的2.5倍。

夜间，在月光较明亮的情况下，如能隐约地分辨出较大的目标物的轮廓，能见度定为该目标物的距离；如能清楚地分辨出较大的目标物的轮廓，能见度定为大于该目标物的距离；在无目标物或无月光的情况下，一般可根据天黑前的能见度情况及天气演变进行能见度估计。

第三节　云的观测

云是悬浮在空中的小水滴或冰晶微粒，或两者混合组成的可见集合体。有时也包含一些较大的雨滴、冰粒或雪粒。其底部不接触地面，并有一定的厚度。

云的形成和演变，是大气运动过程的具体表现，是预示未来天气变化的重要征兆，因此说，云具有天气现象的指示性。借助云的观测，对正确判断大气运动状况，特别是对短期临近天气预报有重要意义。

一、云的分类

在目前的观测规范中，按照云的外形特征、结构、特点和云底高度将云分为低云、中云和高云3族10属29种。云底平均高度，可参考云种高度表（表11-3-1）。

表11-3-1 云种高度表

云 种	寒 带	温 带	热 带
低 云	自海平面到2 km		
中 云	2～4 km	2～7 km	2～8 km
高 云	3～8 km	5～13 km	6～18 km

(一)低云

低云多由水滴组成,垂直发展旺盛的低云由水滴、过冷水滴和冰晶组成。云底在2 500 m以下,随季节、地理纬度变化。

大部分低云都可能产生降水,雨层云常有连续性降水,积雨云多阵性降水,有时降水量很大。包括积云Cu、积雨云Cb、层积云Sc、层云St、雨层云Ns(图11-3-1)。

积云又可细分为淡积云、浓积云、碎积云;积雨云又可细分为秃积雨云、鬃积雨云;层积云又可细分为透光、蔽光、积云性、堡状和荚状层积云。

积云

积雨云

层积云

雨层云

图11-3-1 低层云

（二）中云

中云包括高层云As和高积云Ac两类（图11-3-2）。

高层云又细分为透光高层云和蔽光高层云两种；高积云又细分为透光、蔽光、荚状、积云性、絮状、堡状高积云。

中云多由水滴、过冷水滴与冰晶混合组成，有的高积云也由单一的水滴组成。云底高度通常在2 500~5 000 m之间。高层云常产生降水，薄的高积云一般无降水产生。

（三）高云

蔽光高层云 蔽光高积云

图11-3-2　中层云

高云包括卷云Ci、卷层云Cs和卷积云Cc等3属7类（图11-3-3）。

卷云又分为毛卷云、密（厚）卷云、钩卷云、伪卷云。 卷层云又分为薄幕卷层云、毛卷层云。卷积云则无细分类。

高云全部由细小冰晶组成。云底高度通常在5 000 m以上。高云一般不产生降水，冬季北方的卷积云、密卷云偶有降雪。

卷积云 卷层云

图11-3-3　高层云

二、云状的判断

云状主要是根据上述云的外形、结构、透明度及相关天气现象进行判断。例如：连续性降水，记雨层云Ns； 闪电雷鸣，记积雨云Cb。为使判断准确，观测应保持一定的连续性，注意观察云的发展过程。如能认识到天空具有某种特点（如大气稳定或不稳定）时，则个别的云就容易判断。

三、云状的记法

（1）将观测到的各云状按云量多少用云状的国际简写依次记录；如云量相等则按高云、中云和低云的顺序记录。

（2）云量不同时，量多的先记。

（3）有雾的天气，无法识别云状、云量时，云量记为10，云状记为"≡"。

（4）霾、浮尘、沙尘暴导致天空云状、云量不明时，云量记为"—"，云状记为现象符号和可见云状。

（5）无云时，云状栏不填。因黑暗无法判断云状时，云状栏内记"—"。

（6）云量不到天空的1/20时，仍需记云状。

四、云量的估计

云量以天空被云遮蔽的成数表示，用十分法估计。观测内容包括总云量和低云。总云量记法：全天无云或有云但不到天空的1/20，记"0"；云占全天的1/10，记"1"，云占全天的2/10，记"2"；其余依此类推。全天为云遮盖无缝隙，记"10"，有少量缝隙可见蓝天，则记"10⁻"。

低云量记法：低云量即低云遮蔽天空的成数。估计方法与总云量相同。遮满天空，但有少量缝隙可见蓝天或其他云种时，应记"10⁻"。

第四节　天气现象的观测

一、观测内容

天气现象是指在大气中、海面上及船体（或其他建筑物）上产生的或出现的一些物理现象，主要包括降水、水汽凝结物（云除外）、干质悬浮物、光学现象、雷电现象，也包括一些风的特征。

这些天气现象是在一定的天气条件下产生的，反映着大气中的不同物理过程，是

181

天气变化的体现，是临近、短期天气预报的基础。

二、观测和记录方法

（1）观测的天气现象以符号进行记录（表11-4-1）。

表11-4-1　观测的天气现象以符号进行记录

现象名称	符号	现象名称	符号	现象名称	符号	现象名称	符号
雨	·	冰粒	◬	吹雪	↟	极光	♔
阵雨	▽̇	冰雹	△	雪暴	✥	大风	╒
毛毛雨	,	冰针	↔	烟幕	┍	飑	∀
雪	⋇	露	Ω	霾	∞	龙卷	)(
阵雪	⋇▽	霜	⊔	沙尘暴	S→	尘卷风	ɛ
雨夹雪	⋇̇	雾凇	V	扬沙	$	积雪	⊠
阵性雨夹雪	⋇̇▽	雨凇	∾	浮尘	S	结冰	⊔
霰	⋇△	雾	≡	雷暴	℞		
米雪	△	轻雾	=	闪电	<		

在定时观测、大面观测和断面观测中，只观测和记录观测时出现的天气现象：在定点连续观测中，下列天气现象应记录开始与终止时间（时、分）：雨、阵雨、毛毛雨、雪、阵雪、雨夹雪、阵性雨夹雪、霰、米雪、冰粒、冰雹、雾、雨凇 、雾凇、吹雪、雪暴、龙卷、沙尘暴、扬沙、浮尘、雷暴、极光、大风。

（2）在定点连续观测中，两次观测之间出现的天气现象按出现的顺序记入前一次观测的记录表。需要观测和记录起止时间的天气现象，按下述规定记录：① 先记符号，后记起止时间。在几次定时观测中连续出现的天气现象，各定时记录表中应连续记录。例如：07时15分至11时20分有雾，在07时的记录表中记“≡0715----”，在08时的记“≡0800----”，在11时的记录表中记“≡1100----1120”；② 出现时间不足一分钟即终止时，只记开始时间；③大风的起止时间，凡两段出现的时间间歇在15 min或以内时，应作为一次记载。

（3）在视区内出现的天气现象但在测站未出现，也应观测和记录，同时应在纪要栏注明。

（4）当天气现象造成灾害时，应于纪要栏内详细记载。

（5）凡与海面水平能见度有关的天气现象，均应与海面水平能见度相配合。

第五节　气温、湿度和风的观测

一、空气温度和湿度的观测

（一）概念

温度：表示冷热程度的物理量。

湿度：表示空气中水汽含量的物理量。

（二）百叶箱内的干湿温度表

百叶箱内干湿温度表如图11-5-1所示。

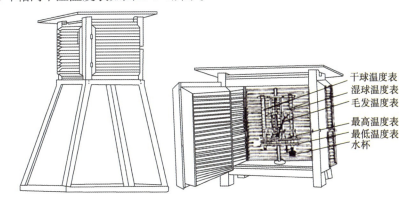

图11-5-1　百叶箱内干湿温度观测

（三）通风干湿度表（图11-5-2）

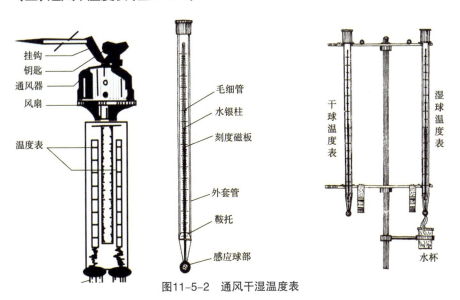

图11-5-2　通风干湿温度表

　　干湿球温度表由两支完全相同的温度表构成。一支球部包上湿纱布,纱布下端浸在水中,叫湿球温度表。另一支不包纱布,测量气温用,叫干球温度表(图11-5-2)。空气相对湿度100%时,两支温度表读数相同。空气中水汽越少,水分蒸发越多,两支温度表读数相差就越大。根据两支温度表的读数,可从表中查出空气的各种湿度。最常用的是相对湿度。如不需查其他湿度,只要根据干湿球的温度读数差,查相对湿度表即可得到相对湿度。

　　在舰船上观测空气的温度、湿度,通常是采用百叶箱内的干湿球温度表或通风干湿表,此外,还可以使用船舶气象仪。

　　空气温度和湿度的观测,要求温度表的球部与所在甲板间的距离一般在1.5～2 m之间。为了避免烟囱及其他热源(如房间热气流等)的影响,安装的位置应选择在空气流畅的迎风面,距海面高度一般在6～10 m的范围内为宜。另外,仪器四周2 m范围内不能有特别潮湿或反射率强的物体,以免影响观测记录的准确性。

(四)百叶箱的作用与构造

　　百叶箱的作用,是使仪器免受太阳直接照射、降水和强风的影响,还可以减少来自甲板上的垂直热气流的影响,同时可保持空气在百叶箱里自由流通。

　　船用百叶箱的构造和内部仪器的安置,与陆地气象台(站)使用的基本相同,但船上的百叶箱是可以转动的,以便在观测时把箱门转到背太阳的方向打开。

二、风的观测

　　空气的流动称为风。本章所指的风,是风在水平方向的分量。测风,是观测一段时间内风向、风速的平均值。测风应选择周围空旷、不受建筑物影响的位置进行。仪器安装高度以距海面10 m左右为宜。

　　风向即风之来向,单位为"°"。风速是单位时间风行的距离,单位为"m/s"。无风(0.0～0.2m/s)时,风速记"0",风向记"C"。

　　船舶上临时观测风速风向的仪器有手持风速风向计(图11-5-3),固定观测风速风向的仪器有船用风速风向计。 船舶气象仪测风,可测定风向、风速(平均风速,瞬时风速)、气温和湿度。在船舶行进时,观测的风速风向中包含船只行进的速度和方向,要想取得真实的风速风向,必须从现场资料中减去船只的速度矢量。在台站上有EL电缆传输式风速风向计(图11-5-4)。

　　在观测中为了使所测得数值具有一定代表性,一般是取某一时段内的平均风速和最多风向。实验表明:取十分钟时段内的平均值即可以达到一定代表性的要求;在大多数风的阵性涨落不大的情况下,取2～3分钟时段内的平均值,也可达到一定代表性的要求。

　　因此,一般人工观测取两分钟的平均风速和最多风向,自记仪器是取十分钟的平均风速和最多风向。

图11-5-3　手持风速风向计

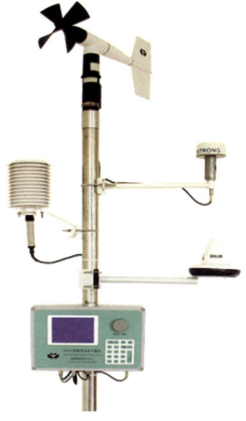

图11-5-4　电缆传输式风速风向计

第六节　气压的观测

一、观测内容

气压是作用在单位面积上的大气压力。气压的单位是"hPa"。分辨率为0.1 hPa，准确度为±1.0 hPa。

在定时观测、大面观测和断面观测中，观测当时的气压。在定点连续观测中观测各定时的气压，如果采用气压自记仪，则要从自计记录中找出逐时的气压值并挑选出日最高和最低气压。

舰船上气压的观测主要用水银气压计（图11-6-1），有时也用空盒气压表，进行气压观测。

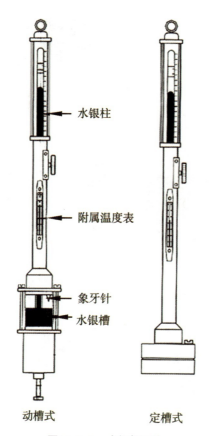

水银柱

附属温度表

象牙针
水银槽

动槽式　　　　　　定槽式

图11-6-1　水银气压计

二、空盒气压表观测

（1）结构：空盒气压表的感应部分是一个有弹性的密封金属盒，盒内抽去空气并有一个弹簧支撑着。当大气压力变化时，金属盒随之发生形变，使其弹性与大气压力平衡。金属盒的微小形变由气压表的杠杆系统放大，并传递给指针，以指示出当时的气压。刻度盘上有一附属温度表，指示观测时仪器本身的温度，用于进行温度订正（图11-6-2）。

（2）位置：空盒气压表应水平放置在温度均匀少变、没有热源、不直接通风的房间里，要始终避免太阳的直接照射。气压表下应有减震装置，以减轻震动，不观测时要把空盒气压表盒盖盖上。

（3）观测步骤：打开盒盖，先读附属温度表，读数要快，要求读至一位小数。然后用手指轻击气压表玻璃面，待指针静止后，读指针所指示的气压值，读数时视线要通过指针并与刻度面垂直，要求读至一位小数。

（4）空盒气压表读数的订正：

刻度订正：刻度订正在检定证上列表给出，一般每隔10 hPa对应一个订正值。当指针位于已给定订正值的两个刻度之间时，其刻度订正值由内插法求得。

温度订正：用附属温度表读数乘以温度系数（从检定证上查出），乘积即温度订正值。作温度订正时，应注意温度读数和温度系数的正、负号。

补充订正：补充订正也由检定证给出。

高度订正：订正为海平面气压。

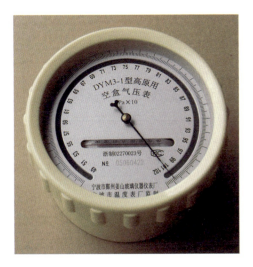

图11-6-2　空盒气压表

第七节　大气边界层观测

大气边界层（ABL）（图11-7-1）又称行星边界层（PBL），位于大气最下部，是直接受地面影响的那部分大气层。它与人类最为密切，是由人类活动和各项生态环境构成的主要气层。动量、热量和水汽等在自由大气和下垫面之间的边界层中进行快速输运交换。人类引起的环境变化和天气、气候异常等都与大气边界层中发生的物理、化学和生态过程等密切相关。污染物聚集在边界层中，雾和层云同样是边界层观象，对于航海和航空有着重要影响。

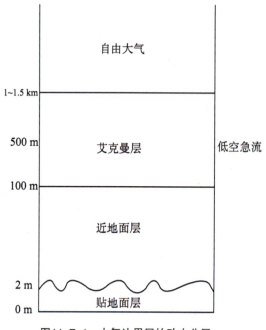

图11-7-1 大气边界层的动力分层

由于边界层高度是根据温度、湿度和风等的垂直廓线计算得到的，在有探究资料的地方，计标方法如下：

（1）风速极值法：即从地面向上风向与地转风一致或风速达到地转风的风速高度。

（2）位温廓线法：位温梯度明显不连续的高度。

一、高空气压、温度、湿度的探测

（一）基本技术要求

气压以百帕（hPa）为单位，分辨率为0.1 hPa；海面至500 hPa，精度为±2 hPa；500 hPa以上，精度为±1 hPa。

温度以摄氏度（℃）为单位，分辨率为0.01℃；海面至100 hPa；精度为±0.5℃；100 hPa以上，精度为±1.0℃。

相对湿度以百分率（%）表示，分辨率为1%；海面至对流层顶，精度为±5%；对流层顶以上，精度为±10%。

露点以摄氏度（℃）为单位，分辨率为0.1℃。

海拔高度以米（m）为单位，分辨率为1 m。

至少每2 s采样一次。

（二）探测气球

1. 载重

探空气球应采用300 g或750 g气球。在施放前0.5～1 h开始缓慢充灌气球，充灌时间以20 min左右为宜。

充灌气球应使用氦气,禁止使用氢气,氦气质量应符合GB4844和GB4845的规定。

气球升速应控制在400 m/min左右,在不同天气条件下应具有不同的净举力。净举力按下式计算:

$$F = W_1 + W_2 - W_0$$

式中, F 为净举力; W_1 为充气嘴重; W_2 为砝码重; W_0 为探空仪和附加物重。单位为克(g)。

用750 g气球,净举力通常为1 500 g,在厚云和雨雪天气,应增加800～1 000 g净举力。根据气球升速和最近1 h的海面气温、气压值,从《高空气象观测常用表》中查取标准密度升速值,然后根据标准密度升速值和操控仪及附加物重量查取净举力。

2. 探空仪检验

在施放前0.5 h将探空仪放在基测箱内进行基值测定:

(1)从基准测定仪器中,读取气压、温度和相对湿度值,对探空仪进行基值测定;

(2)基值测定时的现场气压,是指探空仪所在高度的气压,若气压传感器与探空仪不在同一高度,必须订正到探空仪所在高度。

3. 探空仪装配和释放

(1)气球与探空仪间距离通常为30 m。

(2)施放的正点时间为07时15分和19时15分,禁止提前施放。遇恶劣天气时适当推迟,但最多只能推迟1 h。

(3)施放瞬间,人工给计算机输入启动信息,或由计算机自动判别探空仪开始升空的时间,并记录,同时记录船位。

(4)在施放前5 min观测海面气象要素:气温、气压(以基值测定为准)、湿度、风向、风速、云状、云量及天气现象。

(5)信号接收应自始至终进行。如信号消失,应继续寻找接收7 min,无信号时方可终止。

(6)出现下列情况之一时,应重放探空仪:记录未达到500 hPa;在500 hPa以下,温度和湿度记录连续漏收或可疑时段超过5 min。

(三)资料整理方法

1. 规定取值等压面(hPa)

1000, 925, 850, 700, 600, 500, 400, 300, 250, 200, 150, 100, 70, 50, 40, 30, 20, 15, 10, 7, 5。

2. 规定特性层

海面层、等温层、逆温层、温度突变层、湿度突变层、零度层、对流层顶,终止层、温度失测层和湿度失测层。

3. 各规定等压面要素值的计算

(1)读取各规定等压面的温度值和湿度值。当太阳高度角大于3°时应对所测到

189

的温度值进行辐射订正。

（2）根据各规定等压面的温度值（经辐射订正后）和相对湿度值计算露点温度。当温度低于−59℃时，不再计算露点温度。

（3）各规定等压面海拔高度的计算：

通常采用等面积法求出规范所规定相邻等压面间的平均温度。平均湿度只计算到400 hPa，400 hPa以上省略不计。

计算规定相邻等压面间的厚度，在400 hPa以下时，应进行虚温订正。

将本测站的海拔高度（以基测点为准，对同一艘调查船为常数）与各规定等压面间的厚度依次累加，即得各规定等压面的海拔高度。

（四）选择特性层

海面层：以基测点为准。

等温层和逆温层：在第一对流层顶以下，选取大于1 min的等温层和大于1℃的逆温层的开始点和终止点。

温度突变层：选取两层间的温度分布与用直线连接进行比较，超过1℃（第一对流层以下）或超过2℃（第一对流层顶以上）的差值最大的气层，称为温度突变层。

湿度突变层：选取两层间的湿度分布与用直线连接比较，超过15%的差值最大的气层，称为湿度突变层。

零度层：只选一个。当出现几个零度层时，只选高度最低的一个；当海面气温低于0℃时，不再选取零度层。

对流层顶：一般出现在500 hPa以上。对流层顶出现数个计录时，最多只选两个，且选其高度最低者。其高度在150 hPa以下者，定为第一对流层顶；其高度在150 hPa或以上者，不论是否出现第一对流层顶，均定为第二对流层顶。选取对流层顶的具体条件是：

（1）第一对流层顶。温度垂直递减率开始小于等于2.0℃/km的气层的最低高度，且由此高度向上2 km及其以内的任何高度与该高度间的温度垂直递减率均小于2.0℃/km，则该最低高度选为第一对流层顶。

（2）第二对流层顶。在第一对流层顶以上，由某高度起向上1 km及其以内的任何高度与该高度间的温度垂直递减率均大于3.0℃/km，在此高度以上出现的符合第一对流层顶条件的气层，即选为第二对流层顶。

终止层：选取高空探测的最高的一层。

温度失测层：在失测层的开始点、终止点、中间点（任选）各选一层。

（五）特殊情况的处理

如有漏收信号或可疑记录时，按表11-7-1的规定处理。当漏收或可疑记录正处于500 hPa层上下时，按500 hPa以下规定处理。

表11-7-1　接收信号或可疑记录处理表

要素	≤500 hPa		>500 hPa	
	漏收、可疑时间 （min）	规定	漏收、可疑时间 （min）	规定
气压	Δt≤5	记录照常处理	Δt≤7	记录照常处理
	Δt>5	重放探空仪	t>7	以后记录不再整理
温度	Δt≤2	记录照常处理	Δt≤3	记录照常处理
	2<Δt≤5	供计算厚度用，记录做失测处理	3<Δt≤7	供计算厚度用，记录做失测处理
	Δt>5	重放探空仪	Δt>7	以后记录不再整理
湿度	Δt≤2	记录照常处理	Δt≤3	记录照常处理
	2<Δt≤5	供计算厚度用，记录做失测处理	3<Δt≤7	供计算厚度用，记录做失测处理
	Δt>5	重放探空仪（温度低于0℃或湿度小于20%，可不重放。供计算厚度用，记录做失测处理）	3<Δt≤7	湿度记录不再处理；压、温记录照常处理

（六）雷达观测

激光雷达（Lidar）已逐渐成为大气边界层探测的主要工具，如拉曼激光雷达可探测边界层中的水汽含量；差分吸收激光雷达（DIAR）可探测大气层中的污染气体；多普勒激光雷达可探测大气边界层内的风场；Mie散射激光雷达可连续探测大气边界层中气溶胶粒子的光学特征及随高度的分布特征。此外，还有地基微波辐射计等。

二、高空风的探测

（一）技术指标

风向以度（°）为单位，分辨率为1°；从海面至100 hPa，当风速小于10 m/s时，精度为±5°；风速大于10 m/s时，精度为±2.5°；从100 hPa以上，精度为±5°。

风速以米/秒（m/s）为单位，分辨率为1 m/s；从海面至100 hPa时，精度为±1 m/s；在100 hPa以上，精度为±2 m/s。

每2 s采样一次。

（二）探测方法

1. 主要仪器

主要仪器设备为无线电经纬仪、导航测风系统及满足规范要求的其他仪器设备。

例如GPS探究仪, 它在气象探究中提供气球高精度三维位置信息, 推算出不同高度的风速和风向。结合温、湿、压力传感器得到不同高度层的温度、湿度, 不同等压面处的风速和风向。

2. 探测规定

在调查船上通常在施放探空气球的同时探测高空风, 施放的正点时间为07时15分和19时15分, 禁止提前施放。当遇恶劣天气时适当推迟, 但最多只能推迟1 h; 放球后至少1 min获取一组风向、风速值。

3. 资料整理方法

(1) 规定高度: 探空仪海拔高度 (km): 0.5, 1.0, 2.0, 3.0, 4.0, 5.0, 5.5, 6.0, 7.0, 8.0, 9.0, 10.0, 10.5, 12.0, 14.0……(以后每2 km为一层)

(2) 规定等压面 (hPa): 1000, 925, 850, 700, 600, 500, 400, 300, 250, 200, 150, 100, 70, 50, 40, 30, 20, 15, 10, 7, 5。

(3) 风向风速的计算: 在放球后, 连续采样1 min, 计算一次风向风速, 为测得风层的平均风向风速。

计算规定高度的风向、风速。

计算规定等压面的风向、风速。

计算对流层顶的风向、风速。

选择最大风层。在500 hPa (或5 500 m) 以上, 从某高度至另一高度出现风速均大于30 m/s的 "大风区" 时, 则将在该 "大风区" 中其风速最大层次选为最大风层。在该 "大风区" 中, 同一最大风速有两层以上时, 则选取高度最低的一层作为最大风层。在第一个 "大风区" 以上又出现符合上述条件的第二个 "大风区", 且第二个 "大风区" 中最大风速与第一个 "大风区" 之后出现的最小风速之差大于等于10 m/s时, 则第二个 "大风区" 中的风速最大的层次也选为最大风层。余者类推。

(4) 如有连续失测时, 按表11-7-2的规定整理。

表11-7- 2 连续失测处理规定表

时间间隔 (min)	0~20 (包括20)		20~40 (包括40)		>40	
失测时间 (min)	<2	≥2	<3	≥3	<5	≥5
规定	照常处理	作失测处理	照常处理	作失测处理	照常处理	作失策处理

三、近海面风、温、湿梯度探测

(一) 仪器分层安装

1. 基本要求

一般在船前甲板10 m折叠臂上安装3层温度、湿度、风速传感器, 最底层距海面2 m,

第二层距海面4 m, 第3层距海面8 m。由风速传感器、风向传感器和温、湿探头组成梯度观测系统。温、湿传感器应放置在防辐射罩内。

风速测量范围0～30 m/s, 精度±0.1 m/s;

温度测量范围-20℃～+40℃, 精度±0.1%;

湿度测量范围0～100%, 精度±0.1%;

风向测量范围0～360°, 精度±3°。

2. 观测方法和观测程序

温度、湿度、风速梯度观测采用自动观测, 每分钟采取10次, 每10分钟计算一次平均值。

10分钟平均量计算: 样本值为0~9 min的观测值, 风向、风速的平均量为真风向风速的矢量平均; 温度、湿度的平均量为观测值的算术平均。

观测期间应在记录簿上记下测站的站名、观测日期和时间、仪器工作状态、天气状况、海况以及船只漂移情况等。

观测期间, 调查人员应随时检查仪器设备的工作情况; 定期检查通风干湿表的储水罐是否保持正常水位; 航行时保护好低层的风、温、湿传感器, 确保安全。

(二)系留气艇探测

系留气艇探测系统, 包括飞艇式系留气球、悬挂在气球上的探空仪组件、电动绞车和缆绳以及地面资料接收和处理系统。系留气艇探空系统安装在船前甲板开阔处。整个系统重量轻, 便于携带操作。

1. 传感器

系留探空仪内装有5种感应元件, 用珠状热敏电阻测定空气温度, 用包裹了湿纱布的同样的测温元件测量湿球温度; 用轻型三杯风速计测量水平风速; 用密封在环形油槽内的悬浮式磁针测量飞艇方位(飞艇头部总是指向风的来向)。固定在陶瓷片上的膜盒通过压敏元件测量气压变化。测量结果经计算器处理后, 通过无线电发射机传送给地面站。TTSⅢ型Vaisala系留探空仪的主要技术指标如表11-7-3所示。

表11-7-3　TTSⅢ型Vaisala系留探空仪的主要技术指标

指标	项目				
	温度（℃）	湿度（RH）	气压（hPa）	风速（m/s）	风向（°）
测量范围	-5～60	0～100%	500～1080	0～20	0～360°
分辨率	0.1	C0.1%	0.1	0.1	1

2. 观测方法和程序

船停后对气艇缓慢充气, 充气时间通常在20 min左右。氢气质量应符合相应规范要求。

正点施放并接收信号。施放的正点时间为07时15分和19时15分,禁止提前施放。

气艇施放和回收速度控制在0.3 ~ 0.5 m/s,尽量保持匀速。利用电动绞车匀速将气艇释放到400 ~ 600 m高度,然后以相近速度回收气艇,自动记录仪将上升与下降过程中不同高度上的风、温、压、湿等参数记录下来。

如果天气特别恶劣,或风速达到10 m/s,停止释放气艇。

观测完毕,将气艇中的氦气释放掉,仔细将气艇收好。

四、海气界面通量观测

海气面的动量通量、热通量和物质通量是实现海洋和大气相互作用的唯一途径,是影响全球气候变化的重要机制。近年来,随着全球气候变暖,以及全球碳循环、海洋上混合层动力学、海洋–大气耦合预报模式和海洋遥感技术等方面的研究不断深入,人们越来越迫切需要对海气界面的关键物理过程进行直接观测。参照国际海气通量观测经验,海气界面的动量、热量、水汽通量的观测利用CSAT3超声风温仪、FW05温度脉动仪和M100红外湿度仪采样,然后用涡动相关法计算通量。仪器的采样频率设为10 ~ 20 kHz,每站观测60 min。

通量观测系统还包括光纤船姿态测量仪(也称光纤陀螺系统)和DGPS。这些仪器用于船体摇动对通量影响的矫正,且与上述通量观测仪具有相同的采样频率。

仪器安装在万向架上并固定在前甲板左侧弦5 m长伸臂上,以最大限度保持仪器的水平。

(一)辐射观测

在多数情况下,我们可以认为,所有的热量都是通过海洋表面进入到下层的。因为海洋热能的其他来源只能是海底,但穿过海底进入到海洋里的地热每天只有0.1 cal/cm^2(cal现为废弃单位,1 cal=4.2 J,为保持教材的系统性,仍予保留,全书同),它和海洋表层每天吸收的太阳辐射的平均值400 cal/cm^{2}相比,显然是个小量。

太阳光线一旦进入地球大气层,能量就要被散射和吸收。平均结果,大气外界接受的太阳辐射能约为0.49 cal/(cm^2·min),把这个量分成100个单位,进入大气层后,其中3个单位被云吸收;16个单位被水蒸气、烟雾和空气分子吸收;30个单位被反射或散射回到太空;剩下的51个单位,即太阳辐射能的0.25 cal/(cm^2·min),用于加热陆地、海洋和冰原。

但是,某一时刻到达海面的太阳辐射量是千变万化的。影响最为剧烈的当数云(云型、云状和云量)、雾和空气中的沙尘。当太阳入射角度很高时,反射率仅有3%,当太阳入射角度很低时,反射率可以高达30%,海面反射率平均值为6%,如果海面刮着强风,波浪起伏不平,这时海面反射率对角度的依赖性就比平静状态下小一些。海冰的反射率为30%~40%,清洁的水面反射率可能高达90%。随着大气环境的变化,太阳直接辐射和散射辐射都有相应的变化。因此,对太阳的直接辐射和散射辐射观测是预测气候长期变化的一项重要内容。

1. 辐射计

（1）Kipp&Zonen辐射计。一组向上的短波总辐射表和长波辐射表，一组向下的短波总辐射表和长波辐射表。

热电堆短波辐射表测量305～2 800 nm的短波辐射；CG3型长波辐射表测量5～50 m的远红外长波辐射。

仪器灵敏度：–5～15μV。

（2）TBQ–2总辐射表。仪器由感应件、玻璃罩和配件组成，感应件由感应面与热电堆组成。

2. 仪器安装

通常辐射表安装在前甲板侧弦5 m长伸臂上，保证障碍物的影子不投在仪器感应面的地方（图11–7–2），为保持仪器水平，最好将辐射表安装在万向架上。向下的一组3块辐射表测量海面向上的辐射，用于测量上方总辐射（太阳辐射和大气长波辐射）和来自下方的总辐射（短波反射辐射和海表长波辐射）。

图11–7–2　太阳辐射计（盛立芳提供）

（二）天空辐射观测

该仪器通过观测7个波段太阳直达光及周围漫射光强度，来推算大气气溶胶的光学厚度及粒度分布等特性，对研究亚洲沙尘暴也有重要作用，在感光部装有太阳追踪设备，利用太阳光传感器对太阳的位置进行定位，因此可以对太阳进行自动追踪，观测到的数据经微机处理后贮存在计算机中。

PREDE 天空辐射计POM–01MKⅡ是日本PREDE公司为了在船上进行大气气溶胶自动观测而开发的仪器。其中MKⅡ顶部装有CCD照相机，无论太阳在哪个方向，均可追踪。仪器安装、外观和结构示意如图11–7–3 所示。

仪器主要指标:

半视场角: 0.50°。

最小散射角: 3°。

波长: 315、400、500、675、870、940、1 020 nm。

波长选择: 滤光轮式。

检波器: 硅成像二极管。

驱动方式: 脉冲电机驱动方式。

动作角度: 350° 方位角; 150° 天顶角。

太阳位置传感器: 4元硅传感器, CCD照相机。

位置确认: GPS。

方位: 内置方位传感器。

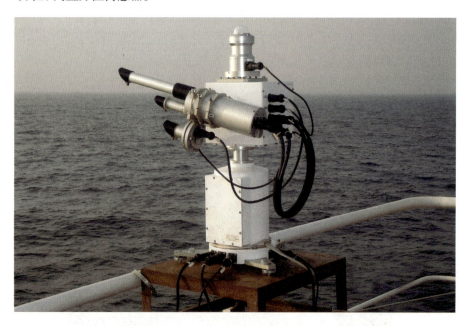

图11-7-3　安装在"东方红2"上的天空辐射计 (陈文忠提供)

五、大气波动现象观测

地球海洋上大气边界层中产生的大气波动是普遍存在的现象, 对各种尺度天气系统和与其相联系的灾害性天气的发生、发展的动力机制有着重大贡献, 是中长期天气预报和气候变化预测的一个重要理论基础。正是由于海洋大气边界层中产生大气波动的这种极端重要性, 对海洋大气边界层波动的研究在近几年来有了长足进步, 成为海洋、大气科学中一个活跃的研究领域。目前使用最多的观测设备仍然是天气雷达、船载气象设备和气象卫星, 以及其他常规仪器。天气雷达可以提供频繁的、详细的、空间连续的观测资料,是识别重要的中尺度天气现象极为重要的工具。但是天气雷达在海洋大气边界层研究中有明显不足。安装有天气雷达的气象台站往往分散地分布在陆地上,而其作用半径又有一定限制,对远海区域很难达到,得到的测量资料既不连续又覆盖有限。

船载设备的海洋测量费用高,而且测量资料很难定期获得。气象卫星自上而下观测地球大气,所拍摄的云图直观、形象,而且空间覆盖大,非常有利于研究人员的工作。但是,气象卫星对海洋、大气的动力要素定量化程度低,而且只能在白天有效工作。合成孔径雷达(SAR)则有不同特点:利用目标与雷达的相对运动,把尺寸较小的真实天线孔径,用数据处理方法结合成一个较大的等效天线孔径的雷达。因此,具有微波遥感全天时、全天候的特点。其次,可以测量空间面积广大且分辨率高的海面风场,对远海、近海和岛屿及冰缘附近海域均适用。这些特点就弥补了天气雷达和气象卫星的不足。因此,合成孔径雷达的出现和发展为海洋大气边界层的研究提供了一个有力的工具,使用合成孔径雷达并配合以其他观测手段的研究方法正越来越多地得到应用(图11-7-4、图11-7-5)。

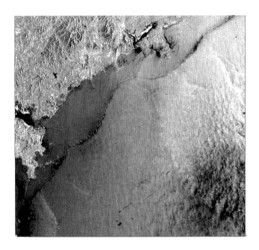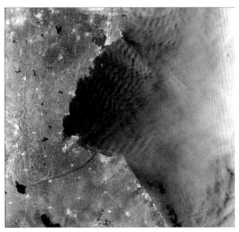

图11-7-4 2000年11月3日寒潮大风入海引起的海面变化(贺明霞提供)　　图11-7-5 2005年5月22日ENVISAT ASAR大气重力波(贺明霞提供)

第十二章　海洋化学调查

第一节　海洋化学调查进展

海水是一个包含有数十种化学元素的复杂系统。海水含有多种无机物、有机物及气体等。有些物质大量存在于海水中，而有些却含量极微。硝酸盐、磷酸盐、硅酸盐是海洋生物的三大营养盐类，是海洋初级生产力和食物链的基础。

一、海水营养盐分析

海水营养盐一直是化学海洋学研究的重要内容。在硝酸盐的分析方面，通过加入人工海盐，建立了没有盐误差的新的锌-镉还原法； 在总氮及总磷的分析中，用过硫酸钾法氧化后，采用自动分析，同时测定了水样中的硝酸盐和磷酸盐。 采用连续流动分析系统和紫外消化及水浴装置，是目前测定海水中溶解态总磷的最优方案。流动注射-气体扩散法、靛酚蓝光度法，已发展为测定氨氮的两种新技术。而海水中低含量氨氮可用高灵敏度荧光法测定。

二、CO_2 系统参数分析方法的研究

碳循环是海洋生命活动的基础，是海洋物质循环研究的主要内容。TOC 分析仪的不断改进使得溶解无机碳（DIC）、溶解有机碳（DOC）和颗粒态有机碳（POC）等 CO_2 系统参数的测定变得更为简便，如将海水样品酸化，使海水中的 DIC 转化为 CO_2 ，用 Li-Cor 6262 非色散红外检测器测定 CO_2 体系；将置于特殊腔体中的光纤传感器用于海洋站位 P_{CO_2}、P_{O_2} 等参数的测定等。P_{CO_2} 的测定研究较为活跃，自制平衡器-GC 法、特制水气平衡器红外分析系统、微米级 P_{CO_2} 微电极、特制水气平衡器及 Li-Cor 6262 CO_2 红外分析仪、膜分离技术与流动注射分析相结合的 P_{CO_2} 流通式光度法等

多种测定P_{CO_2}的方法应运而生。

在有机碳测定中,新的连续流动化学发光法已用于测定水中TOC。可同化有机碳的测定方法也已被确定。研究者系统地比较了各种因素对高温燃烧法和紫外/过硫酸钾法的影响后,确定了保证海水中DOC测定结果正确性的3个必要条件。

三、海洋有机化学研究

了解海洋中溶解有机物和颗粒有机物的含量、分布、特征、功能、迁移、转化及其与许多物理化学过程的关系等,是海洋有机化学的重要内容。

人们主要对一些溶解有机物和颗粒有机物例如氨基酸、脂肪酸、碳水化合物、萜类、类固醇、核苷等在海洋中的含量、分布等情况,进行了大量的调查研究工作。还研究了颗粒有机碳与叶绿素、实测耗氧量等的关系,以及同浮游植物和微生物活动的关系等。

由于海洋环保工作的开展,近年来还对人源有机物例如多氯联苯类化合物、有机磷化合物、含氯氟烃类、石油烃类在海水、海洋生物体和沉积物中的分布、转移变化规律等进行了研究。

四、海水痕量有机物分析

迄今为止,70%以上的有机物还未能确定其成分,而只是用DOC来表征有机物的量,揭示其浓度梯度变化。如何定性定量这些超痕量的溶解态有机物,曾经是研究有机碳循环的主要障碍,因为分析海水中特殊有机化合物时需要大量的样品。但近10年来,这些方法有了很大的改进。测定海水中二甲基硫(DMS)时,已有报道采用DMS渗透管作为标准,可提高准确性;而用吹扫–捕集法处理海水样品,GC/PFPD检测时,回收率为85%,最低检出限为0.01 mg/L。在氨基酸、烃类等的测定中,新建立了一种用SPME–GC快速分析水中酚类化合物、苯系化合物的方法,并可用于海水样品的测定。利用GC/ECD法测定表层沉积物及表层、微表层海水中的16种有机氯农药,利用邻苯二甲酸醛–3–巯基丙酸自动进样柱前衍生反相HPLC法研究了沉积物中氨基酸的垂直分布,利用荧光法现场测定海水黄色物质荧光强度,应用GC–MS技术测定海藻中的石油烃和多环芳烃,用SPME–GC–MS联用技术快速检测赤潮海水中的有机物,还应用水体反射率曲线提取了赤潮生物水体的特征光谱。甲烷是温室效应气体之一,用动态技术,经抽取、气相色谱法已测定了海水中溶存甲烷的浓度。

五、海洋元素地球化学调查研究

研究各种元素(金属和非金属)在海水中的含量、分布和变化等,是海洋化学研究中最基础的工作。多年来研究较多的是盐度、溶解氧,以及磷酸盐、硅酸盐和硝酸盐等营养盐类。近些年来除继续进行上述要素的调查研究外,还对铝、铁、锰、硼、碘、砷、镉、汞、铅等许多微量元素和诸如钍、镭、钋、锶 、铯等放射性元素的同位素进行了研究。

六、"海洋界面化学"调查与研究

要定量地推算海洋中所发生的某些重要过程的运动规律,及其与各影响因素的数量关系,以达到用模式预报的目的,必须研究海洋各界面上化学物质的通量和化学反应,以及能量、动量的输送和机理等问题。这就是目前海洋界面化学研究的中心问题。海洋界面主要包括: 陆海界面(主要是河流与沿岸海之间的河口界面),河口沿岸海与大洋之间的沿岸海界面,沉积层与海水之间的海底界面(或海底边界层),大气与海洋之间的空海界面,以及海洋表面混合层与主密度跃层之间的界面和海水与其悬浮颗粒之间的界面等。

七、海洋污染调查与研究

海洋污染的危害尽管早就为人们所注意,并做了一定的调查研究工作。

海洋污染(marine pollution)通常是指人类改变了海洋原来的状态,使海洋生态系统遭到破坏。有害物质进入海洋环境而造成的污染,会损害生物资源,危害人类健康,妨碍捕鱼和人类在海上的其他活动,损坏海水质量和环境质量等。海洋污染的危害尽管早就为人们所注意,并做了一定的调查研究工作,但是与所有的工业化国家一样,我国的环境污染问题是与工业化相伴而生的。20世纪50年代前,我国的工业化刚刚起步,工业基础薄弱,环境污染问题尚不突出 。50年代后,随着工业化的大规模展开,重工业的迅猛发展,环境污染问题初见端倪,但这时候污染范围仍局限于城市地区。到了80年代,随着改革开放和经济的高速发展,我国的环境污染渐呈加剧之势,特别是乡镇企业的异军突起,使环境污染向农村急剧蔓延,生态破坏的范围不断扩大,成为我国经济和社会发展的一大难题。

(一)污染物来源

综合来看,污染主要来自以下几个方面:

1. 陆源污染

大量未经处理的城市污水和工业废水直接或间接注入海洋。陆源污染物质种类最广、数量最多,对海洋环境的影响最大。陆源污染物对封闭和半封闭海区的影响尤为严重。陆源污染物可以通过临海企事业单位的直接入海排污管道或沟渠、入海河流等途径进入海洋。沿海农田施用化学农药,在岸滩弃置、堆放垃圾和废弃物,也可以对海洋环境造成污染损害。

2. 船舶污染

船舶污染主要是指船舶在航行、港口停泊、装卸货物的过程中对周围水环境和大气环境产生的污染，主要污染物有含油污水、生活污水、船舶垃圾三类，另外，也将产生粉尘、化学物品、废气等。

3. 海上事故导致石油泄漏

导致石油泄漏的海上事故有船舶搁浅、触礁、碰撞以及石油井喷和石油管道泄漏等。

4. 海洋倾废

海洋倾废是向海洋倾泻废物以减轻陆地环境污染的处理方法。包括通过船舶、航空器、平台或其他载运工具向海洋处置废弃物或其他有害物质的行为，也包括弃置船舶、航空器、平台和其他浮动工具的行为。这是人类利用海洋环境处置废弃物的方法之一。

5. 海岸工程建设

一些海岸工程建设改变了海岸、滩涂和潮下带及其底土的自然性状，破坏了海洋的生态平衡和海岸景观。

（二）海洋污染调查分类

海洋污染调查大致可分为4种：基础调查、专题调查、应急调查和监测调查。基础调查，又称海洋污染普查，是为了了解海区污染物的种类、分布状况和污染程度而进行的综合观测。专题调查是为研究某一课题而进行的专门调查，如为制定海洋环境水质标准、编制海岸工程影响报告书而进行的调查等。应急调查又称污染事故调查，是对发生污染事故的海区进行的即时调查，以便查明污染的程度和范围。监测调查是根据基础调查的结果，选定若干代表性测站，对海区主要污染物的分布和动态进行长期的调查。

（三）调查内容

调查内容主要包括水质、底质、生物体和海洋大气中污染物的浓度、分布、存在形式及迁移转化规律、污染物的来源，以及对海洋环境尤其是生态系统的影响等。

根据联合国政府间海洋学委员会的规定，全球海洋污染所测定的主要污染物包括：重金属及其他有毒痕量元素（如铅、汞、镉等）、芳香族卤代烃化合物（如DDT、PCB等）和脂肪族卤代烃化合物（如聚氯乙烯制造厂产生的废物）；石油和持久不易分解的石油产品；微生物污染（污水排放引起的污染）；过量营养物质（如氮和磷的化合物等）；人工放射性物质等。

八、物理海洋化学调查研究

过去海洋化学的基本调查工作，主要集中在海水的组成及性质以及和海洋生物有关的海水化学成分的分布与变化方面，而对于海水化学成分的分布变化与海洋物理现象（如海水运动、水声学及光学等等）之间关系的研究则较少，例如，由溶解氧等的分布变化，探求海水的循环与运动状况的研究。在深入研究海水化学性质及各种化学变化时，对化学热力学和化学动力学也没加以充分应用。

第二节　水样采集

一、水样采集

（1）应根据观测项目的需要，选用合适的采水器械，并清洗干净。

（2）为避免船对水体的扰动，到站后应待船停稳后采样。

（3）采水位置应避开船上排污口，或调查船在到达预定站位后，必须停止排污，防止水样及水下仪器被污染。

二、采样标准层次

采用表12-2-1所示的标准层次。

表12-2-1　观测标准层次

水深	标准层次
<50 m	表层，5，10，20，30，底层
>50 m	表层，10，20，30，50，75，100，150，200，300，400，500，600，800，1000，1200，1500，2000，2500，3000……（以下每千米加一层，直至底层）

注：表层指海平面下约1m的水层。

三、采样的顺序

溶解氧（取两瓶），pH，总碱度以及五项营养盐（各一瓶）。

（一）溶解氧

（1）水样瓶的容积约为120 cm^3（事先经准确测定容积至0.1 cm^3）。

（2）每层水样装取两瓶。

（3）装取方法：将乳胶管的一端接上玻璃管，另一端套在采水器的出水口，放出少量水样冲洗水样瓶两次。将玻璃管插到分样瓶底部，慢慢注入水样，待水样装满并溢出约为瓶子体积的1/2时，将玻璃管慢慢抽出，立即用自动加液器依次注入1.0 cm^3氯化锰溶液和1.0 cm^3碱性碘化钾溶液。塞紧瓶塞并用手抓住瓶塞和瓶底，将瓶缓慢地上下颠倒20次，浸泡在水中，允许存放24 h。

（二）pH

（1）水样瓶为容积50 cm³的双层盖聚乙烯瓶。

（2）装取方法：用少量水样冲洗水样瓶两次，慢慢地将瓶充满，立即盖紧瓶塞，置于室内，待水样温度接近室温时进行测定。如果加入1滴氯化汞溶液固定，盖好瓶盖，混合均匀，允许保存24 h。

（三）总碱度、氯度

（1）水样瓶为容积250 cm³、具塞、平底的硬质玻璃瓶。初次使用前要用1.0%盐酸溶液或天然海水浸泡24 h，然后冲洗干净。

（2）装取方法：用少量水样冲洗水样瓶两次，然后装取水样约100 cm³（如需测定氯度应加采水样100 cm³），立即塞紧瓶塞。应在24 h内测定完毕。

（四）五项营养盐

（1）水样瓶为容积500 cm³、双层盖、高密度聚乙烯瓶。初次使用前必须用1.0%盐酸或天然海水浸泡24 h，然后冲洗干净。

（2）滤膜处理

孔径为45 μm的混合纤维素酯微孔滤膜，使用前先用浓度为1.0%的盐酸浸泡12 h，然后用蒸馏水洗至中性并浸泡。每批滤膜在使用之前，均必须进行空白试验。

（3）装取方法

用少量水样冲洗水样瓶两次，然后装取水样500 cm³，再进行预处理。

四、样品预处理——固-液分离

去除悬浮的颗粒物：其中包括无机物——岩石风化物和有机物——生物体及其碎屑物质。

（一）这种做法的必要性

（1）海水中的颗粒物状态、溶解状态，具有不同的生物化学作用和物质输运方式；

（2）悬浮颗粒物的吸附、解吸会影响海水组成，特别是加固定液后，影响更为显著；

（3）在样品储存中，水中的细菌作用会使颗粒物组成发生变化而影响海水。

（二）分离方法

1. 过滤（抽滤、压滤）（图12-2-1）

2. 离心分离

不管是过滤还是离心，都要使用0.45 μm孔径滤膜作为固-液分离界线。人们习惯把通过0.45 μm孔径滤膜的物质定义为"溶解物"，截留下来的部分为"颗粒物"。其实这种说话不严谨，这是因为："溶解物"包括真溶液，也包括胶体及小于0.45 μm的颗粒；该定义的前提是滤器的孔径是均匀的，但实际的孔径是平均孔径。以截留某粒度的颗粒物的50%代表该滤器的实际孔径；滤器在过滤时，颗粒物被截留在滤器表面及

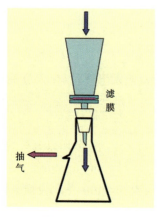

图12-2-1 过滤

孔径里,能缩小有效孔径。

因此过滤后,滤器上会有小于0.45 μm的颗粒,"溶解物"中也含有大于0.45 μm的颗粒。目前人们只能相对接受或认同"0.45 μm"这个区分界限,但在固-液性质研究中只能是参考值。

五、样品保存

海水样品现场立即测定才是上策,不得已带回陆地测定时,要求被测组分在贮存期间尽量不发生变化。

由于样品中许多化学、生物反应在采集前并未达到平衡,在采样后这些反应会继续进行,并且采样后由于容器器壁的吸附、解吸、离子交换作用等,使待测成分的含量在采样后会发生变化。

(一)对常量组分的保存

一般情况下,常量组分含量大于1 mg/kg,占海水元素总量的99%以上,其中包括:

五阳:Na^+(10.76 g/kg)、Mg^{2+}、Ca^{2+}、K^+、Sr^{2+}。

五阴:Cl^-(19.35 g/kg)、SO_4^{2-}、HCO_3^-、Br^-、F^-。

一硼酸: H_3BO_3。

常量组分具有以下特点:属于保守元素,认为其与海水盐度有恒定的比值;分析方法古老、经典、准确;主要用于水团的划分。

对常量组分,微生物影响很小,保存中以不漏气,防止水分蒸发为主。因此硬质玻璃瓶最好,高密度聚乙烯瓶次之;不能使用磨口塞,要使用聚四氟乙烯或聚乙烯螺旋塞防止蒸发。软质玻璃瓶能释出碱金属离子,低密度聚乙烯瓶则会透气。

(二)对营养盐的保存

营养盐属于高度不稳定物质,其保存方法有三:

1. 加入$HgCl_2$

因$HgCl_2$与蛋白质的氢硫基基团结合,抑制酶的活动,从而降低了生物的活动,可用于营养盐样品的贮存。

2. 冷冻样品

冷冻保存样品,可以有效地抑制微生物的活动,且 -20℃速冻较一般冷冻可提高准确度和精密度,但是会使样品中硅的含量降低。

3. 加入氯仿($CHCl_3$)

$CHCl_3$的作用可看做是一种麻醉剂,其在溶解度小的溶液中易成为饱和溶液,基本不改变样品的组成。

(三)痕量元素的保存

痕量元素含量低,易沾污。保存方法有二:

(1)酸化样品一方面使器壁被H^+饱和,降低器壁对样品中待测元素的吸附损失;

另外可抑制样品中微生物的活动。

（2）用低溶出性的材质制成的、高洁净度的容器进行保存，如聚四氟乙烯就是如此。在保存样品之前，要充分地清洗：可用HCl、HF、HNO$_3$浸泡。

第三节　调查项目、方法和仪器

一、常规调查项目

海水化学要素常规调查，是为了查清海水化学要素在海洋中的时间分布和变化规律，为海洋资源开发、海洋环境保护、海洋水文预报和有关科学研究提供依据和基本资料。其方法如表12-3-1所示。

表12-3-1　观测项目、方法及仪器

观测项目	测定方法	主要仪器
溶解氧	碘量法	溶解氧滴定管
pH	pH计电测法	数字式pH计：分辨率0.01；具有温度补偿。重现性≤0.02pH 仪器必须具有防震性、防潮性
总碱度	pH测定法	
活性硅酸盐	硅钼蓝法（米吐尔还原法）	数字式分光光度计：仪器噪声不大于0.2%；零点漂移不大于1×10^{-2} h。波长范围300～900 nm
活性磷酸盐	磷钼蓝法	
亚硝酸盐	重氮-偶氮法	
硝酸盐	锌镉还原法、镉铜柱还原法	
氨（包括部分氨基酸）	次溴酸盐氧化	
氯度	银量滴定法	滴定管、海水吸量管

海水中溶解氧含量，是评估水质生物状态的重要参数，是现场海水监测的一项重要指标，它反映了水体受污染的程度，对海洋环境保护和海水养殖都具有重要的作用。测定溶解氧常用的经典方法有碘量法、氧电极法、光度法、荧光猝灭法和流动注射分析法。基于荧光猝灭原理的光纤氧传感器，克服了碘量法、氧电极法等的不足，具有较强的抗干扰能力与测量精度。

二、特殊项目

一些环境调查（如核电厂址可行性研究）则需要调查更多的水化学项目，可参考表12-3-2列出的内容。

表12-3-2　水质项目、测定方法及仪器

项目	分析方法	使用仪器	检出限
溶解氧	碘量法	溶解氧滴定管	0.32 mg/L
化学耗氧量	碱性高锰酸钾法	溶解氧滴定管	0.15 mg/L
生化需氧量	5日培养法	溶解氧滴定管	
总有机碳	过硫酸钾氧化法	红外CO_2气体分析仪	0.15 mg/L
pH	pH计法	pHs-3C型精密酸度计	精度 ± 0.01 精度 ± 0.02
固体物	550℃烧灼重量法	万分之一分析天平	0.5 mg/L
亚硝酸盐	重氮-偶氮分光光度法	721型分光光度计	0.02 μmol/L
硝酸盐	铜-镉还原法	721型分光光度计	0.05 μmol/L
氨氮	次溴酸钠氧化法	721型分光光度计	0.03 μmol/L
活性硅酸盐	硅钼兰法	7230G型分光光度计	0.05 μmol/L
活性磷酸盐	磷钼蓝法	721型分光光度计	0.02 μmol/L
氯化物	银量滴定法	溶解氧滴定管	0.2×10^{-3} mg/L
硫酸盐	EDTA络合滴定法	溶解氧滴定管	0.2 mg/L
总砷	原子荧光法	XGY-1011A荧光仪	0.007 μg/L
铜	原子吸收分光光度法	WFX-1C型	0.02 μg/L
铅	同上	同上	0.03 μg/L
镉	同上	同上	0.01 μg/L
锌	同上	同上	0.01 μg/L
总铬	无火焰原子吸收分光光度法	日立Z-7000原子吸收分光光度计	0.4 μg/L
总汞	原子荧光法	XGY-1011A荧光仪	0.5 μg/L
全硬度	EDTA络合滴定法	滴定管	0.05 mmol/L

续表

项目	分析方法	使用仪器	检出限
钾	火焰光度法	6400A火焰光度计	±1.3%
镁	同上	同上	同上
铁	EDTA络合滴定法	滴定管	误差0.5%
铝	荧光光度法	850荧光光度计	0.15 μg/L
电导率	电导法	电导仪	0.1%
甲基橙碱度、酚酞碱度	滴定法	溶解氧滴定管	CO_2：2.73 mg/L
余氯	碘量法	溶解氧滴定管	5.3 μmol/L
油类	正己烷萃取紫外分光光度法	754型分光光度计	10 μg/L
氰化物	吡啶-巴比土酸分	721型分光光度计	1.0 μg/L
水色	目视比色法	水色计	
透明度	透明度盘法	透明度盘	
氧化铁+氧化铝	依铁、铝含量计算		
全硅，溶硅，胶硅	等离子体发射光谱法	OPTIMA3000等离子体光谱仪	3 μg/L
大肠菌群	多管发酵法	显微镜	3 个/升

注：碳包括游离二氧化碳、重碳酸离子、碳酸离子。

三、先进仪器

（一）加拿大Satlantic水下硝酸盐仪ISUS

该仪器采用先进的紫外吸收光谱分析技术，探头式设计，不需要化学试剂，将仪器没入水中，可以迅速得到实时的、高精度的硝酸盐浓度数据（图12-3-1）。具备高效防生物附着铜罩，可无人值守工作半年以上。水下探头式设计，小巧轻便，可提供高分辨率的水层空间分布和时间序列数据。仪器内部没有泵等活动部件，工作稳定可靠，适合海上恶劣的环境。

（二）加拿大RBR快速多参数水质剖面仪RBRmaestro

该仪器可用于近海水体快速调查、大面积调查、水质剖面测量、走航测量、拖体安装调查、浮标长期观测、海底长期监测等（图12-3-2）。

系统由水下主机（耐压740 m水深的外壳、电路板、内置电池、存储器等）、水质传感器（1~13个，直接安装在水下主机上或通过水下电缆连接）、数据电缆组成。

图12-3-1　水下硝酸盐仪ISUS

图12-3-2　水质剖面仪RBRmaestro

（1）最快采样速度达6 Hz。

（2）集成参数多，客户根据需要任意组合，最多13个传感器，包括：温度、电导、深度、溶解氧、浊度、叶绿素、CDOM、罗丹明荧光染料、有效光合作用辐照强度（PAR）、透射率、pH、ORP等。

（3）内置128MB固态存储器，总共可存储$3×10^7$个数据。

（4）内置8～16节3 V高能锂电池[普通相机电池（CR123A）]，更换方便。也可外接电缆供电。

（5）软开关功能：仪器自动感应，下水自动开始工作、出水自动停止工作。适合于大范围的多点剖面测量。

（6）测量最大水深740 m。

（三）LOBO水质传感器

LOBO（Land/Ocean Biogeochemical Observatory）水质传感器（图12-3-3），可以感测水温、盐度、深度、硝酸盐、叶绿素、浊度、溶解氧、有色溶解有机物（CDOM）、海流等要素，传感器均进行防生物附着处理，适应长期监测。

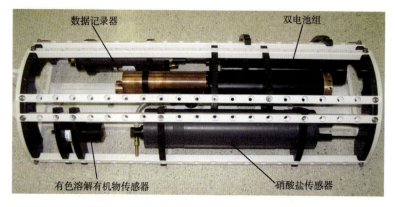

图12-3-3　加拿大Satlantic LOBO的传感器

LOBO有先进的防生物附着技术：

（1）传感器关键部位用铜质材料包裹。

（2）铜质防生物刷头：浊度和叶绿素传感器带创新防生物刷头，休眠期间完全被铜片覆盖。

（3）封闭管路的测量环境：温盐深、硝酸盐、溶解氧的测量是在封闭管路内进行的；潜水泵将海水泵入管道，在进水口进行过滤（去除泥沙、悬浮物、气泡、藻类、浮游动物等）；管路是不透光的，生物不易生长；测量完毕后加入EPA批准的TBT防生物附着液，保持管路的清洁。其内部结构见图12-3-2。

（4）硝酸盐传感器的紫外光具备杀死细菌和藻类的功能。

（5）漂白液：在传感器休眠期间，封闭管路中会注入漂白液，能使CTD、溶解氧和ISUS硝酸盐传感器保持6个星期的洁净。

（6）浮标体外表：防生物附着涂料E-Paint（一种基于锌的可以产生过氧化物的涂料），由客户自行操作 ；框架：先用乙烯基胶带包裹，再涂E-Paint涂料，由客户自行操作。 其室外安装如图12-3-4所示。

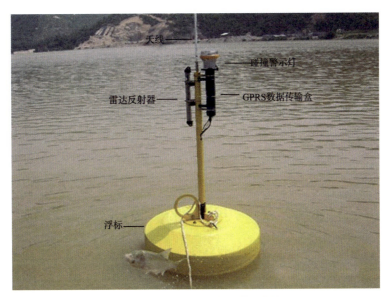

图12-3-4　LOBO的海上观测浮标

（四）国家海洋局第一海洋研究所安装的CO_2测试装置

CO_2测试仪主要技术特点：

（1）可单独测量水下或同时测量水下和空气中CO_2浓度，精度高，耗电低。

（2）具备三种工作模式：走航测量、锚系潜标和实验室测量。

（3）具备波浪形快速测量界面，采用快速膜渗透平衡测量技术，内置红外CO_2探测器，不需要化学试剂，使用方便。

（4）CO_2测量范围：$0 \sim 600 \times 10^{-6}$；$CO_2$分辨率 0.01×10^{-6}；CO_2精度$\pm 1 \times 10^{-6}$。

（5）耐压深度最大可达1 000 m，具备自动的压力、温度、湿度补偿功能。

（6）具备自动零点校准功能，内置CO_2吸收剂，当工作开始，气流被引到CO_2吸收剂，提供自动零点校准，可以长时间无人值守运行至少1年。

（7）不受生物附着影响，长期稳定性好，维护费用低，不需要使用昂贵的校准气体。

（8）内置MicroSD存储卡，可以将测试结果随机储存。其外形如图12-3-5所示。

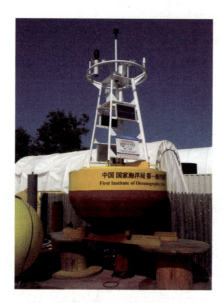

图12-3-5　CO_2测试仪

第四节　大气与海水中化学物质的测定

大气化学物质测定项目有：悬浮颗粒物、甲基磺酸盐（MSA），气体（二氧化碳、甲烷气、氮氧化物、氧化亚氮等），营养元素（碳、氮、磷、铁、钠、钙、镁等），重金属（Cu、Pb、Zn、Cd、Al、V）等19个参数，以及海水中溶解气体（二氧化碳、甲烷气、氧化亚氮、DMS、卤代烃等）5个参数。

一、大气化学污染物质测定

（一）悬浮颗粒物

悬浮在空气中粒径小于100μm的颗粒物质称为悬浮颗粒物。其中粒径小于10 μm的称为可吸入颗粒物。

其测定方法：抽取一定体积的空气（速度为0.05～0.15 m³/min），使其通过已称重的滤膜，根据滤膜前后质量之差及采样体积，即可求得悬浮颗粒物的体积浓度。

（二）甲基磺酸盐

（1）海水中DMS（甲基硫）浓度的测定：取20～50 ml海水样品 → 通N₂鼓吹，将DMS吹出 → 液氮冷阱捕获 → 90℃热水解吸 → 导入气相系统 → GC—FPD（气相色谱—火焰光度检测）分析其浓度。

（2）大气中DMS浓度的测定：大气采样管固体吸附大气中的DMS气体 → 加热解吸吸附的DMS气体 → 用氮气吹出 → 浓缩富集于浓缩管中，具体分析方法和海水中DMS浓度的测定方法一样。

（3）大气中MSA浓度的测定：取样 → 过滤（φ90 mm玻璃纤维滤膜）→ 清洗滤膜 → 过滤（0.2 μm微孔滤膜）并定容 → 用淋洗液淋洗 → 定量管进样 → 离子色谱分析。

（4）MSA与DMS的关系

大气中的MSA（甲磺酸）及其氧化产物硫酸盐气溶胶具有吸湿特性，能增加水汽的凝云结核（CCN）数量或使原有的结核颗粒增大，有助于云的形成而影响到太阳辐射的漫散射系数，进而影响到地球的表面温度。此外，MSA具有强酸性，它能使雨水的pH值下降，为酸雨的重要贡献者。因此研究MSA在大气中的浓度分布具有重要的学术意义。

DMS占海洋中硫释放量的80%，是参与硫的全球循环的重要生源物质。DMS经海–气扩散进入大气后，可被光化学氧化成MSA，占大气中MSA来源的90%以上。因此，要想搞清楚MSA在大气中的分布规律，必须首先弄清它的来源——DMS。

（三）挥发性卤代烃

具体的实验方法：

（1）海水中挥发性卤代烃浓度的测定方法（吹扫→捕集→GC→ECD或GC→MS）：取20～50 mL海水样品→通N₂鼓泡将挥发性卤代烃吹出→液氮冷阱捕获（–150℃）→100℃热水解吸→导入气相色谱系统→GC–ECD（气相色谱–电子捕获检测器）或GC—MS分析其浓度。

（2）大气中挥发性卤代烃浓度的测定（GC—ECD或GC—MS）：取500 mL大气样品→一次捕获/解吸→二次捕获/解吸→液氮冷阱捕获（–180℃）→100℃热水解吸→导入气相色谱系统→GC–ECD（气相色谱–电子捕获检测器）或GC—MS分析其浓度。

（3）海–气交换通量的估算：在得到表层海水中挥发性卤代烃的浓度后，再根据现场调查得到的环境参数（如温度、风速等），采用常用的滞留膜模型估算挥发性卤代烃的海–气交换通量。

从全球变暖的角度来看，挥发性卤代烃是促使臭氧减少的气体之一。

（1）VHC能参与重要的大气化学反应，影响大气中臭氧的浓度。由于在大气平流层中紫外线吸收的作用，VHC光解产生卤自由基，从而引起臭氧的分解，导致能够防御地球上生物免遭UV袭击的臭氧层减少。众所周知,臭氧层的减少对生活在地球上的人类及其他生物和全球气候所带来的巨大威胁。

(2) 温室气体:VHC和其他的温室气体(如CO_2、CH_4、N_2O)一样,可以通过吸收红外光辐射能而产生温室效应(Reifenhauser等,1992),直接影响全球气候。虽然它们在大气中的浓度比CO_2小,但从单个分子角度来看,其吸收辐射的能力却远远大于CO_2。

(3) 从环境污染物的角度来看:VHC是一类重要的有机污染物,由于其具有难于降解、在环境中有一定的残留水平并具有累积性及致癌、致畸、致突等特点,对人类健康和生态环境造成了广泛的潜在危害。如氯仿、四氯化碳、一碘甲烷等已被证实对哺乳动物具有致癌性。三卤甲烷、四氯化碳对肝、肾和血液尤其有害。

(4) 现实意义:目前VHC主要用作灭火剂、工业制冷剂、洗净剂、干洗剂、发泡剂、杀菌剂、气溶胶喷雾剂、去油剂和工业产品的中间体及各种溶剂,由于其大量使用和自身的挥发性以及部分天然来源(海藻产生并释放和生物燃烧)而广泛存在于大气和海洋中。关于挥发性卤代烃在大气和海洋等环境中的研究已受到世界各国的广泛关注,并对其分布特点、源与汇及其相对强度变化和海气交换通量等进行了深入的研究,其研究领域已涉及世界各大洋及其沿岸若干区域及相应大气。

(四)pCO_2采样与分析

1. 大气样品

技术路线:在船头顶部桅杆处固定一聚乙烯塑料采样管,管口距水面约10 m,并连接到实验室内。在船主机关闭,徐徐滑进到既定站位时,用空气泵将空气(经干燥)导入非分散红外检测系统(Li–Cor 7000)进样分析。

2. 表层海水样品

技术路线:用Rosette采水器采水,参照溶解氧的采样方法,将海水转移至5 L的硬质塑料桶中。加入饱和$HgCl_2$溶液(4 mL)固定。并将桶进行密封,避免桶内外气体发生交换。立即用喷淋–鼓泡式平衡器(张龙军,2001)(Li–Cor 7000)测定海水中的pCO_2。

海水、大气P_{CO_2}将应用船载走航系统测定:测定水体P_{CO_2}时在船体航行过程中连续将表层海水泵入喷雾平衡系统,水–气平衡器采用Cooper等的层流式平衡器,以计算机控制将平衡后的气体定量输入Li–Cor 7000型CO_2非色散红外分析仪进行测定。测定大气P_{CO_2}时将采样管置于船头海面约10 m高度(国际通用高度),用气泵直接将样品气输入Li–Cor 7000型CO_2非色散红外分析仪进行测定。

(五)甲烷气

海水中甲烷的测定:采用目前国际通用的气体抽提–气相色谱法测定。海水中溶存的甲烷被高纯氮气吹扫出,经干燥和脱CO_2后,吸附在装有Porapak Q并浸在液氮冷釜中的吸附管中,待抽提结束后吸附管中的甲烷在热水浴的加热下解吸,随载气进入Porapak Q色谱柱分离,然后由氢火焰离子化检测器检测。

（六）氧化亚氮

（1）大气中氧化亚氮的测定：采用国标方法——气相色谱法测定。大气中的氧化亚氮经Porapak Q色谱柱分离后由[63]Ni电子捕获检测器检测。

（2）海水中氧化亚氮的测定：采用目前国际通用的气体抽提——气相色谱法，海水中溶存的氧化亚氮被高纯氮气吹扫出，经干燥和脱CO_2后，吸附在装有MS13X并浸在冰水浴中的吸附管中，待抽提结束后将吸附管加热到250℃~300℃使被吸附的N_2O解吸，并随载气进入Porapak Q色谱柱分离，然后由电子捕获检测器检测。

二、大气中的营养元素测定

（一）样品采集

湿沉降：在降水之前打开采雨器采集雨水，加入0.4%（体积比）的$CHCl_3$阴凉干燥处保存。

干沉降：采集干沉降即气溶胶样品所用的滤膜为总碳用玻璃纤维膜，其余用孔径为0.40 μm的核孔膜。采样器为KB-120型大气采样器，流量约为120 L/h，采样约为20 h，采样频率为每周一次或两次。采样头平时用塑料袋包好，只在采样时打开，采样结束后将滤膜转移到洁净的培养皿内，置于干燥器中，干燥后称重，差减法计算颗粒物的质量。

（二）测试技术

1. 湿沉降样品的分析

样品取回实验室后，先测定pH（pHS-2型精密酸度计），然后用孔径为0.45 μm的醋酸纤维滤膜过滤，滤膜在40℃ ~ 45℃烘干并称重，计算样品中颗粒物的含量，滤液用洁净的聚乙烯瓶保存。测定项目主要包括pH、Na^+、Ca^{2+}、Mg^{2+}、NH_4^+、NO_3^-、NO_2^-、PO_4^{3-}和SiO_3^{2-}。其中，Na^+、Ca^{2+}和Mg^{2+}应按国家海洋局近海海洋化学调查技术规程；NO_3^-、NO_2^-、NH_4^+、PO_4^{3-}和SiO_3^{2-}用分光光度法测定；对于雨水样品中的NO_3^-和NH_4^+，大多数的研究人员采用离子色谱法分析，而NO_2^-、PO_4^{3-}和SiO_3^{2-}由于浓度比较低，很少有人把它们作为研究对象，但是近年来随着人们对物质通过大气向海洋输送重要性认识的不断加深，关于这3种离子（特别是PO_4^{3-}）的研究逐渐增多，而海水中营养盐的分析方法也被借鉴过来。拟采用荷兰Skalar公司生产的SAN & PLUS 连续流动分析仪测定，其中NO_3^-采用Cd-Cu还原重氮偶氮比色法，NO_2^-采用重氮偶氮比色法，NH_4^+采用靛酚蓝法，PO_4^{3-}采用磷钼蓝法，SiO_3^{2-}采用硅钼蓝法（Grasshoff等，1983），实验用水均为Milli-Q水，实验过程均实施质量控制。每天选取一定的样品进行重复测定，偏差均小于3%。

2. 干沉降样品的分析

可溶性NO_3^-、NO_2^-、NH_4^+、PO_4^{3-}和SiO_3^{2-}的测定：对于干沉降即气溶胶样品中可溶性成分的预处理，目前应用较为广泛的是先将样品置于一定体积的水或稀酸中直接提取或者使用超声波振荡淋洗，然后测定其浓度，而将微循环淋溶系统应用于气溶胶样品分析中的研究较少。

干沉降中铁、铝等的测定：按国家海洋局《近海海洋化学调查技术规程》用离子色谱法测定。

三、大气中的重金属测定

（一）干沉降

1. 样品采集

（1）仪器：大流量大气总悬浮颗粒物采样器；Whatman41号纤维素滤膜。

（2）方法：海上气溶胶采样使用大流量大气采样器采集TSP样品。为了避免船体排放污染物对采样的影响，将采样器安装于船前舱顶板上，而且只在行船时才开机取样。在操作过程中应使用预处理过的洁净的塑料镊子和一次性塑料手套以防玷污样品。

（3）保存：称重后冷冻保存。

2. 样品分析

（1）总悬浮颗粒物（TSP）的测定：重量法。

（2）金属总量的测定：样品经优级纯硝酸和高氯酸消化后用石墨炉原子吸收光度法测定铜、铅、镉、钒的含量；用火焰原子吸收光度法测定锌、铝的含量。

（3）酸溶性金属的测定：在滤膜正面采样有效部位任意截取两块相同面积的样膜，剪碎，分别放入50 mL比色管中，加入一定量稀硝酸，过滤，定容。用石墨炉原子吸收光度法测定铜、铅、镉、钒的含量；用火焰原子吸收光度法测定锌、铝的含量。

（4）可溶性金属的测定：样品用蒸馏水提取后，提取液用石墨炉原子吸收光度法测定铜、铅、镉、钒的含量；用火焰原子吸收光度法测定锌、铝的含量。

（二）湿沉降

1. 样品采集

（1）仪器：聚乙烯塑料桶，高密度聚乙烯塑料瓶。

（2）方法：降水样品用聚乙烯塑料桶在船头采集。

（3）保存：在瓶中密封后存于冰箱中。

2. 样品分析

样品经过滤、调节pH、定容后，用石墨炉原子吸收光度法测定铜、铅、镉、钒的含量；用火焰原子吸收光度法测定锌、铝的含量。

注：在P_{CO_2}的直接测定中，通常采用的是红外光谱法和气相色谱法，这两种方法均需利用海气交换平衡器进行样品前处理。

《海洋化学要素调查规范》中海水中营养盐的测定方法为分光光度法，该分析方法比较耗时、费力、占空间，难于满足现场连续大批样品检测的需要。随着现代科技的发展，现在大多采用离子色谱法、流动注射法对海水中营养盐的进行测定。

第五节　物理化学

海洋物理化学是海洋化学的核心。利用化学热力学、化学动力学及结构化学的理论和方法，研究海水的化学结构、海水中各种化学物质的存在形式、各种化学平衡和化学过程动力学，及其与海水的各种物理化学性质的关系等，是近些年来海洋物理化学研究的主要内容。

许多人就曾对铜、铁、铬等金属元素不同存在形式之间的平衡数量关系等进行过不少研究。人们在研究化学物质存在形式时，提出了离子对理论。认为各种物质在海洋中除以水合离子、络离子等形式存在外，还可能以离子对的形式存在；同时研究了硫酸根、碳酸根和碳酸氢根等形成离子对的程度，并对二氧化碳体系和pH的缓冲能力用离子对理论作了新的解释。

另外，各种金属设施（包括船舶、港坞等） 在海水中的电化学腐蚀及电化学防护等，也是目前海水物理化学的重要研究方向。人们正在对不同海洋环境和不同海区的各种类型的腐蚀和防护技术，进行深入系统的研究。现在，海洋物理化学研究在海洋化学中的地位，已为人们充分认识。

其中，气体交换研究，除氧气外就是对二氧化碳研究得较多。因为它与气候有关，人们比较重视。已经通过测量大气和表层水里的碳，得到了二氧化碳由空海界面进入和逸出海洋的速率。目前，正在利用这种放射性物质把时间参数引进海洋系统。

然而，现在海洋有机化学还有许多尚未研究或未充分研究的课题。例如，已知有机物质主要来源于海洋生物，尤其是来源于大量浮游植物，但有机物质产生的速率和机制、有机物质垂直和水平迁移过程的机制和作用（如有机物质转移到深海的机制和它们对深海新陈代谢产生的影响）及其在这些过程中转化的速率等很少定量了解。有机物质对陆源无机物通过大气向海洋的迁移起重要作用，要了解无机物的通量，必须了解有机物进出海洋的量，但目前这方面也还研究得不多。

另外，有机物的转化主要由光化过程、化学过程和生物过程引起。但在低氧和绝氧海区及上升流海区有机化合物转化的机制和速率； 各类底栖动物在转化沉积物中的有机化合物时所起的作用；有机物与无机物（颗粒态、溶解态）之间的相互作用，这些作用所产生的物质（ 如有机金属络合物等） 的特征，及这些产物的生态学和地球化学意义等，目前均不十分清楚。这些问题都有待于进行深入研究。

还有，各种酶对一些有机化合物的合成和分解所起的作用等，也是今后应注意研究的重要方面。鉴于海洋有机化学有许多课题尚待研究，且具有多学科交叉性，并根据过去的经验等，人们认为，今后有关重要问题的研究必须有海洋有机化学家、海洋物理学家和海洋生物学家等各学科间的相互合作才行。

第十三章 海洋生物调查

第一节 概 述

一、目的和任务

海洋生物是海洋有机物质的生产者,广泛参与海洋中的物质循环和能量交换,对其他海洋环境要素有着主要的影响。

海洋生物调查的主要目的,是为海洋生物资源的合理开发利用、海洋环境保护、国防及海上工程设施和科学研究等提供基本资料。

海洋生物调查的任务是查清调查海区的生物的种类、数量分布和变化规律。

二、调查主要内容

调查内容有:

(1)叶绿素:叶绿素是自养植物细胞中一类很重要的色素,是植物进行光合作用时吸收和传递光能的主要物质。叶绿素a是其中的主要色素。用Chl a表示海水中的叶绿素量。

(2)初级生产力:单位时间内,单位体积海水中(或单位面积海区内)浮游植物同化无机碳的能力。

(3)海洋微生物:一群个体微小、结构简单、生理类型多样的单细胞或多细胞生物。

(4)浮游生物:缺乏发达的运动器官,运动能力很弱,只能随水流移动,被动地漂浮于水层中的生物群。

(5)底栖生物:生活于海洋基底表面或沉积物中生物的总称。依个体大小,凡被孔宽为5 mm套筛网目所阻留的生物,称为大型底栖生物。凡能通过孔宽为0.5 mm套筛网目, 而被孔宽为0.042 mm所阻留的生物, 称为小型底栖生物。在两者之间的为中型底栖生物。

(6)潮间带生物: 为栖息于近岸的最高高潮线至最低低潮线之间的海岸带(潮间带)的一切动植物的总称。

(7)污损生物: 生活于船底及水中一切设施表面的生物, 这类生物一般是有害的。

(8)游泳生物: 具有发达的运动器官, 能自由游动, 善于更换栖息场所的一类动物的总称。

三、采水标准层次

表13-1-1适用叶绿素, 初级生产力, 微生物, 微微型、微型和小型浮游生物等采水层次。

表13-1-1　采水标准层次

测站水深范围 （m）	标准层次	底层与相邻标准层 最小距离（m）
<15	表层, 5, 10, 底层	2
15~50	表层, 5, 10, 30, 底层	2
50~100	表层, 5, 10, 30, 50, 75, 底层	5
100~200	表层, 5, 10, 30, 50, 75, 100, 150, 底层	10
>200	表层, 5, 10, 30, 50, 75, 100, 150, 200 底层	

第二节　叶绿素和初级生产力测量

一、叶绿素a的调查

(一)叶绿素的吸收特性

叶绿素主要吸收红光640~660 nm的部分和400~480 nm的蓝紫光部分, 绿光吸收很少, 大部分被反射, 所以呈绿色(图13-2-1)。

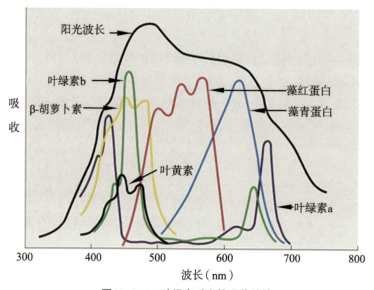

图13-2-1　叶绿素对光的吸收特性

（二）世界大洋叶绿素的分布情况

世界大洋叶绿素的分布情况见图13-2-2。

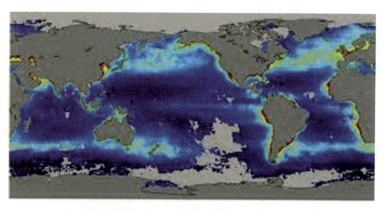

净初级生产力（g C/(m² · a)）

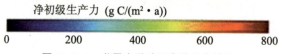

图13-2-2　世界大洋叶绿素的分布情况

（三）采样与分析

1. 采水

叶绿素采水按标准层进行，条件许可加采跃层上、跃层中、跃层下3层。

采水量视调查海区而定：

富营养海区	50 ~ 100 mL
中营养海区	200 ~ 500 mL
寡营养海区	500 ~ 1 000 mL

2. 过滤

采用0.65 mm孔径、直径为25 mm的聚碳酸酯微孔滤膜抽滤，滤膜应在1 h内提取〔若不具备条件立即提取测量，可存于低温冰箱（-20℃），保存期为60 d，放入液氮中保存期可为1年〕。

3. 提取

叶绿素a的调查采用荧光萃取法提取：叶绿素a的丙酮萃取液受蓝光激发产生红色荧光，过滤一定体积的海水（主要过滤的是浮游植物），用90%的丙酮提取其色素，使用荧光计测定提取液酸化前后的荧光值，计算出叶绿素a的浓度。

除萃取荧光法外，还可采用分光光度法和高效液相色谱——HPLC法等方法测定。

（四）特纳10-005型现场荧光计

测定萃取活体叶绿素荧光，也可作连续流动海水的活体叶绿素荧光测定。

其工作原理为：荧光灯发出的光经滤光后成为需要的激发光，待测荧光物质在吸收激发光后就立即发出一种新的波长较长的荧光——发射光。发射光的强度与激发光强度以及荧光物质浓度成正比。发射光经滤光片后到达光电倍增管，产生阴极电流，荧光灯发出的光经另一参考光路也到达光电倍增管，产生参考光阴极电流，这两种电流转换为电压输出，经电子线路计算和放大，得到了仅仅与荧光物质浓度有关的电压输出，以电压表读数表示，据此可计算待测荧光物质浓度。

二、初级生产力

（一）采水

在光强为表层光强100%、50%、30%、10%、5%和1%的深度采水。特殊情况可视要求而定。采水需使用不透光且没有铜制部件的采水器，避免阳光直接照射。

（二）过滤与培养

按预定深度采样后，尽快在弱光下将水样用孔径为180 μm左右的筛绢将水样过滤，并分装到相应层次的培养瓶中。每层样品设两个白瓶和一个黑瓶，第一层和第四层样品还应各分装一个零时间培养瓶（或根据现场调查情况选定）。在每个培养瓶中加入相同体积的^{14}C工作液，在模拟设定的现场温度和光照条件下培养一定的时间（2~24 h），并尽量接近当地中午时间。

（三）测定

^{14}C示踪法的原理：一定量的放射性碳酸氢盐$H^{14}CO_3^-$或碳酸盐$^{14}CO_3^{2-}$加入到已知CO_2总浓度的海水样品中，经一段时间培养，测定浮游植物细胞内有机^{14}C的量，即可计算浮游植物通过光合作用合成有机碳的量。

（四）分析

用液体闪烁计数仪进行放射性活性的测定，并计算海水样品的初级生产力。

计算各水层初级生产力值[mg C/(m^2·h)]和水柱初级生产力值[mg C/(m^2·h)],根据相应的等值线取值标准,绘制初级生产力平面分布图和断面分布图。

第三节　海洋微生物

一、海洋微生物调查要素

(1)海洋微生物现存量,即病毒、细菌总数与其他微生物类群(放线菌、酵母、霉菌等)的丰度等;

(2)海洋微生物的活性,即细菌生产力、微生物异养活性、生态呼吸率等。

二、采样方式和技术要求

(一)采样方式

采水:根据采样深度,选用击开式采水器或尼斯金采水器。

采泥:采用弹簧采泥器、多管采泥器或箱式取样器。

用无菌工具从预定层次取10～20 g样品,置于无菌容器。

(二)技术要求

(1)采样层次:采水按标准层次采水,大洋调查可增加500 m,1 000 m,2 000 m……沉积物取样:大面调查取表层沉积物;定点调查采用多管采泥器,将岩芯管以3 cm间隔分层。

(2)无菌操作:采水器上的采样瓶、袋及调查所需其他物品,以及室内分样、样品处理过程,要求无菌操作。

(3)样品保存:样品应在采样后2 h内处理。若暂存冰箱,不得超过24 h。

三、样品分析和资料整理

(一)样品分析

(1)微生物计数:"直接计数法",采用 荧光显微镜/流式细胞仪计数;"培养计数法",采用固体或液体培养基培养。

(2)微生物活性测定:细菌生产力测定;微生物异养活性测定。

(3)细菌生长率、倍增时间、世代时间的计算。

(4)分类鉴定。

(二)资料整理

填写报表:分别将病毒、细菌、放线菌、酵母菌和霉菌等的数量(包括细菌生物量)以及细菌生产力和细菌异养活性的测定结果按有关规定填写。

绘制分布图: 断面分布图和大面分布图, 微生物数量和细菌生物量断面和大面分布图。

第四节　浮游生物

调查要素包括: 微微型浮游生物, 微型浮游生物, 小型浮游生物, 大、中型浮游生物, 鱼类浮游生物。

一、微微型浮游生物

(1)此类生物的大小在0.2~2.0 μm, 包括异养细菌和自养型生物。微微型光合浮游生物包括蓝细菌和微微型光合真核生物。

(2)采样及样品处理方法: 按规定水层, 每层采集50~200 mL水样, 用浓度1%的多聚甲醛溶液固定, 液氮保存。

(3)样品分类鉴定与丰度的计算: 实验室内取定量样品通过直径为25 mm、孔径为0.2 μm的黑色核孔滤膜抽滤。将滤膜置于载玻片上, 在落射荧光显微镜下使用绿光或蓝光激发, 分别计数具有光亮的橘黄色荧光的含藻红蛋白的聚球藻细胞和呈砖红色荧光的含叶绿素的微微型光合真核生物细胞; 根据计数值计算丰度(图13-4-1)。

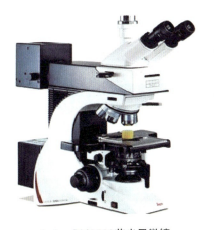
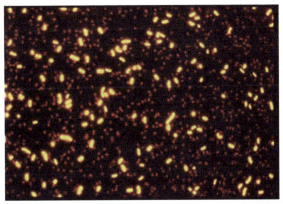

Leica DM2500荧光显微镜　　　　　　微微型浮游生物荧光照片

图13-4-1　分析样品的显微镜和镜下图片

二、海洋微型浮游生物

（1）此类生物大小为2.0~20 μm，包括微型金藻、微型甲藻、微型硅藻、无壳纤毛虫和领鞭虫等。

（2）采样及样品处理方法：按预定水层和规定量采水，每升水样加入10～15 mL鲁哥氏液（100 g碘化钾溶于1 L蒸馏水，加入50 g碘使其溶解，再加入100 mL冰醋酸制成）固定。

（3）样品分类鉴定与丰度的计算：采用沉降计数法或浓缩计数法直接在显微镜下鉴定计数。根据计数值计算丰度。

三、海洋小型浮游生物

（1）此类生物大小为20~200 μm，绝大部分是浮游植物、无壳纤毛虫、砂壳纤毛虫、轮虫、桡足类幼体、放射虫和有孔虫等。主要调查对象是小型浮游植物。

（2）采样方法：① 采水：标准层采水，500~1 000 mL，鲁哥氏液固定；样品处理、分类鉴定与计数，处理方式同微型浮游生物。② 拖网：采用浅水Ⅲ型或小型浮游生物网采集。

（3）丰度计算：样品单位水体细胞数（cells/cm^3）。在此基础上绘制丰度分布图和优势种（ 10^2 cells/dm^3）平面分布图。

四、大、中型浮游生物

（一）网具

大中型浮游生物采样可用网具如表13-4-1所示。

表13-4-1　网具

	大、中型浮游生物
30 m 以浅	浅水Ⅰ型浮游生物网 浅水Ⅱ型浮游生物网
30 m 以深	大型浮游生物网 中型浮游生物网

拖网方式可分为：

（1）底表垂直拖网（图13-4-2）：用于大面观测站位。水深＜200 m，底至表垂直拖曳；水深＞200 m，200 m至表层垂直拖曳。

（2）垂直分段拖网（图13-4-3）：用于断面观测和连续观测站位。根据规定的采样水层或特殊需求进行。垂直分段网具需具有闭锁绳，拖网过程中需要闭锁器和使锤：当拖网至特定水层时，停止起网。将使锤沿钢缆打下，激发闭锁器使得网口绳松开，闭锁绳受力，达到网口关闭的目的。垂直分段拖网水层如表13-4-2所示。

图13-4-2　底表垂直拖网（北海分局供稿）

钢缆
使锤
闭锁器
网口绳

图13-4-3　垂直分段拖网结构

表13-4-2　垂直分段拖网水层

	测站水深（m）	采样水层（m）
小型浮游生物	< 20	10～0，底～10
	20～30	10～0，20～10，底～20
	30～50	10～0，20～10，30～20，底～30
	50～100	10～0，20～10，30～20，50～30，底～50
	100～200	10～0，20～10，30～20，50～30，100～50，底～100
	> 200	10～0，20～10，30～20，50～30，100～50，200～100

测站水深（m）	采样水层（m）
< 20	10 ~ 0，底 ~ 10
20 ~ 30	10 ~ 0，20 ~ 10，底 ~ 20
30 ~ 50	10 ~ 0，20 ~ 10，30 ~ 20，底 ~ 30
50 ~ 100	10 ~ 0，20 ~ 10，50 ~ 20，底 ~ 50
100 ~ 200	20 ~ 0，50 ~ 20，100 ~ 50，底 ~ 100
200 ~ 300	20 ~ 0，50 ~ 20，100 ~ 50，200 ~ 100，底 ~ 200
300 ~ 500	20 ~ 0，50 ~ 20，100 ~ 50，200 ~ 100，300 ~ 200，底 ~ 300
500 ~ 1 000	50 ~ 0，100 ~ 50，200 ~ 100，300 ~ 200，500 ~ 300，底 ~ 500
> 1 000	50 ~ 0，100 ~ 50，200 ~ 100，300 ~ 200，500 ~ 300，1 000 ~ 500

表格左侧合并单元格： 大、中型浮游生物

1 000 m 以深采样水层视调查对象而定

（二）样品处理

1. 固定

浮游动物采用5%中性甲醛海水溶液固定；需进行电镜观察的样品，用2% ~ 5%戊二醛固定；浮游植物可采用鲁哥氏液固定。

浮游动物一般采单样，供湿重生物量测定后进行种类鉴定与个体计数，若同时要求生物体积分数或干重生物量测定，应同时采双样或三样。

2. 样品室内分析

测定湿重生物量（图13-4-4）。

布式漏斗抽滤

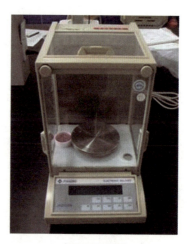

电子天平称重

图13-4-4　湿重生物量测定

（三）个体鉴定计数

网采浮游植物采用浓缩计数法；浮游动物以大型或浅水Ⅰ型网采样品为准，定量分析；夜光藻以中型网或浅水Ⅱ型网为准，但在其个体较小（<200 μm）的季节（例如南方的秋、冬季）应参考小型或浅水Ⅲ型网的采集结果。根据计数值计算丰度。

五、鱼类浮游生物

调查包括鱼卵和仔、稚鱼的种类组成和数量分布。

（一）采样方式——拖网

1. 鱼类浮游生物采样常用网具（表13-4-3）

表13-4-3 鱼类浮游生物采样常用网具

序号	网具名称	网长（cm）	网口内径（cm）	网口面积（m²）	筛绢规格（mm）	适用范围、采集方法和对象
1	大型浮游生物网	280	80	0.5	CQ14（0.505） JP12（0.507）	适于表层水平拖曳及30 m以深、200 m以浅垂直拖曳
2	浅水Ⅰ型浮游生物网	145	50	0.2	CQ14（0.505） JP12（0.507）	适用于30 m以浅垂直拖曳
3	双鼓网 Bongo网	360 360	60 60	0.28 0.28	CQ14（0.505） JP12（0.507） CQ20（0.336） JQ20（0.322）	适用于倾斜采集鱼卵和仔、稚鱼
4	北太平洋浮游生物标准网	180	45	0.16	CQ20（0.336） JQ20（0.322）	适用于定量垂直或平拖采集鱼卵和仔、稚鱼
5	WP3网	279	113	1.0	JP7（1.025）	适用于采集个体较大、活动力强的仔、稚鱼

注：采用序号1～4的网型垂直或斜拖取样时，应结合大型浮游生物网表层平拖取样。

2. 鱼类浮游生物拖网方式

垂直或倾斜拖网：水深大于200 m的海区拖网深度为200 m至表层垂直拖网或斜拖，小于200 m的则由底至表层垂直拖网或斜拖。

水平拖网：深度为0～3 m，见图13-4-5。

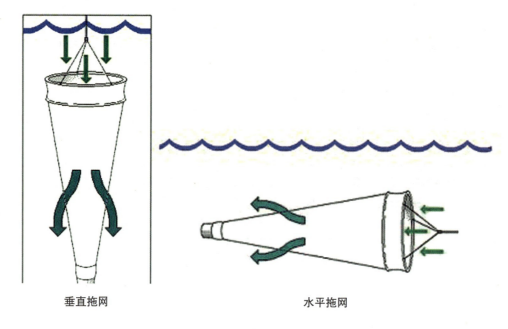

垂直拖网 水平拖网

图13-4-5 拖网类型

（二）样品分析

以定量样品为准，定性样品为参考；主要鱼类浮游生物应鉴定到属或科。根据计数值计算丰度。

（三）资料处理

（1）计算丰度：网采浮游植物单位水体细胞数（cells/m^3）。

浮游动物或夜光藻单位水体生物数或细胞数（ind/m^{3}或cells/m^3）。

鱼类浮游生物：垂直拖网单位水体生物数（ind/m^3），水平拖曳单位水体生物数（ind/net）。

（2）生物量（mg/m^3）。

（3）根据相应等值线取值标准，绘制平面分布图。

第五节 大型底栖生物

调查要素为大型底栖生物生物量、栖息密度、种类组成、数量分布及群落结构。

一、采样

（一）采样方式

采泥、拖网。

（二）采泥器（图13-5-1）

1. 抓斗式采泥器

小于200 m，使用0.1 m² 的采泥器，港湾调查可酌用0.05 m² 的采泥器。

大于200 m，使用0.25 m² 的采泥器。

2. 箱式取样器

规格500 mm×500 mm×500 mm，250 mm×250 mm×250 mm两种。

弹簧采泥器的面积为0.1 m²。

图13-5-1 采泥器

3. 采泥作业

采泥器选择：0.05 m² 的采泥器，每站采5个样品；0.1 m² 的采泥器，每站采2～4个样品；0.25 m² 的采泥器，每站采1或2个样品。

（三）拖网

1. 阿氏拖网（图13-5-2）

小于200 m深的海区，网口宽度1.5～2.0 m；港湾调查，网口宽度0.7～1.0 m；深海调查，网口宽度2.5～3.0 m。

2. 三角形拖网

三角形拖网适于沿岸和底质较复杂海区。

图13-5-2 拖网

3. 桁拖网

桁拖网适用于100 m水深以内海区，特别是底质松软的海区。

4. 双刃拖网

双刃拖网适用于底质为岩礁、碎石或砂砾的海区。

5. 拖网作业

调查船航速保持在2 kn左右，在航向稳定后投网；拖网绳长在浅水区应为水深的3倍以上,拖网15 min;水深1 000 m以上的深海,绳长为水深的1.5~2倍,拖网30 min~1 h。

二、样品处理及资料

(一)样品处理

典型生态意义的标本拍照、观察并记录。

保存常采用的固定液:中性甲醛溶液、丙三醇乙醇溶液、甲醛乙醇混合液、布因(Bouinn)固定液、四氯四碘荧光素染色剂固定液等。

(二)样品室内分析

鉴定、计数;测定湿重生物量。

(三)资料处理

丰度和生物量分别换算为ind/m^{2}和g/m^2。

绘制重要门类(环节、软体、甲壳和棘皮动物4类)的密度和生物量分布图。

对总密度或生物量起决定作用和分布普遍的种类,绘制分布图。

绘制定性拖网主要种类分布图。

采泥和拖网的样品鉴定之后,按分类系统顺序,列出调查海区大型底栖生物种类名录。

第六节　底栖生物

一、 小型底栖生物

调查小型底栖生物主要类群组成、栖息密度、生物量和优势类群的种类组成、群落结构和生物多样性 。

(一)采样方式

采样应选择箱式采泥器或弹簧采泥器,条件允许时可采用多管取样器或潜水取样。

采用取样管取芯样:内径2.2 cm(面积为3.8 cm^2);内径2.6 cm(面积为5.3 cm^2);内径3.6 cm(面积为10 cm^2);内径4.4 cm(面积为15 cm^2)。前两种适用于泥质和砂泥质;后两者适用于泥砂质和砂质(图13-6-1)。

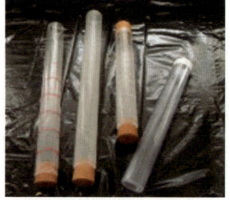

图13-6-1　样品保存

（二）样品及资料

1. 样品处理

（1）样品分层：现场取样时，取芯管一旦取样，立即按5~10 cm, 2~5 cm和0~2 cm，将样品分别推置于样品瓶内。

（2）试剂：包括麻醉剂、固定剂和染色剂。

（3）麻醉：定量采泥样品，加入与样品等体积的麻醉剂，摇动静置10 min。

（4）固定：麻醉后的采泥样品，加入与样品等体积的固定剂固定。

2. 样品分析

实验室内经过样品淘洗分离，将动物样品从沉积物样品中分离出来；

使用微量分析天平进行生物量测定；

鉴定计数：在高倍体视显微镜下（≥40×）观察，鉴定和计数。

3. 资料整理

密度（单位为 ind/m^{2}或10^6 ind/m^2）。

生物量（单位为g/m^{2}或10^6 μg/m^2）。

绘图：各类群密度百分组成图，密度平面分布和垂直分布图，主要类群生物量百分组成图，平面分布图和垂直分布图；多变量分析图：聚类图，MDS图，ABC曲线。

二、潮间带生物

调查要素包括潮间带不同生境的底栖动物、底栖植物的种类组成、数量（栖息密度、生物量或现存量）及其水平分布和垂直分布。

（一）调查时间及采样

1. 调查时间

潮间带生物采样须在大潮期间进行，或大潮期间低潮区取样；小潮期间再进行高、中潮区取样。

基础（背景）调查，通常按春季、夏季、秋季和冬季进行周年4季调查；专项调查可根据要求选择春、秋两季。

2. 采样工具

泥、沙等底质，用滩涂定量采样框，规格为25 cm×25 cm×30 cm, 10 cm×10 cm ×15 cm。

岩岸取样用25 cm×25 cm的定量框，若生物量高，可用10 cm×10 cm定量框。

配套工具：平头铁锹、小铁铲、凿子、刮刀和捞网等。

（二）分析及资料

1. 样品处理分析

样品固定；称重；种类鉴定、计数。

2. 资料整理

野外采集记录表；种类名录；种类分析记录表；种类分布表；主要种和优势种垂

直分布表；主要类群统计表。

三、污损生物（图13-6-2）

调查大型污损生物的种类、数量、附着期和季节变化。

图13-6-2　污损生物的附着

（一）调查时间及采样

1. 采样方式

挂板调查污损生物：调查大型污损生物的种类、数量、附着期和季节变化。挂板规格和数量如表13-6-1所示。

表13-6-1　挂板规格和数量

板　别	月　板	季　板	半年板
规格（mm）	$3 \times 80 \times 140$	$3 \times 80 \times 145$	$3 \times 80 \times 150$
数量片	$2 \times 2 \times 12=48$	$2 \times 2 \times 4=16$	$2 \times 2 \times 2=8$

2. 港湾挂板

（1）挂板周期、时间及层次：月板、季板、半年板和年板。3月1日开始同时挂放，按时回收和更换新板；3～5月，6～8月，9～11月和12月至翌年2月分别代表4季；3～8月和9月至翌年2月分别代表上半年和下半年。

（2）挂板层次：分表层和中层。

（3）放板和取板：在每月前3天取、放试板。挂放在水中的试板表面应与水面垂直。从水中取出的试板应在现场包于纱布中，并系以标签，然后固定在体积分数为5%～8%的中性甲醛溶液中。

3. 港湾以外海区挂板

根据离岸远近布站。水层分表层（离海面2 m），10，25，50，100，150，200 m等和底层（离海底5 m）。

6月上旬挂板，历时一周年取板，视需要可酌情增加季板。

挂于特制浮标或潜标上的试板，每个水层挂两片。取板时，必须在现场将试板装入纱布袋并浸于固定液中。

（二）分析及资料

1. 样品分析

分析样品的种类组成、数量、厚度、覆盖面积率、附着面积率、密度、湿重、附着期和季节变化、水平分布、垂直分布。

2. 资料整理

种类：编制种类名录及其出现频率，确定优势种。

数量：整理逐月、逐季、半年和年度的厚度、覆盖面积率、附着面积率和湿重及各大类湿重的百分比。

附着期：绘制主要种类的附着期、附着强度和季节变化图。

水平分布：总结污损生物的水平分布及其与环境因子的相关性。

第七节　游泳生物

一、调查类型及采样

（一）调查类型

根据调查目的分为3种：

（1）专题性大面定点调查：为特定目的而进行的调查。

（2）资源监测性调查：为对某一种或多种渔业资源进行定期性或非定期性的定点调查和非定点性的调查和探捕。

（3）海洋生物资源声学调查与评估（选做）。

在前两类调查中，如果调查船具备声学调查与评估的功能，也可采用声学调查和试捕取样相结合的方法进行。

（二）采样

调查取样网具：调查专用底层拖网；调查专用变水层拖网；双船底层有翼单囊A型拖网和B型拖网；单船有翼单囊拖网。

在同一项目调查和资源监测性调查中，应注意保持调查船性能和调查网具的性能和规格的一致性。

（1）定性采样：定性采样一般在海水表层（0~3 m）或其他水层进行水平拖网

l0~15 min, 船速为1~2 kn。所用网具、水层及拖网时间应分别根据调查的目的和调查区鱼卵和仔、稚鱼密度来决定。该采样方式也可作为定量样品, 但网口应系流量计。浮游生物调查增加SWP3网。

（2）定量采样: 定量样品由海底至海面垂直或倾斜拖网, 落网速度为0.5 m/s; 起网速度为0.5~0.8 m/s。采样情况记录于鱼类浮游生物海上采样记录表中。采用浅水 I 型浮游生物网。

连续观测时间与次数: 水深小于50 m的每3 h采样1次, 共9次; 水深大于50 m而采样深度在500 m以浅的每4 h采样1次, 共7次。

垂直拖网过程中（尤其是起网过程中）不得停顿, 钢丝绳倾角不得大于45°; 若大于45°, 只能作为定型样品, 需重新采样1次。冲网时应保持较大的水压, 确保网中样品全部收入标本瓶。

湿重生物量测定准确度为 ±1 mg。

样品分析要求90%以上的物种鉴定到种（幼体除外）, 并按种计数。

二、分析及资料

（一）鱼卵、仔鱼分离

从网采浮游生物样品中, 用吸管吸取水样放于表面皿中, 置解剖镜下, 用解剖镊或小头吸管取出鱼卵、仔鱼, 分别放到培养皿中进行分类鉴定和计数。如出现未能分类计数的浮游生物样, 应分别放到标本瓶中加3%的甲醛并加编号标签保存。

（二）分类鉴定

将初步分离的样品逐一进行分类鉴定, 要尽可能鉴定到种（特别是经济种、指标种）并编写名录。将分类后的鱼卵、仔鱼依种或类别计算其数量。

记录各种类名称、样品重量、尾数, 最小、最大体长（肛长、胴长或全长等, mm）和最小、最大体重（g）; 测定渔获种类的各生物学参数。

（三）资料整理

计算各站次和各航次渔获物种类组成; 绘制各站总渔获量和主要种类数量分布图; 绘制各航次（月份、季度或年份）调查的游泳动物种类组成和数量的百分比图; 生物学测定按雌、雄分别整理, 测定的尾数不多时, 可合并整理。

第八节　生物量计算

一、生物量计算

生物量测定以大型或浅水I型浮游生物网的样品为准。

（1）筛绢标定：将适宜孔径的筛绢剪成与漏斗内径等大，浸湿后铺于漏斗中，用真空泵抽去筛绢上多余的水分，称取筛绢湿重。

（2）把标定后的筛绢放入漏斗中，开动真空泵，倒入已剔除杂质的欲测样品；待水分滤干后关闭真空泵，小心取出带样品的筛绢放在吸水纸上，吸去多余水分；将样品（连同筛绢）置于天平上称重。

（3）个体计数：以大型或浅水Ⅰ型浮游生物网的样品为准，夜光藻以中型或浅水Ⅱ型浮游生物网样品为准；特殊研究对象、海区或目的可应用其他网型的样品。

利用显微镜、解剖镜、计数框、计数器、解剖针等，对样品进行鉴定、计数。标本数量较少的应全部计数；若数量较大，应先将个体大的标本（如水母、虾类、箭虫等）全部挑出分别计数；其余样品稀释成适当体积，再进行计数。

$$P_B = \frac{m_B}{V}$$

式中，P_B—单位体积海水浮游动物的湿重含量（mg/m^3）；

m_B—样品湿重含量（mg）；

V—滤水量（m^3）。

二、浮游动物个体密度计算

$$C_B = \frac{N_B}{V}$$

式中，C_B—单位体积海水中浮游动物或夜光藻的个体密度（ind/m^3或$cells/m^3$）；

N_B—全网个数（ind或cells）；

V—滤水量（m^3）。

三、摄食压力计算

浮游植物的表观生长率由下式给出：

$$(1/t) \cdot \ln(\rho_t/\rho_0) = k - c \cdot g$$

式中，$\ln(\rho_t/\rho_0)/t$为浮游植物表观生长率，ρ_t为t时刻的浮游植物浓度，ρ_0为初始的浮游植物浓度，k为浮游植物的瞬时生长系数，g为浮游植物由于被摄食的瞬时死亡系数，也称作瞬时摄食系数，c为用过滤海水稀释现场海水的倍数。k和g值由浮游植物的表观生长率对稀释倍数所做的回归线确定：k为回归线的截距，g为回归线的斜率。

在这里，浮游植物的浓度用细胞数量表示。

利用求得的k和g这两个系数，根据以下公式可计算浮游动物对浮游植物现存量和初级生产力的摄食压力（分别用P_i和P_p表示）：

$$P_i = 1 - e^{-gt}$$

$$P_p = \frac{e^{kt} - e^{(k-g)t}}{e^{kt} - 1}$$

第九节　叶绿素遥感观测

叶绿素是一类与光合作用有关的重要色素。它存在于所有能进行光合作用的生物体内。从光中吸收能量，然后用光能将二氧化碳变成碳水化合物。

蓝色的海洋标志着缺乏叶绿素，水生植物量低；绿色的海洋则反映那里水生植物旺盛。同时还可以确定海水中叶绿素浓度的分布，借以寻找渔场。

我国1970年4月24日成功地发射了第一颗人造卫星，以后又陆续发射了多颗人造卫星。1988年9月7日，中国发射第一颗极轨气象卫星"风云一号"，星上载有五通道扫描辐射计，特别设置了两个海洋水色通道，它能反映丰富的海洋信息。从发回的资料来看，海水悬浮物层次分明，甚至能显示长江口冲淡水以及沿岸水与陆架水交汇混合扰动的细节，并能进行沿海高叶绿素浓度和泥沙动态监测（图13-9-1）。现在"风云二号"已经上天，它将进一步开拓我国海洋的观测和研究工作。叶绿素与海洋动力环境有密切关系，图13-9-2给出阿拉斯加外海叶绿素浓度涡与那里海水运动的中尺度涡的对应。

COCTS 叶绿素浓度分布图

图13-9-1　HY-1卫星监测的中国近海叶绿素浓度

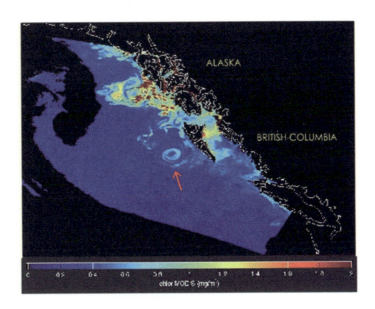

图13-9-2　MODIS 探测的阿拉斯加外海叶绿素浓度涡

第十四章 海洋地质、地貌与地球物理调查

第一节 调查目的和作用

一、地质调查发展现状

海洋地质学是研究地壳被海水淹没部分的物质组成、地质构造和演化规律的学科。

海洋地貌学是研究海水覆盖下的固体地球表面形态特征、成因、分布及其演变规律的学科，又称地形学。它是海洋地质学的一部分。

地球物理学是地质学与物理学的交叉学科，或者是地质学的应用分支。它用物理学的原理和方法，对地球的各种物理场分布及其变化进行观测，探索地球本体及近地空间的介质结构、物质组成、形成和演化，研究与其相关的各种自然现象及其变化规律。在此基础上为探测地球内部结构与构造、寻找能源、资源和环境监测提供理论、方法和技术，为灾害预报提供重要依据。

当前，国际上海洋地质工作仍然从经济、政治、外交和军事目的出发，主要在三个方面进行：海洋基础地质调查、海洋资源调查和基础科学研究。基础地质调查主要围绕资源开发和环境保护及海洋权益而进行，工作区基本为本国的大陆架和专属经济区；资源调查，主要方向是进行滨海砂矿及建筑材料、石油天然气、天然气水合物、多金属结核和富钴结壳资源调查；海洋地质基础研究，主要是在地球动力学、沉积动力学、古全球变化、环境地质及灾害地质领域进行科学研究。

目前，海洋地质调查和研究除采用传统调查技术外，还采用差分全球定位系统、载人深潜器、自治式机器人、深拖系统无人深潜器等技术。近20年来通过海洋地质-地球物理调查和深海钻探，取得了如下几方面的科学成果：

（1）资源调查：油气资源调查领域扩大到外陆架，发现了海底天然气水合物，在太平洋、大西洋和印度洋广泛发现海底热液硫化物矿床，进一步探明了富钴结壳分布区。

（2）海洋地质基础研究：在地球动力学研究中，深入了解了地球内部物质和能量传递过程，进一步验证了板块构造假说；发现了类似于陆地的巨大硫化物矿床；确定了相对于下地幔的岩石圈板块的绝对运动。

（3）环境动力学研究：创立和发展了古海洋学，论证了地球轨道参数变化在驱动气候变化中的作用；进一步确定了磁场极性倒转历史、海洋生物进化历史及全球海洋同位素成分变化历史之间的相互联系；确定了全球大洋缺氧事件；证实了深水砂体的存在，并进一步证明它是由海平面变化引起的；确定了南极和北极冰盖的形成时代；证实了65 Ma 左右的地外物体与地球的撞击事件；重新认识了全球范围的海平面变化。

许多地质学家预测21世纪的海洋地质学工作仍然将在三个方面进行，即环境地质、资源地质和灾害地质的调查；在资源调查方面，除进一步加强油气、砂矿、建筑材料、多金属结核及富钴结壳等资源调查外，天然气水合物、热液硫化物、深海黏土及软泥等新型资源调查将得到重视。

此外，海洋地质、地貌调查在军事方面也有广泛应用。地形地貌，海上军事活动主要在浅海区，如果海底起伏急剧，会严重影响潜艇的机动；如果浅海区存在岩礁、暗礁、浅滩，水面舰艇和潜艇的活动就会受到限制。磁雷的破坏作用随爆炸距离的增大而降低，通常在10～20 m的布雷深度爆炸效果最好，30～40 m次之；在地形倾斜大于15″的海区施放的锚雷和非触发水雷，会往深处滚动，从而会降低甚至完全丧失作用。近岸的地形地貌决定登陆作战的地点选择，基岩海岸海底地形陡峭，舰艇容易靠岸，登陆队可不用专门的登陆工具即能实施登陆，但重型武器和装备登陆困难；淤泥质海滩的地形平缓，水浅，小登陆舰艇无法靠近海岸，由于底质的黏性大，舰艇一旦搁浅，很难浮起，同时机械装备和人员也难以登陆；登陆作战最好选择沙质海滩，砂质海滩的海底坡度介于基岩海岸和淤泥质海滩之间，登陆舰艇可以比较容易接近海岸，机械装备和重型武器登陆方便，砂质沉积物的黏性小，舰艇搁浅比较容易浮出水面。

二、地质调查分类

按调查内容分：

（1）水深地形调查：单波束调查，多波束调查。

（2）底质类型调查：表层取样，柱状取样。

（3）沉积物动态调查：悬移质调查，推移质调查。

（4）地层分布调查：浅地层调查，单道地震，多道地震。

（5）地基承载力调查：原位测试，室内土工试验。

（6）地质灾害调查：旁侧声呐调查，浅地层调查，水深调查。

按调查方法分：

（1）土工调查方法：底质调查，工程地质钻探，原位测试方法，室内土工试验。

（2）动态调查：悬移质调查，推移质调查。

（3）地球物理调查：水深地形调查，旁侧声呐调查，浅地层剖面调查，单道地震，多道地震，地磁调查，重力调查。

第二节　水深地形调查

水深地形调查主要就是测深。同时，要根据侧扫声呐、海底照相、海底电视、浅地层剖面仪测量和底质取样等所提供的海底沉积物、基岩和地质构造等资料，结合水深资料，编制海底地貌图及其他相应的图件，以反映海底地貌特征，划分地貌类型并研究其成因与生成时代。

一、深度测量

测深技术历史悠久、地位重要、应用广泛。人们开发海洋的大部分活动集中在大陆架，诸如海岸防护、港湾建设、围海造田、滩涂养殖、海洋能源的开发、制盐业、开辟和疏浚航道、铺设海底电缆及管道、设置各种区界等工程的实施、航海安全，无一不与深度有关，均需要不同比例尺的海底地形图。深度是海洋调查中不可少的一个垂直坐标参数。

测量深度从技术上有三类：直接测深、声学测深、压力测深。

直接测深就是用测深杆、测深绳或钢丝绳等直接测量海洋的深度。这种方法只能用于浅海，而且受海流的影响较大。在较深的海洋中，用放出的钢丝绳长度和倾角计算其深度，并加以修正，由于受海流的影响，负载触底的状态不明，其准确度也是不高的。因此，在浅海区用测深杆等直接测深法是不理想的。

声学测深是海洋中船只广泛使用的测深技术，对于航行来讲是非常方便和实用的。

压力测深也是广泛应用的测深方法，很多文章从大气压力对海洋压力测深的作用，影响压力测深准确度的诸因素，压力深度计算公式、压力测深技术在实际中的具体应用等方面进行了分析和讨论。

（一）绞车钢丝绳测深

船用绞车，用卷筒缠绕钢丝绳提升或牵引重物的轻小型起重设备，主要运用于海洋仪器（或装备）的升降或平拖，是人类探索海洋的一种重要工具，被广泛应用于海洋学调查、海底资源开发、海洋打捞救助以及水下目标探测等领域。

绞车按照动力分为手动、电动、液压三类。手动绞车（图14-2-1）的手柄回转的传动机构上装有停止器（棘轮和棘爪），可使重物保持在需要的位置。装配或提升重物用的手动绞车还应设置安全手柄和制动器。手动绞车一般用在起重量小、设施条件较差或无电源的地方。

电动绞车广泛用于工作繁重和所需牵引力较大的场所。单卷筒电动绞车的电动机经减速器带动卷筒，电动机与减速器输入轴之间装有制动器。为适应提升、牵引和回转等作业的需要，还有双卷筒和多卷筒装置的绞车。一般额定载荷低于10 t的绞车可以设计成电动绞车。

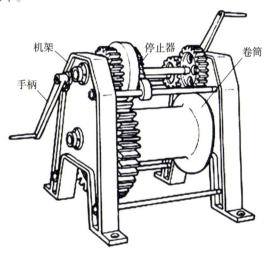

图14-2-1　手动绞车

根据海洋调查规范规定，当钢丝绳倾角大于15°时，用海洋学常用表进行深度订正。当在海上调查，遇到大风浪天气使钢丝绳倾角较大时，就经常发现250~300 m以下预定层用开、闭端温度表的温差校正结果（在无故障情况下，用它们的温差计算深度应算是准确的）反而小于用海洋常用表订正后的深度。产生上述300 m以下预定层深度不连续的现象，是由于在深海调查中，300 m以深各预定层的深度和300 m以浅各预定层深度的计算方法不一样所造成的。

设H_0为各层的预定深度，H_1为各层用开、闭端温差计算的深度，H_2为各层用余弦方法计算的深度，H_3为各层用海洋学常用表进行深度订正后的深度，其结果列于表14-2-1、表14-2-2、表14-2-3中。

表14-2-1　钢丝绳倾角35°时观测与计算结果

H_0（m）	H_1（m）	H_2（m）	H_3（m）	H_2-H_1（m）	H_3-H_1（m）	H_2/H_1	H_3/H_1
300	241	246	279	5	38	1.021	1.158
400	328	328	373	0	45	1.000	1.137

H_0（m）	H_1（m）	H_2（m）	H_3（m）	H_2-H_1（m）	H_3-H_1（m）	H_2/H_1	H_3/H_1
500	398	410	466	12	68	1.046	1.171
600	484	492	559	8	75	1.017	1.155
800	624	655	746	31	122	1.050	1.196
1000	772	819	934	47	162	1.061	1.210
1200	927	983	1122	56	195	1.060	1.210
1500	1201	1229	1404	28	203	1.023	1.169

表14-2-2　钢丝绳倾角45°时观测与计算结果

H_0（m）	H_1（m）	H_2（m）	H_3（m）	H_2-H_1（m）	H_3-H_1（m）	H_2/H_1	H_3/H_1
300	202	212	263	10	61	1.050	1.302
400	263	283	350	20	87	1.072	1.331
500	321	354	438	33	117	1.103	1.364
600	375	424	526	49	151	1.131	1.403
800	504	566	701	62	197	1.123	1.391
1000	634	707	876	73	242	1.115	1.382
1200	775	849	1051	74	276	1.095	1.356
1500	1020	1061	1314	41	294	1.041	1.288

表14-2-3　钢丝绳倾角39°时观测与计算结果

H_0（m）	H_1（m）	H_2（m）	H_3（m）	H_2-H_1（m）	H_3-H_1（m）	H_2/H_1	H_3/H_1
300	218	233	273	15	55	1.069	1.252
400	296	311	365	15	69	1.051	1.233
500	351	384	456	33	105	1.094	1.299
600	426	466	548	40	122	1.094	1.286
800	546	622	731	76	185	1.139	1.339
1000	667	777	915	110	248	1.165	1.372
1200	789	933	1099	144	310	1.183	1.393
1500	1036	1166	1377	130	341	1.125	1.329

由上面的表格可以看出：用余弦方法计算的深度与用开、闭端表温差计算的深度差值，全部小于用海洋学常用表计算的深度与用开、闭端表温差计算的深度的差值，即$H_2 - H_1 < H_3 - H_1$。也就是说，两种计算方法结果相比较，用余弦方法计算的深度与用开、闭端温差计算的深度更为接近。用余弦方法计算的深度，平均为用开、闭端表温差计算的深度的1.125倍，用海洋学常用表计算的误差为用余弦方法计算的误差的2.5倍。

（二）声学测深方法

1.双频探深仪

（1）性能：双频探深仪是指有两个频道进行测深的仪器。设置于船底的换能器将电能变成声能向海底发射，遇到海底后，声能再以回波形式返回海面船上接收器，接收器再将声能变回电能，供给电子线路进行记录。HY-152型双频探深仪平均功率100 W，工作频率200 kHz和24 kHz，高频（200 kHz）可测量2~200 m，低频（24 kHz）可测量 0~1 200 m。小于600 m时分辨率为1 cm，大于600 m时为2 cm。最大发射周期20次/秒。

双频探深仪，可用于对江河、港口、沿岸地带或近海水域的水深作精密测量，以供海图测绘、水文调查、航道勘测维护和海洋开发工程勘察用，同时也可定性地观察水底浮泥厚度及分析底质状况。可与涌浪滤波器、GPS、计算机及其他自动测量设备相连接实现自动化测量（图14-2-2）。

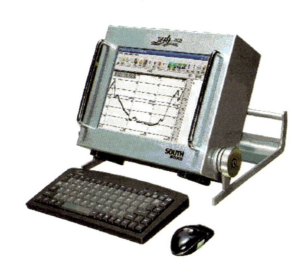
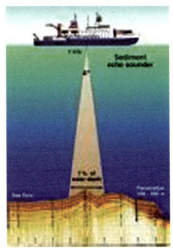

图14-2-2　双频探深仪

（2）工作原理：安装在测量船下的发射机换能器，垂直向水下发射一定频率的声波脉冲，以声速C在水中传播到水底，经反射或散射返回，被接收机换能器所接收。

设经历时间为t，换能器的吃水深度为D，则换能器表面至水底的距离（水深）H 为：

$$H = \frac{1}{2}\int_{t_1}^{t_1} C(t)\,\mathrm{d}t$$

$$H = \frac{1}{2}C_m\Delta t$$

（3）所有的深度值必须相对一个共同的基准面。

完成各种水深测量，必须进行必要的计算和改正。改正公式为：

$$Z_a = Z + H_u + H_s + H_d + H_t$$

式中，Z_a—图载水深；

  Z—实测水深；

  H_u—仪器系统误差；

  H_s—声速改正数；

  H_d—动态吃水改正数；

  H_t—水位（潮汐）。

2. 多波束测深

多波束测深技术（图14-2-3）是在回声测深技术的基础上于20世纪70年代发展起来的。20世纪80～90年代，随着技术的成熟，先后出现了产品化的浅、中、深水多波束测深系统。顾名思义，多波束测深系统在与航迹垂直的平面内一次能够给出几十个甚至上百个深度，获得一定宽度的全覆盖水深条带，所以它能精确快速地测出沿航线一定宽度水下目标的大小、形状和高低变化，从而比较可靠地描绘出海底地形地貌的精细特征。与单波束回声探深仪相比，多波束测深系统具有测量范围大、速度快、精度和效率高、记录数字化和实时自动绘图等优点。

多波束测深系统工作原理如下：多波束测深系统以一定的频率发射沿垂直航迹方向开角宽（θ）的波束，形成一个扇形声传播区。多个接收波束横跨与船龙骨垂直的发射扇区，接收回声波。而沿航迹方向的波束宽度，取决于所使用的纵摇稳定方法。单个发射波束与接收波束的交叉区域称为足印。一个发射和接收循环通常称为一个声脉冲。一个声脉冲获得的所有足印的覆盖宽度称为一个测幅，每个声脉冲中包含数十个波束，这些波束对应测量点的水深值就组成了垂直于航迹的水深条带（图14-2-3）。将波束的实际传播路径进行微分，则波束脚印在船体坐标系下的点位（x, y, z）可表达为：

$$z = z_0 + \int C(z)\cos(\theta(z))\,\mathrm{d}z$$

$$x = x_0 + \int C(z)\sin(\theta(z))\,\mathrm{d}z$$

$$y = 0$$

图14-2-3　多波束测深

式中，x和y为位置信息；z为水深信息。根据该原理，可以得到整个测深条带内所有波束对应的位置和水深数据。

3. 侧扫声呐

侧扫声呐（图14-2-4）探测技术起源于20世纪60年代，它是通过发射声波信号，并接收海底反射的回波信号形成声学图像，以反映海底状况，包括目标物的位置、形状、高度等。

与其他海底探测技术相比，侧扫声呐系统具有形象直观、分辨率高和覆盖范围大等优点，因而被广泛应用于海洋地质、海洋工程等领域，例如，航道疏浚、海图绘制、目标物体探测（如探测沉入水底的船、飞机、导弹、鱼雷及水雷等）、海缆路由调查、水下考古、海洋生物数量调查、大陆架和海洋专属经济区划界等众多领域。

侧扫声呐系统工作原理：侧扫声呐系统可以分为两个部分：换能器和主机。换能器一般安装在活动的载体上，如可拖曳的拖鱼、水下机器人等，也可以固定安装在船壳上或工作船侧边的其他固定仪器（如测深仪或多波束测深仪）上，但以拖鱼为主，而主机则固定在工作船上，用于记录、处理和输出声学图像。随着技术的进步，侧扫声呐系统的记录方式已经由原来的模拟信号发展为数字信号，数字图像处理技术得到应用并开发出相应的处理软件。

左、右两条换能器具有扇形指向性。在航线的垂直平面内开角为θ_v，水平面内开角为Θ_h。当换能器发射一个声脉冲时，可在换能器左右侧照射一窄条的梯形海底，如图14-2-4左侧为梯形$ABCD$，可看出梯形的近换能器底边AB小于远换能器底边CD。当声脉冲发出之后，声波以球面波方式向远方传播，碰到海底后反射波或反向散射波沿原路线返回到换能器,距离近的回波先到达换能器,距离远的回波后到达换能器,一般情况下,正下方海底的回波先返回,倾斜方向的回波后到达。这样,发出一个很窄的脉冲之后,收到的回波是一个时间很长的脉冲串。硬的、粗糙的、突起的海底回波强,软的、平坦的、下凹的海底回波弱。被突起海底遮挡部分的海底没有回波,这一部分叫声影区。这样回波脉冲串各处的幅度就大小不一,回波幅度的高低就包含了海底起伏软硬的信息。一次发射可获得换能器两侧一窄条海底的信息,设备显示成一条线。在工作船向前航行时,设备按一定时间间隔进行发射/接收操作,设备将每次接收到的一线线数据显示出来,就得到了二维海底地形地貌的声图。声图以不同颜色(伪彩色)或不同的黑白程度表示海底的特征,操作人员就可以知道海底的地形地貌。

侧扫声呐有许多种类型,根据发射频率的不同,可以分为高频、中频和低频侧扫声呐;根据发射信号形式的不同,可以分为CW脉冲和调频脉冲侧扫声呐;另外,还可以划分为舷挂式和拖曳式侧扫声呐,单频和双频侧扫声呐等。

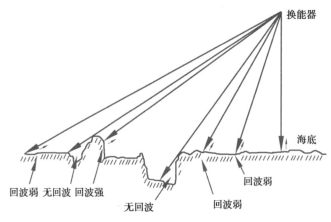

图14-2-4　侧扫声呐

高分辨率测深侧扫声呐(HRBSSS)因具有较高的分辨率和测深精度,可以用于水下目标的探测。

利用HRBSSS测量数据,计算波束在海底投射点地理坐标的过程,与多波束的数据处理过程近似。通过该处理,可以获得密集的海底点的三维坐标(图14-2-5)。利用这些点的坐标,可以绘制海底等深线图或构造海底高程模型(DEM)。

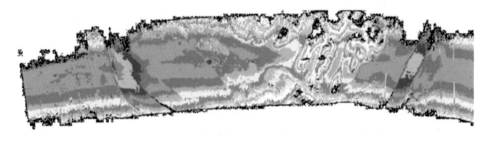

图14-2-5　HRBSSS实测得到的三维等深线图

4. 机载激光测深（LIDAR）

大陆架海底地形是通过海洋水深测量获得的。因此人们一直在探索全覆盖、高精度、快速测深手段。自20世纪30年代以来，船载声学方法一直是占统治地位的海洋测深手段。回声测声仪是断面测量方法，遗漏了许多海底地形、地貌信息，特别是微地貌不能真实描述出来。

为解决这一问题，人们发展了多波速测深系统及侧扫声呐系统。但测量速率低、成本高的问题仍然得不到解决。

后来发展的立体摄影测量方法，仅适用于较浅水域的测深，其最大探测深度只有10 m左右。

近年来随着遥感技术的发展，由多光谱成像得到的数据可推算出海洋水深，但是人们希望海洋水深是直接测量得到的，而不是推算出来的。多光谱成像测深手段存在的主要问题是：由于是被动式方法，因此受环境影响比较大；深度测量需要标定；探测深度有限；测深误差较大。

20世纪70年代发展起来的机载蓝绿激光海洋测深方法弥补了船载声学、立体摄影测量及多光谱成像测深手段的不足，是一种主动式、大覆盖面积、高速率、低成本的海洋测深手段。

如果机载激光测深系统使用重复频率200 Hz的Nd：YAG激光器，飞机飞行高度500 m，飞行速度70 m/s，则很容易达到50 km²/ h的覆盖速度。美国海军的研究表明，一架飞机一年飞200 h完成的测量任务，一艘常规测量船需用13 年才能完成，而机载与测量船的费用之比是1：5（包括数据处理的费用）。国际海道测量协会要求30 m 以内水深测深误差不超过0.3 m，大于30 m 水深相对误差不超过1%，机载激光测深方法可以满足这一要求。

机载蓝绿激光海洋测深并不能完全取代传统的声学及多光谱成像方法，在深海区域仍要使用声呐技术；多光谱成像技术则作为普查方法使用。但是机载蓝绿激光无疑是大陆架最有效的测深手段。

光在海水中的衰减是散射和吸收共同作用的结果。来自太阳和天空的辐射在1 m 以内的海水中就消失过半，但海水存在着蓝绿窗口，到达海面的太阳和天空总辐射1/10的蓝绿光，在60 m 深海处仍可以探测到。

大陆架海水其透射率峰值波长是525～550 nm，因此，目前的机载激光测深系统大多选用Nd：YAG 激光器，其输出波长为1 064 nm，倍频输出532 nm，正好位于这一波段，可以有较强的穿透海水能力。

机载蓝绿激光海洋测深的基本原理：从飞机向海面发射脉宽为纳秒级的蓝绿激光脉冲，在海面，一部分光能量被反射，大部分穿过海面进入海水，海面反射的回波被接收器接收，设其时间为t_1；穿透海面的那部分经海水射向海底，被海底反射后，再次经过海水，穿过海空界面，回波信号被接收器接收，设其时间为t_2，则应用下面的公式就可以得到海洋水深：

$$D = \frac{\Delta t}{2} \cdot \frac{c}{n}$$

其中, D 是海深, $\Delta t = t_2 - t_1$, c 是光在真空中的速度, n 是海水的折射率, 在532 nm 波长处, n 的值为1.341。

海表面回波信号 P_s 及海底回波信号 P_r 是机载激光测深系统所要接收的最重要的两个信号, 它们是由测深系统参数及环境因素共同决定的。P_s 及 P_r 可用下面的解析式近似表达:

$$P_s = \frac{P_0 \cdot \rho \cdot \exp[-2\sigma H] \cdot A \cdot E}{2\pi H^2}$$

$$P_r = \frac{P_0 \cdot R \cdot (1-\rho)^2 \exp[-2(\sigma H + \Gamma D)] \cdot A \cdot E}{2\pi (H+D/n)^2}$$

式中, P_0 为激光器输出峰值功率, ρ 是海面反射率, σ 是空气衰减系数, H 是飞机飞行高度, A 是接收光学系统面积, E 是接收系统效率, R 是海底反射率, Γ 是有效衰减系数, Γ 介于扩散衰减系数 k 及光束衰减系数 C 之间。

Γ 值随接收光学系统视场及飞机飞行高度而变化, 若接收光学系统半视场角为 β, 则 $R = \beta \cdot H$ 为接收光学系统在海面上的视场半径。当 $CR \to 0$ 时, $\Gamma \to C$; 当 $CR \to \infty$ 时, $\Gamma \to k$; 但当 $CR = 1$ 时, 就可以用 k 近似表达 Γ。

对于机载激光测深系统, 一般可以认为 $\Gamma \approx k$。

实际的机载激光测深系统, 激光束必须作扫描运动, 应用上述公式时需要进行角度修正。机载激光雷达(LIDAR)是一种集激光、全球定位系统(GPS)和惯性导航系统(INS)三种技术于一身的系统(图14-2-6), 用于获得数据并生成精确的DEM。机载激光雷达是一种低成本、高效率获取空间数据的方法。它的优势在于对大范围、沿岸岛礁海区、不可进入地区、植被下层、地面与非地面数据的快速获取。缺陷在于对水质要求较高。

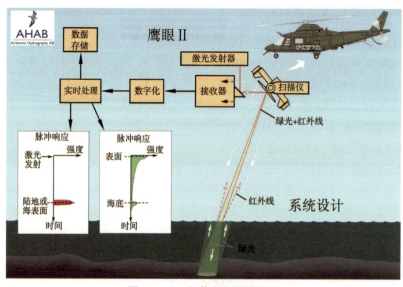

图14-2-6　机载激光探测原理

机载激光测深可以说是空中激光测距在海洋中的应用，但它又不同于一般的激光测距，这主要是因为机载激光测深的应用领域为海洋，激光的主要传输路径是海水这一特殊的光介质的缘故。首先，海水的光学衰减效应、空间效应都比大气严重和复杂得多，这使得激光测深的海底回波信号会非常微弱而难以被探测到；其次是大气中激光测距通常可采用合作目标的方法来达到提高回波信号强度的目的，而机载激光测深根本不可能采用合作目标；第三，机载激光测深的激光回波信号的动态范围往往超过探测系统的动态范围，而大气激光测距一般不存在这类问题；第四，海水造成的激光脉冲的时间展宽要比大气中大得多，这使得激光测深在精度上的实现要比大气激光测距困难得多；第五，机载激光测深的实现需要借助平均海平面的确定，而海浪和潮汐使得平均海平面的确定较为困难，大气激光测距不存在这类问题；第六，不同海域、不同深度的海水的光传输特性有很大差异，这些对机载激光测深系统适应能力提出了很高的要求，一般情况下大气变化相对要小得多。以上原因使得机载激光测深远远比一般的激光测距复杂。

机载激光测深的主要缺陷在于激光传输距离有限，探测能力还不可能达到很深的海域，在深海水域测深仍需采用声呐技术等传统测深技术。

（三）浅海遥感测深

海岸带由于地形复杂，很适宜于航空遥感，因此，航空摄影技术于1850年就开始应用了，至今已有100多年的历史。在第二次世界大战期间，出于军事的需要，航空摄影和侧视雷达在绘制海图和近岸水深测量中，首次应用成功。此后，一些岛屿、岩礁和浅滩的测绘就广泛应用了摄影技术。0.4 ~ 0.5 μm的可见光波段，对海水穿透能力最大；如果用0.7 ~ 0.9 μm的航空摄影机拍摄海岸线，水陆分界线极其明显。在彩色航空照片上，低潮时露出水面的岩礁和浅滩也是清晰可见的。用卫星遥感则是最近20年的事情。航天遥感技术用于海岸地貌下浅水地形研究的主要是可见光，如通过多光谱或彩色照相机、多光谱扫描器和海岸带色彩扫描器在透明度以内成像，再勾绘出浅海海图。这种方法的精度：水平分辨率可达70 m的量级，垂直分辨率为2~5 m；当然海水必须足够清澈，并且要有选定的基础实验成果作参照。

SAR影像中的重力波折射图和水深有着密切的关系，因此利用这个关系可定量获取水下地形信息。SAR影像的浅水特征呈条纹状，对应着一般不超过50 m的水深，它们是浅水水下分布着的沙岸、沙脊和沙波的反映。在深水情形，许多Seasat SAR图像显示出波状的纹理特征，它们的"波长"一般是几千米，与100 m或1 000 m甚至更深的水深变化有关。

二、海底照相和电视

（一）海底照相

图14-2-7是王道儒在西沙群岛水下拍摄的地形。从中可以看出，海底上不仅密布

珊瑚、岩块，还有海底光秃秃的潮水沟。它是在波浪和潮流联合作用下形成的。

图14-2-7　海底摄像（王道儒）

（二）海底电视

海底电视是用于海洋地质调查、生物的连续观测、水下障碍物搜寻及水下各种设备的监视等作业的电视机。主要由装于水密容器内的水下摄像机、照明装置、铠装电缆、船上监控显像及录像设备等构成。操作时将其沉放到离海底一定高度的水中，通过船上的显像装置进行观察和录像。在走航观察时，船速一般为1~2节。此种电视机是调查和了解锰结核的产状、覆盖率的非常实用的海底观测设备。

海底照片微机处理系统（NIRS）是锰结核海底照片的处理系统，该系统可高效率地处理大量的海底照片，可提高照片的清晰度，获取更多的地质信息。

三、海底地貌

黄海的海底是接近南北向的浅

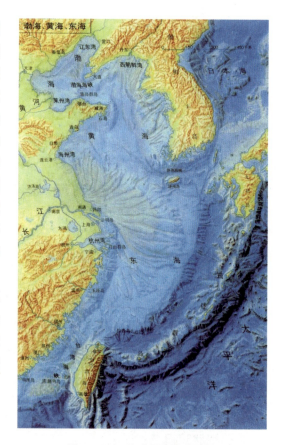

图14-2-8　东中国海海底地貌

海盆地，有西浅东深、北浅南深的特点（如图14-2-8）。根据黄海海底地势变化与表面形态特征,北黄海地形可分为四个地形单元:东部潮流沙脊区、辽东半岛水下岸坡和岛礁区、山东半岛北部水下岸坡与台地区、北黄海中部平原区;南黄海地形可分为六个地形单元:黄海槽沙脊带、南黄海中部平原、苏北岸外舌状地形体系、鲁南岸坡及海州湾阶地平原、济州海峡西部沙脊地形和朝鲜半岛岸外台地。

第三节　底质类型调查

海底底质是指海底的组成物质。根据物质的粒度不同,可分为黏土质、粉质、砂质、砾石和基岩等几种类型。海底底质类型调查的目的:提供海底的地形地貌特征;提供海底的底质类型;提供海底沉积物的运动状态与方式;提供海底的地层分布;提供海底的地基承载力和计算参数;提供海底的地质灾害特征。

海洋底质调查的手段有表层采样、柱状采样、浅地层剖面测量等。

一、表层取样

(一)"蚌式"取样器

常用的表层取样工具是 "蚌式"取样器(图14-3-1),又称"抓斗式"采泥器。它是由两个斗壳和主轴构成。

图14-3-1　蚌式取样器(刁新源供稿)

（二）拖网式取样器

拖斗式或拖网式表层采样器（图14-3-2）：由金属链条或绳索构成，当底质为基岩或砾石，取样器采不上样品时，可用拖网采样。

优点：成本低、灵活机动、不受海水深度的限制而使用较广。

缺点：所获样品往往会混在一起，所以仅能用作定性研究，不能用于定量分析。

图14-3-2　拖网式取样器

（三）箱式拉力采泥器

箱式拉力采泥器（图14-3-3）主要用于采集海洋、河流、湖泊、海上养殖场等水底表层泥样。

箱式拉力采泥器的采样管或采样筒呈方形或长方箱式，由管架、采样盒、重锤、闭合铲等组成。

其工作原理：当采泥器到达海底时，靠重锤的重力使采样筒插入海底沉积物中，闭合铲转动切取底部沉积物进入采样筒内。

由于采样筒断面较大（15 cm×15 cm，20 cm×30 cm，30 cm×30 cm），取样时沉积物扰动较小或者基本不扰动，适于采取原状样品。

图14-3-3　箱式拉力采泥器

二、深层取样

分浅孔钻探和深孔钻探两类。常用的钻探取样工具是工程钻机和调查船。

（一）浅孔钻探

浅孔钻探适用于海底砂层的下部取样。

钻孔深度：一般视砂层的厚度而定，可在1～30 m。

安装：取样钻机一般安装在固定式平台、坐底平台或特制的船上，有些国家亦利用潜艇打钻。钻孔直径：10～90 cm。钻头：使用空心钻，以便提取岩芯。

（二）深孔钻探

钻孔深度：海底钻孔的深度已达到6 966 m，陆地上钻孔的最大深度已超过万米。

安装：取样钻机安装在固定式平台、坐底平台或特制的船上。

钻孔直径：直径127 mm和140 mm；钻头：使用空心钻，以便提取岩芯。

用途：适用于海底深部坚硬岩层的钻探取样，一般是在对海底石油、天然气、煤、铁等矿床进行详细勘探时使用。

三、重力活塞取样管的柱状取样

柱状取样即用各种取样管采取海底以下一定深度的柱状样品。

根据对柱状样品的研究，可以判别海底近期沉积物的性质和较早期形成的沉积层的特征。

取样管类型：　重力取样管（艾克曼管）（图14-3-4）；　水压式　（真空式）取样管；活塞式取样管。

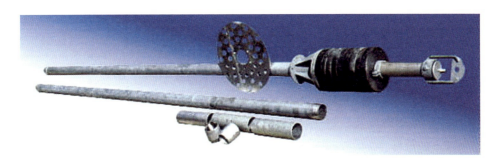

图14-3-4　重力取样管外观

一般可获取海底以下几米、十几米、甚至几十米的沉积物柱状样品，属于浅孔钻探。

CH-1型重力活塞取样管主要由提管加重系统、释放装置和取样管三部分组成（图14-3-5）。

提管加重系统：提管下部装置铅块，上端连接管头，下端有一连接头与取样管相接，定向舵（尾翼）置于提管最上部。

释放装置：上端有一个钢丝绳卡子，卡住绞车上的钢丝绳，负担整个仪器的重量。下端有一副夹板，杠杆置于夹板中间轴上，其一端有一挂嘴，提管头上的活动吊环挂在嘴上，另一端用细铁链连接配重球。当取样管下降到离海底一定高度时，配重球首先触底，杠杆失去平衡而脱钩，从而产生冲击力。

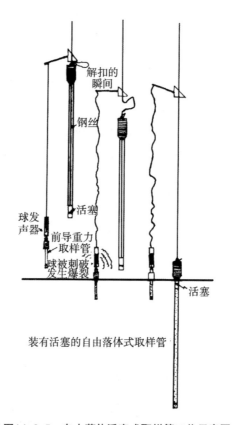

解扣的瞬间

钢丝

活塞

球发声器

前导重力取样管

球被刺破发生爆裂

活塞

装有活塞的自由落体式取样管

图14-3-5　自由落体活塞式取样管工作示意图

取样管：用于采集沉积物柱状样品，其长度根据沉积物类型而定。取样管下端安装带弹性花瓣的刀口（钻头），花瓣能阻挡样品的脱落。活塞安装在取样管下部贴近刀口处，活塞上的拉杆直接同绞车钢丝绳末端连接。取样管上端有一连接头，它一方面与提管的连接头对接，另一方面当活塞上行到连接头时，由于内孔直径小于活塞外径而使活塞在此停止，因此，一方面起活塞的抽吸作用，另一方面还担负提升取样管的作用。

在取样管下放过程中，杠杆上的配重球触底前，活塞不动；配重球触底时（此时绞车应停止下放钢丝绳），杠杆失去平衡，活动吊环从挂嘴上脱落而使重力活塞取样管靠自重自由落下产生冲力。

当取样管下端刀口接触海底时，钢丝绳卡子下部的余量h'（$h' = h$）被拉直，而活塞开始受钢丝绳的拉力；取样管在冲力的作用下钻进沉积物的过程中，活塞始终停留在贴近海底的位置。由于活塞的相对上移，在取样管内造成真空，形成活塞对沉积物的抽吸作用，减少沉积物与管壁的摩擦力，提高采取率，因此它是依靠重力与活塞达到采集基本保持原状的柱状沉积物的目的。

四、DDC6-1型振动活塞取样管

（一）用途

DDC6-1型振动活塞取样管用于水深150 m以内的浅水区和岸边采集沉积物柱状样品，在沙质沉积区也能采到满意的样品。

（二）仪器的结构与工作原理

振动活塞取样管的工作原理是利用振动力使取样管钻进沉积物中。利用振动作用降低取样管周围沉积物与管壁的摩擦力和凝聚力，使砂质沉积物造成稀释带，适用于砂质海底的取样；利用活塞的抽吸作用，克服或减少沉积物与取样管内壁的摩擦力，从而提高取样长度、取样率（一般为90%以上），使所取样品基本保持近似原始状态。

五、船只取样

（一）无隔水管钻探平台

无隔水管钻探平台是指表层井眼钻进时不使用隔水管，钻杆直接暴露在海水中，使用小直径管线代替大直径隔水管连接海底井口和海面钻探船，作为钻井液返回海面钻探船的通道。主要用于石油开采（图14-3-6）。

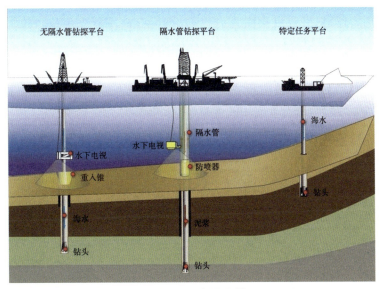

图14-3-6　船只取样

（二）隔水管钻探平台

隔水管钻探平台，是指钻管外面还有一个套管，目的是隔离海水，控制钻具方向和提供泥浆返回平台的通道。主要用于石油开采。

（三）特定任务平台

特定服务平台是指前面两种平台之外的平台。例如，20世纪60年代中期开始的全球性大洋钻探计划，在深海进行钻探，通过岩心获取来研究地壳组成、结构等。

六、自返式取样管

（一）4 000 m自返式取样管

4 000 m自返式取样管为无缆取样装置。它适用于在漂泊的船上采集海底表层1 m左右的柱状样品。

自返式取样管的工作原理是当取样管插入沉积物中的同时，释放机构释放浮体，浮体带着装有泥样的塑料衬管浮出海面；压载体留在海底，然后依靠装在浮体内的信标机发出的信号，指示船上进行打捞、回收。

（二）深海用4200型自返式取样器（抓斗）

深海用4200型自返式取样器是在深海调查中采集海底铁锰结核等样品的装置。

自返式取样器亦称无缆抓斗，其工作原理是在镇重筒内加入2×2 kg铁砂等重物，借助机械释放系统，当取样器到达海底时自动启动来抓取沉积物样品，同时释放镇重物，依靠玻璃球的浮力返回水面，最后打捞回收。

（三）带有深海照相机的4200型自返式取样器

经过改进的4200型自返式采样器，其上部附加一个直径为250 mm的玻璃浮标球和安全帽，以补偿相机和控制系统的重量。下部绕弹簧的轴中央悬挂一架110AW型照相机。控制系统是一条长3 m且带有链口的线，链口与相机脱扣线相接，线的长度可根据水的透明度和所需拍照的范围而缩短。只要脱扣线伸开或着底缩回，相机便拍照且自动卷片。多金属结核调查都要应用前述方式（图14-3-7）。

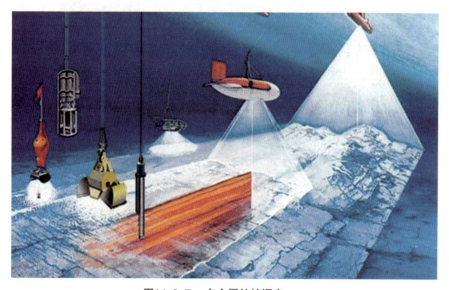

图14-3-7　　多金属结核调查

七、浅地层剖面探测技术

浅地层剖面测量是一种基于水声学原理的连续走航式探测水下浅部地层结构和构造的地球物理方法。

浅地层探测仪器的工作原理,主要是通过换能器将控制信号转换为不同频率(一般在100 Hz至10 kHz之间) 的声波脉冲向海底发射,该声波在海水和沉积层传播过程中遇到声阻抗界面,经反射返回换能器转换为模拟或数字信号后记录下来,并输出为能够反映地层声学特征的记录剖面。

第四节　沉积物动态调查

一、悬移质调查

悬移质亦称悬浮体,指海水中包括胶体在内的、各种悬浮颗粒物质。单位水体中所含的悬移质泥砂数称为含砂量,亦称含砂浓度。

水样含砂量的测定,有过滤法、焙干法、置换法等 ,此外还可用同位素含砂量计和光电测砂仪在测点上直接测定含砂量。

过滤法(过滤称重法)测定的过程为: 采用Niskin采水器采集表层、10 m、30 m、底层水样。样品现场采用恒重的0.45μm醋酸纤维滤膜过滤,低温烘干(50℃),带回陆地实验室使用万分之一或十万分之一分析天平测定。现场水样过滤前需振荡均匀,过滤水样体积视悬浮物浓度而定,大于1 000 mg/L者取50~100 mL,小于100 mg/L时,量取1~5 L。

二、推移质调查

推移质是指在水流中沿河底、海底滚动、移动、跳跃或以层移方式运动的泥沙颗粒。

水流沿海床流动时,床面上的泥沙颗粒受到水流拖曳力和上举力的作用。当水流作用力或其对某支持点的力矩大于泥沙颗粒在水中的有效重量和颗粒间的摩擦力(对细颗粒泥沙还有颗粒间的黏结力)或其对相应支持点的力矩时,泥沙颗粒将从静止状态转入运动状态,此过程称为泥沙的起动。泥沙起动时的水流条件称为泥沙的起动条件,以水流拖曳力、平均流速或水流功率来表示,分别称为起动拖曳力、起动流速和起动水流功率,可根据理论公式或经验关系确定。

推移质与悬移质之间也经常发生交换。泥沙运动达到一定强度后,床面会出现波浪起伏的形态,并随水流缓慢移动,称为沙波。

推移质采样器是采集推移质沙样用于测定单位宽度的推移质输沙率的仪器。其型式有两种:

(1)网式推移质采样器,用于卵石推移质测验,其底部为铁丝圆环编成的软网,能较好地适应海底地形的起伏变化。

(2)压差式推移质采样器,该仪器器身向后扩散,利用出水口面积大于进水口面积所形成的负压,可以调节仪器进口流速使其与天然流速接近。我国属于这类仪器的有"长江78型"沙质推移质采样器(图14-4-1)。该仪器器身前部上方装有加重铅块,尾部装有浮筒,仪器在水下的重心位于前半部,因而使仪器口门在复杂的床面上能较好地伏贴。仪器口门底部安有护板,护板前沿做成向前倾斜的刀口形,当仪器放置在床面时,刀口插入河(海)床,可以防止取样时在口门处形成淘刷坑。

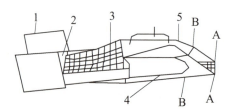

注:1. 垂直尾翼; 2. 水平尾翼; 3. 盛沙袋; 4. 器身; 5. 铅包

A. 进水口的下沿; B. 进水口的上沿

图14-4-1　压差式推移质采样器

第五节　海洋重力调查

一、海洋重力测量的重要性

海洋重力测量是在海上或海底进行连续或定点观测的一种重力测量方法,为探矿目的而进行的海洋重力测量又称海洋重力勘探。近几年来,随着技术的发展,轻便而精密的海洋重力仪不断出现,海洋重力测量得到了迅速的发展。海洋重力测量的方式有:用海底重力仪进行定点观测;用海洋重力仪在船上进行连续重力测量;用海洋振摆仪在船上或潜艇内进行定点观测。后者效率较低,精度也较差。目前主要采用前两种方法。

海底具有不同密度的地层分界面,这种界面的起伏会导致重力的变化。因此,通过对各种重力异常的解释,包括对某些重力异常的分析和延拓,可以取得地球形状、地壳构造和沉积岩层中某些界面的资料，进而解决大地构造、区域地质方面的任务，为寻找矿产提供依据。

重力加速度会影响航天器的飞行，因此，重力异常数据对保证航天和远程武器的发射是不可缺少的资料。

二、海洋重力测量仪器

（一）KSS–5型海洋重力仪

KSS–5（GSS–20）海洋重力仪主要用于船舶在海上航行中进行重力测量。该仪器是GSS–2型格拉夫–阿斯卡尼亚海洋重力仪的改进型。

测量系统由一对水平应力扭转弹簧支承的摆杆和弹簧悬置体组成。

弹簧的扭力矩将摆杆保持在近似水平位置，借助微调测量弹簧将该系统保持在精确的水平位置。这个位置是通过一个光电装置指示的，通过测量悬置体上的弹簧长度变化来测量重力的变化。上测量弹簧的伸长量是在一个精密玻璃刻度盘和光学测微器上通过观测来测定的。下测量弹簧的伸长量，是通过安装在伺服回路上的一个由电机带动的电位器来测量的。摆杆的运动使两个光敏电池光照改变，产生的差动电压正比于重力变化，此差动电压（零位偏差），通过伺服电机改变下测量弹簧伸长量，其趋势是使摆杆回到精确的平衡位置。下测量弹簧的伸长量代表重力变化量。

为了减小垂直干扰加速度的影响，铝质摆杆制成片状，在强磁场中上下摆动时，由于铝片上产生涡电流而受到十分强的阻尼，以减小只由波浪引起的扰动加速度影响。为了消除摆杆平行旋转的水平加速度效应和限制摆杆在垂直平面内振荡，该摆杆由八根张丝固定住。

（二）KSS–30型海洋重力仪

KSS–30型海洋重力仪主要用于船舶在海上航行中进行重力测量。

该重力仪是一种立式金属弹簧式重力仪，其弹簧–质量系统只能沿铅直方向运动，因此，该传感器不受交叉耦合效应（CC效应）影响，测量精度较高。

该仪器采用零点读数法（补偿测量）测量。弹簧–质量系统垂直偏移采用电容–位移传感器进行检测，位于系统上端，系统下端为两组线圈，置于永久磁场中，检测到的偏移信号通过比例、积分放大器给线圈施加一定的电流，一组线圈用以减小系统的振荡，相当于施加阻尼，另一组线圈施加一变化的力矩，使系统恢复到零位。这一变化的力矩正比于线圈两端的电压，也正比于重力的变化，通过V/f转换成频率输出到终端进行处理。

为了克服倾斜及水平加速度的布朗效应，KSS–30型海洋重力仪安置在专门设计的陀螺稳定平台上。

重力仪的电控单元是操纵仪器运行的中枢，提供仪器各种工作状态和检测功能，对重力数据进行取样，对导航数据进行综合处理，自动处理和记录重力数据。

输出数据方式：双道或多道模拟记录、数字打印、磁带存储三种方式。后来改进型式有KSS–31型海洋重力仪。

（三）拉科斯特S型重力仪

美国拉科斯特公司（LACOSTE）是世界上生产重力仪历史最悠久的公司，近年来以生产S型高精度航空/海洋重力仪著称于世。该仪器适用于以飞机或船只作为运载平台进行大面积的重力测量，对百米或千米深度的海域进行重点重力测量以及石油勘探、大地测量均可使用。它采用了独特的零长弹簧技术，配有陀螺稳定平台，以每秒200次的速度自动检测飞机或船只的姿态，进行实时补偿，使重力传感器始终处于水平测量状态。重力仪测量范围可达12 000 mGal（0.12 m/s²），动态实测精度优于1 mGal。仪器接通电源后即可自动进入测量状态，无须反复调零，从而大大简化了操作过程。对于拉科斯特U形高精度水下重力仪则带有自动调平悬挂机构，一般情况下可用于几百米深度的浅海海域进行定点重力测量。经过改装，可在4 000 m水深海域使用，并可通过电缆直接把数据传到水面观测点，也可进行自容式测量。

第六节　海洋磁力调查

一、海洋地磁调查的重要性

测量地磁要素及其随时间和空间的变化，为地磁场的研究提供基本数据。地磁测量可分为陆地磁测、海洋磁测、航空磁测和卫星磁测。根据测量范围的不同，地磁测量又可分为全球性的、区域性的和地方性的。地磁测量可以分为绝对测量和相对测量。它们的目的和所要求的精度不同。海洋磁法勘探，是海洋地球物理调查的一项传统内容，曾在海洋油气勘探、海底构造研究等方面发挥过重要的作用。近年来，随着海洋磁力仪灵敏度和探测精度的提高，海洋磁法勘探技术在海洋工程中得到了新的应用。例如在光缆路由调查、海底油气管线调查，海湾大桥、海底隧道工程的可行性研究，找寻海底磁性物体等方面均取得了一些成功经验。另外，磁法勘探在海洋污染防治方面也有应用潜力。

二、地磁测量方法

（一）船只测量

利用船只携带仪器在海洋进行的地磁测量主要有 3种形式：一是在无磁性船上安装地磁仪器；二是用普通船只拖曳磁力仪在海洋上测量；三是把海底磁力仪沉入海底进行测量。大规模地进行海洋磁测，是在20世纪初叶。1905～1929年，美国卡内基研究所先后用专门装备起来的船只和"卡内基"号无磁性船,在太平洋、大西洋和印度洋等海域进行了测量,取得了大量的磁偏角、磁倾角和水平强度资料。1957年以后,前苏联利用"曙光"号无磁性船连续完成了印度洋、太平洋和大西洋的航行,获得大量的地磁资料(包括磁偏角、水平强度、垂直强度和总强度)。20世纪50年代,拖曳式质子旋进磁力仪开始用于海上测量地磁总强度(电缆长度≥3倍船身长)。70年代末,质子旋进磁力仪才被安置在海底来直接测量地磁场。这样在海洋表面和海底同时测量,就可以得到地磁场的垂直梯度。海洋磁测资料对编制地磁图以及研究海洋地质和海底资源都有重要的作用。海洋磁测发现了海底条带状磁异常,为板块构造学说提供了重要依据。

(二)航空磁测

用飞机携带磁力仪在空中进行的地磁测量,比陆地磁测和海洋磁测速度快,费用省。航空磁测可分为两种类型,一种是用磁通门磁力仪,或质子旋进磁力仪,或光泵磁力仪测量地磁场的总强度(标量);另一种是用磁通门分量磁力仪,或质子旋进分量磁力仪测量地磁场的各个分量,有的测量磁偏角、水平强度和磁倾角,有的测量地磁场的北向强度、东向强度和垂直强度。测量地磁总强度时,要求飞机飞行高度较低,通常是几十米或几百米,测线也较密,线距为几百米或几千米。为了减少飞机本身产生的磁场对测量结果的影响,要把探头放在机舱外面,用一定长度的电缆同飞机连接。测量地磁场分量时,飞行高度为几千米,线距为几十千米。测量地磁场分量的难度比测量其总强度的难度大得多,这是因为不仅要测定探头相对于参考系统的方向,而且要补偿飞机磁场对测量结果的影响。在进行航空磁测时,除了磁力仪之外,定位和导航是很重要的辅助技术。根据测量的目的和测区的条件,可以使用不同的定位和导航方法,例如,可以用地形图和照相机、惯性导航仪和多普勒导航仪,以及高精度的圆系统定位导航。航空磁测数据用模拟记录器或数字磁带来搜集,并用微处理机进行处理。尽管三分量航空磁测的精度低于地面磁测的精度,但它可以在交通不便或不可能进行地面磁测的地区进行测量,为研究这些地区的地磁场及其长期变化提供资料。另外,航空磁测还广泛地应用于金属矿普查、石油普查和地质构造研究等方面。

(三)卫星磁测

卫星磁测是把磁力仪放在人造卫星上进行的地磁测量。卫星磁测技术发展迅速,最初只是当卫星飞过地面接收站上空时,卫星才发射信息,目前已使用记忆装置,能获得整个卫星轨道上的磁场数据。1958年,前苏联发射了世界上第一颗测量地磁场的卫星,上面装有磁通门矢量磁力仪,由于不能准确地确定仪器的方向,所以只能得到总强度的资料。以后,前苏联和美国又先后发射了几颗飞行不高的测量地磁场的卫星,如美国的"先锋"3号、"宇宙"26号、"宇宙"49号、"宇宙"321号、"奥戈"2号、"奥戈"4号和"奥戈"6号,这些卫星都只携带测量地磁场总强度的磁力仪(质子旋进磁力仪或光泵磁力仪),飞行高度通常是几百千米,能够准确、迅速地测量地磁场总强度。1979年10月30日美国发射了一颗地磁卫星,它的轨道通过两极上空,能够覆盖整个地球表面。卫星上除装有光泵磁力仪和磁通门矢量磁力仪外，还装有星象照相机，能较准确地确定卫星的飞行姿态，因而有可能作出较准确的地磁三分量的全球测量。通过卫星磁测，人们在很短的时间里就能取得整个地球磁场的资料。根据卫星磁测资料，可以建立全球范围的地磁场模型，研究全球范围的磁异常，并可以研究地磁场的空间结构。

三、常用仪器

（一）G801型海洋质子磁力仪

G801型海洋质子磁力仪主要用于测量海洋地质磁场强度，其工作原理与CHHK–2型核子旋进式磁力仪的原理相同。

G801型海洋质子磁力仪主要由传感器部分、拖曳系统及测控电路组成。

1. 磁力传感器及拖曳系统

拖曳系统主要由拖曳电缆、传感器、制动伞组成。

2. 主要测控电路的作用

其中包括：前置放大器、锁相电路、时钟程序电路、放大器——表头和保持电路、计数器门电路、数模转换器电路、电路断路器电路、测试振荡器电路、防故障报警电路、晶体振荡器电路、极化电路、数字显示电路、BCD缓冲器电路、电源输入电路、电源模块等。

（二）G880–G铯光泵磁力仪

1. 用途

G880–G铯光泵磁力仪是利用近20多年来新发展起来的光泵技术制成的高灵敏度、高精度磁力仪，可用于宇宙磁探测、国防磁探测、地磁绝对测量及磁法勘探、工程地质调查等方面。1998年广州海洋地质局第二海洋地质调查大队从美国Geometrics公司引进了该套仪器并在我国海洋地质调查活动中进行了具体应用。

2. 工作原理

原子内部轨道电子与原子核之间、电子与电子之间，有着相互作用，另外还有电子自身的运动，使得原子具有一定的能量，称为原子的内能或总能量。原子的内能是取不连续的分立数值，每一个分立值称为一个能级。

电子的绕核运动、电子自旋、原子核自旋，使之均具有一定的磁矩，其磁矩的大小与各自的动量矩成正比，原子磁矩是它们的矢量和。

原子磁矩在磁场的作用下，具有新的能量，此附加能量是量子化的。因此，原子在外磁场中，由于受到磁场的作用，同一个N值的能级，可分裂成$(2N + 1)$个磁次能级，叫做塞曼分裂。相邻磁次能级之间的能量差与外磁场成正比，这就为测定地磁场T提供了可能。

原子中所有电子的能量之和越小，原子越稳定，此时原子的状态称为基态。当电子从外界得到能量或向外界放出适当的能量时，即从一个能级跃迁到另一个能级，原子能级的变化，称为原子的跃迁。跃迁时两能级之间的能量差应满足玻尔频率条件，即：

$$\Delta E_{mn} = E_m - E_n = hf$$

式中，h 为普朗克常数，f 为跃迁频率。

当原子受到外界满足玻尔频率条件的电磁波作用，则发生受激跃迁，它既可使原子由低能级跃迁至高能级，也可由高能级跃迁至低能级，在射频范围内（$10^6 \sim 10^{11}$ Hz）以受激跃迁为主。当原子未受外界影响，从高能级向低能级的跃迁，称为自发跃迁，在光波范围内（$10^{13} \sim 10^{15}$ Hz），以自发跃迁为主。

3. 光泵作用

在G880-G光泵磁力仪中，以铯为工作物质。铯原子的基态是 $1s_0$，利用高频放电使其电基态过渡到亚稳态 2^3s_1，利用一定波长的 D_1 线右旋圆偏振光照射，使之激发跃迁。但是，2^3s_1 中 $m_J = +1$ 的磁次能级上的原子，因不满足跃迁选择定则，不能吸收 D_1 线激发到 2^3p_1 的任何能级上去。而 $m_J = 0$，-1 磁次能级上的原子，被激发跃迁到 2^3p_1（$m_J = 1, 0$）的能级上。仅停留 10^{-6}s 后又以等几率（按 $\Delta m_J = 0, \pm 1$ 选择定则），跃迁回到 2^3p_1 的各磁次能级上。实现了铯原子磁矩在光作用下的定向排列，即光学取向。这种利用光能，将原子的能态泵激到同一个能级上的过程，就叫做光泵作用。

4. 跟踪式光泵磁力仪测定地磁场 T

铯灯内充有较高气压的铯蒸气，受高频电场激发后，发出一定频率的单色光（D_1 线），它透过凸透镜、偏振片、1/4波长片，形成一定波长的圆偏振光照射到吸收室。光学系统的光轴应与地磁场（被测磁场）方向一致。吸收室内充有较低气压的铯缓冲器，经高频电场激发，使铯原子由稳态变为亚稳态，并具有磁性。从铯灯射来的圆偏振光与亚稳态铯原子作用，产生原子跃迁。其跃迁频率 f 与地磁场 T 有如下关系：

$$f = \gamma_P \cdot T/2\pi$$

式中，γ_P 为质子磁肇比，T 以 nT 为单位。这就是说，圆偏振光使吸收室内原子磁矩定向排列，此后由铯灯发出的光，可穿过吸收室，经凸透镜聚焦，照射到光敏元件上，形成光电流。

在垂直光轴方向上外加射频电磁场（调制场），其频率等于原子跃迁频率 f。由于射频磁场与定向排列原子磁矩的相互作用，从而打乱了吸收室内原子磁矩的排列（称磁共振）。这时，由铯灯射来的圆偏振光又会与杂乱排列的原子磁矩作用，不能穿过吸收室，光电流量弱，测定此时的射频 f，就可得到地磁场 T 的值，当地磁场变化时，相应改变射频场的频率，使其保持透过吸收室的光线最弱，也就是使射频场的频率自动跟踪地磁场的变化，实现 T 量值的连续自动测量。

第七节　海洋地震调查

一、海洋地震调查的重要性

海洋地震调查是海洋地球物理调查的一种,是利用天然地震或人工激发所产生的地震波在不同介质中的传播规律,来探测海底地壳和地球内部结构的地球物理方法。根据震源,可分为人工地震调查和天然地震调查。根据接收地震波的种类,可分为海洋反射地震调查和海洋折射地震调查。根据研究海底下的深度和目的,又可分为浅层(<200米的深度)地震研究、中层(200~2 000米深度)地震与深层(>2 000米深度)地震研究等。

海洋地震调查的特点是在水中激发,水中接收,激发、接收条件均一;可进行不停船的连续观测。震源多使用非炸药震源,接收常用压电地震检波器,工作时,将检波器及电缆拖曳于船后一定深度的海水中。由于上述特点,使海洋地震勘探具有比陆地地震勘探高得多的效率,这也决定其更需要用计算机来处理资料。海洋地震勘探中常遇到一些特殊的干扰波,如鸣震和交混回响,以及与海底有关的底波干扰。海洋地震勘探的原理、使用的仪器,以及处理资料的方法都和陆地地震勘探基本相同。由于在大陆架地区发现大量的石油和天然气,因此,海洋地震勘探有极为广阔的前景。

海洋地震是获取地震地层和海底构造的主要手段,四种物探方法中以此种方法用得最多。根据单道地震剖面可绘制水深图、表层沉积物等厚度图和基底顶面等深线图。根据多道地震剖面可绘制区域构造图和大面积岩相图。

二、常用仪器

(一)MSX地震系统

MSX地震系统是一套代表目前世界较高水平的24位数字地震系统,它由美国得克萨斯州I/O公司(Input/Output)设计制造。该系统除了具有原西方地球物理公司(WGC)24位海上数字地震系统WG-24许多优点以外,还在地震记录系统、24位数字电缆等许多方面进行了改进。目前,国际上已有十几条地球物理调查船装备了该系统,调查范围几乎遍布各大洋。

(二)DFS-V数字地震仪

数字地震仪使地震记录数字化。用它可直接获得一系列数字记录,以取代连续的模拟记录(图14-7-1)。

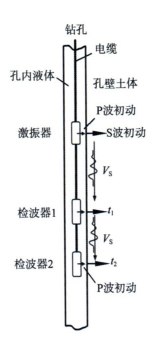

图14-7-1 悬挂式钻孔波速测试仪

浅层高分辨率地震探测工作原理:高分辨率海上浅层地震探测技术可以分成单道地震探测和多道地震探测,与油气地震勘探技术具有相同的工作原理。即人工激发的地震波,在传播过程中遇到地层界面将产生反射,地震仪接收并记录反射波的旅行时间(假设为t)。如果已知或通过计算得到该反射界面以上地层反射波的传播速度(v),则反射界面的埋深(h)可以计算出来:$h = \dfrac{1}{2}vt$。地震探测系统主要由3部分组成:震源系统、接收系统和数据采集系统。

与油气地震勘探技术不同的是,海上浅层地震探测技术中震源能量小、频带宽(几十赫兹到几千赫兹)、主频高(几百赫兹到上千赫兹),一般选用电火花作为震源,能量从几十焦耳到几千焦耳,地层的穿透深度从几十米到数百米。

第八节 调查的基本方法和图件

一、调查船作业的方式

调查船作业的方式可分为停船定点观测和走航连续测量两类:

(1)停船定点观测项目包括底质采样、海底照相、海底热流测量等。

（2）走航连续测量项目有回声测深、侧扫声呐探测、地层剖面探测、多频探测、海洋重力测量、海洋地磁测量、海洋地震调查等。

二、图件基本要求和精度

图件基本要求和精度见表14-8-1。

表14-8-1　图件基本要求和精度

调查项目	调查比例尺	主测线间距（km）×（联络测线间距/主测线间距）		导航定位要求相应比例尺图幅上距离（mm）[①]和测线距离/测线（%）[②]				测量精确度（ε）	
		近海	远海	近海[①]	远海[①]	近海[②]	远海[②]	近海	远海
海底地形测量	1：200万		≤55×（2.5~5）	1	1.5	<20	<20	≤1	≤2
	1：100万	≤20×（2.5~5）	≤30×（2.5~5）						
	1：50万	≤10×（2.5~5）							
	1：20万	≤5×（2.5~5）							
海洋地质测量	1：200万		60×60	1	1.5				
	1：100万	30×30	30×30						
	1：50万	15×15							
	1：20万	10×10							
海洋重力测量	1：200万		线路调查	1	1.5	<20	<20		≤3×10^{-5}m/s^2
	1：100万	≤20×（2.5~5）	≤50×（5~10）					≤3×10^{-5}m/s^2	≤3×10^{-5}m/s^2
	1：50万	≤10×（2.5~5）						≤3×10^{-5}m/s^2	
	1：20万	≤5×（2.5~5）						≤2×10^{-5}m/s^2	

续表

调查项目	调查比例尺	主测线间距（km）×（联络测线间距/主测线间距）		导航定位要求 相应比例尺图幅上距离（mm）① 和测线距离/测线（%）②				测量精确度（ε）	
		近海	远海	近海①	远海①	近海②	远海②	近海	远海
海洋地磁测量	1：200万		≤55×（5~10）	1	1.5	<20	<20		≤24nT
	1：100万	≤20×（2.5~5）	≤30×（5~10）					≤12nT	≤20nT
	1：50万	≤10×（2.5~5）						≤8nT	
	1：20万	≤5×（2.5~5）						≤4nT	
海洋地震测量	1：200万		线路调查	1	1.5	<20	<20		
	1：100万	≤20×（5）	≤50×（5~10）						
	1：50万	≤10×（5）							
	1：20万	≤5×（5）							

注1："×"号前为主测线间距，"×"后为联络测线间距，括号中数字表示为主测线间距的倍数。

注2：导航定位要求栏中的相应比例尺图幅上距离（mm）为点定位准确度要求。

第九节　卫星遥感

一、泥沙观测

卫星遥感常用于泥沙观测中（图14-9-1）。

悬浮泥沙的特征信号是宽光谱范围内的强后向散射。悬浮泥沙的散射特性是可变的，与波长的相关性也是可变的。利用卫星的水色通道可以观测大河入海口泥沙的扩散和季节变化。在深水大洋，海水比较洁净，光谱透射窗口为480 nm，光在其中的衰减比较慢，因此其透明度较大，可达50多米，尤其是蓝光（455~485 nm）衰减更慢，因此海水水色为蓝色。

在近岸水域,海水比较浑浊,光在其中的衰减较快,因此透明度较小,只有几米,其中对短波光的吸收较大,而对黄光(575~585 nm)的后向散射较强,因而其水色较低,呈黄色。

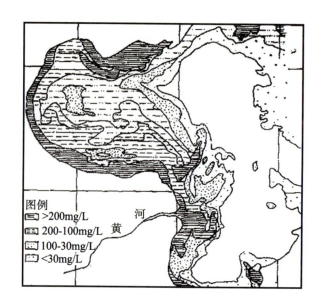

图14-9-1　1983年9月14日渤海泥沙卫片等密度割线NOAA-9的一通道

二、海底地形观测

经典的海洋观深方法是利用声波在水中传播和能被海底反射的特性。但由于声波波长比较长,海水温度、盐度、密度不均匀等原因,特别是费用高昂、实施周期长等缺陷,限制了这种方法的使用。利用重力场信息研究海底地形主要基于地球外部重力场和内部质量分布之间的密切关系。

卫星测高技术利用雷达测量海面与卫星之间的距离,再利用测量时的位置和各种参数,确定海面高度。利用卫星测高资料可以恢复海洋重力场,再由重力异常和海底地形存在线性关系的均衡假设来推估海底地形。

通常可利用多代卫星测高资料(GEOSAT、ERS-1, ERS-2和T/P数据),采用全组合方法,求取交叉点及其垂线偏差,然后利用逆Venning-Menaz公式,求取高分辨率重力异常网络数据,若直接用水深与重力异常关系函数表达式计算,必然会使计算结果激烈振荡,导致失真,此外,还由于地质数据的缺乏,对海底地壳及其下面地幔的物理性质不了解,这都会导致计算失败,实际计算中采用滤波方法,先滤掉海深的长波部分,计算海深的短波部分,然后由海深的长波和短波部分恢复实际海深。

三、海岸线的确定

海岸线是划分海洋与陆地管理区域的基准线。快速而又准确地测定海岸线的动态变化，对于海域使用管理具有十分重要的意义。卫星观测大面积、同步、高精度的特点，可准确记录海岸线状况及相关地面信息。

海岸线主要有四类：粉砂淤泥质海岸线、砂质海岸线、基岩海岸线和人工海岸线。人工海岸线是由水泥和石块构筑，具有较高的反射率，与光谱反射率很低的海水区分明显。海水与基岩海岸的分界线就是基岩海岸线，其明显的介质特征是岬角以及陡峭的水陆直接相接地带。砂质海岸在卫星图像上的反射率比其他地物高，可以取靠陆地一侧边缘线作为海岸线。淤泥质海岸，可以选择地物（如植被、虾池、公路等）与淤泥质海岸的界线作为分界线。目前水边界线卫星遥感提取算法有近红外图像的水边界线提取和SAR数据的水边线提取两种；海岸线卫星遥感提取方法有可见光及近红外图像的海岸线成像。

第十五章　海洋声学、光学要素调查

第一节　导　言

一、水声环境研究概况

世界各国都在致力于海洋水声环境研究，特别是水下远程目标的探测和声信息传输能力技术的研究。声波是能在水中远程传播的最佳者，水声技术是水中探测、测量、通信以及水中兵器制导的主要手段，也是潜艇战和反潜战的重要工具。但是迄今为止，水声技术的潜力远没有得到认识和发挥，原因是它受海洋环境的影响非常明显，而对它的了解和认识却非常有限。

海洋作为一种声介质所起的作用非常复杂，描述并预测各种海洋环境（包括海底和海面、水平和垂直）下的声波传播剖面和模型，水声传感器与环境结合和性能预测，声波干扰模型，以及目标的检测、识别、定位和跟踪等，成为当今世界水声研究追求的主要目标。海洋声学层析和声成像、水声匹配场处理、合成孔径、多波束测深、多普勒测流等技术成为当今世界研究的前沿。

海洋声学层析和声成像技术，是近些年发展起来的研究中尺度海洋过程的重要手段，其工作原理与计算机辅助的X光层析技术（CT）类似，好比用声手术刀剖析海洋，用于测绘声速场和流场、探测海底浅地层结构和海洋表面粗糙度。美、日、法等国还致力于远距离声源传播的高精度测量和实时传输技术的水下声成像系统的研究。

水声匹配场处理技术，是把海洋环境参数通过波导器声传播建模，引入目标辐射声或散射声信号的时空处理，从而提高声呐探测、识别、定位和跟踪性能，实现所谓"水声匹配场监视"。即将基阵采集的实际声压场数据与根据海洋水声传播模型导出的数据进行对比，在考虑了一定的噪声干扰影响后的自适应平面波波束的处理方法。现在这种方法考虑了信道特征的时间和频间结构，可使目标时空位置实现多维成像。

二、水声计算

通常所说的声速是指平面波的相速度,它是一种纵波,与密度、可压缩性有关。在海洋中,密度、可压缩性则与静压力、盐度以及温度有关。因此,海水中的声速C是海水温度T、含盐度S以及深度Z(静压力)的递增函数,它们之间具有复杂的关系,常用的经验公式为:

$$C = 1449.2 + 4.6\,T + 0.055T^2 + 0.000\,029T^3$$
$$+ (1.34 - 0.01T) \times (S - 35) + 0.016Z$$

式中,T是温度(℃),S是盐度,C是声速(m/s),Z是水深。

在大多数情况下,这种简化的声速方程已足够精确,可以满足大多数实际需要。

海洋中的声速分布是多变的,既有地区性变化,也有季节性变化和周、日变化。决定海水声速的温度、盐度和压力三个主要因素随深度变化,因而在深度方向上存在声速剖面。典型的深海声速剖面具有声道结构。在海洋表面,因受阳光照射,水温较高,同时又受到风浪的搅拌作用,形成海洋表面等温层,也称混合层。在深海内部,水温比较低而且稳定,形成深海等温层,声速主要随海水深度(压力)的增加而增加,呈现正梯度分布。在表面等温层和深海等温层之间,存在一个声速变化的过渡区域,在这里,温度随深度逐渐下降,声速呈现负梯度分布,这一区域称为跃变层。浅海声速剖面受到更多因素的影响,变化较大,呈现明显的季节性特征。在温带海域的冬季,浅海大多为等温层,形成等声速剖面或弱正梯度声速剖面;在夏季,多为温度负梯度,因而形成负梯度声速剖面。

三、温跃层对声速的衰减

"厄尔尼诺"气候反常现象与海洋温度变化密切相关,因此监测海洋温度变化就显得十分重要。然而,由于水温随昼夜、季节而起伏变化,监测海水温度变化趋势是十分困难的。若利用声波可以在海洋远距离传播的特点,加上海水声速随温度变化很灵敏,就可以准确计算出大范围海洋的平均水温变化。

图15-1-1 是温度垂直分布均匀条件下的声速传播衰减曲线。这时声速传播只受压力(水深)的影响。声源深度为30 m,接收深度为7 m;图15-1-2 是温跃层条件下的声束传播衰减曲线图。声源深度和接收深度与前者同。

比较两图,可明显看出,图15-1-1所示的负梯度传播条件比图15-1-2 所示的温跃层传播条件好得多。图15-1-1表明,8 km 处的传播衰减值是70 dB,40 km 处的传播衰减值约为93 dB,声信号从8 km 处传播到40 km 处,衰减了23 dB。而图15-1-2 中,信号从8 km处传播到40 km 处,衰减了约40 dB。说明温跃层对声波传播速度有明显影响。

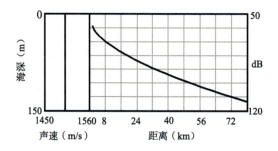

图15-1-1　无温跃层条件下的传播衰减曲线（张宝华等，2013）

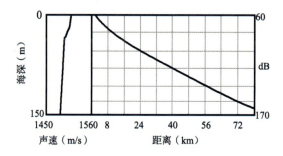

图15-1-2　温跃层条件下的传播衰减曲线（张宝华等，2013）

第二节　声速测量

在海上，测量声速一般采用两种方式——直接测量法与间接测量法，一般以前者为主，后者为辅。

一、直接测量方法

直接测量法使用的设备一般称为"声速仪"，通常利用收发换能器在固定的距离内测量声速，同时以压力传感器及温度补偿装置测量水深。根据获取声速的方法的不同，通常又分为环鸣法、脉冲叠加法、驻波干涉法以及相位法等。这里简单介绍最常用的环鸣法以及相位法。目前常见的海水声速仪大多采用环鸣法的原理制成。发射换能器产生的脉冲在海水中传播一定距离后被接收换能器接收，经过放大整形鉴别后产生一个触发信号立即触发发射电路。这样的循环不断进行，就可以得到一个触发脉冲序列。忽略循环过程中的电声延迟，得到的重复周期时间可认为是通过固定距离的时间，由此计算得到海水声速。

相位法可以避免环鸣法每一次循环中电声和声电转换带来的误差，也是一种常用的方法。通过测量收发信号的相位差,计算固定频率的波长,最后获得声速。随着信号处理技术的发展,对相位测量的精度正不断提高,该方法的测量精度也不断提高。

二、间接测量方法

(一)方法

间接测量是通过水文仪器(温盐深仪等)测量海水的温度、盐度和深度,利用这些环境测量值与声速的经验公式,进而计算得到声速剖面。目前该方法精度超过了直接测量法,尤其是在开阔不冻的海洋中,盐度的变化量通常是可以忽略的,一旦对深度的影响作修正后,温度相对于深度的关系曲线同声速分布剖面完全是一模一样的。

在走航时,可以使用抛弃式XBT观测温度剖面,利用温度计算声速。

(二)站位设置

综合调查时,海水声速调查的站位与温、盐调查的站位一致。

光学要素的调查站位可根据专项调查需要和测量海区光学要素的水平变化梯度确定,一般的大面调查,近海区可相隔40 km,远海区可相隔110 km。

(三)调查层次

海水声速调查的标准层次与温、盐调查的层次一致。

(四)测量范围

海水声速测量,一般范围取1 430~1 650 m/s,极限范围取1 400~1 600 m/s。

深度测量,从海面到海底,但大洋中可允许到深海声道的声速极小值所在深度。

(五)精度

一级标准为绝对误差不超过±0.20 m/s,二级标准为绝对误差不超过±0.75 m/s。

(六)图形绘制

1. 声速跃层

该水层中,平均声速梯度的绝对值在水深大于200 m的海区内不小于每秒0.2,或在水深不大于200 m的海区内不小于每秒0.5,并且层顶与层底上的声速差不小于1.0 m/s。跃层中的平均声速梯度即为声速跃层强度。

2. 声道特征分布图的绘制

声道特征分布图包括声道轴上的声速(声速极小值)、声道轴深度(声速极小值所在深度)、声道上界(声道轴上侧负梯度层的顶界)和下界(声道轴下侧正梯度层的底界)深度分布图。

第三节 海洋环境噪声测量

一、概念

海洋环境噪声是指：存在于海洋中多种噪声源所辐射的，并在其中传播的、杂乱无章的声音。

海洋环境噪声是海洋里的固有背景声场。海洋环境噪声会对声呐装备的探测形成干扰，是限制主、被动声呐工作性能发挥的主要因素之一，另外它也是潜艇进行声隐蔽的重要条件和必须了解的物理参数。利用海洋环境噪声可估计与海洋有关的参数，如海面的风速、降雨、海浪、海底反射临界角、海底声速等参数。海洋中的环境噪声源很多，一般来说，20 Hz至1 kHz 频段，主要是由远处行船引起的；500 Hz至20 kHz 频段，噪声主要来源和海面风有关；而100 kHz 以上，主要是海水分子运动产生的热噪声。当然这些噪声源的所在频段往往有部分重叠，并不是严格地分段。此外，还包括一些间歇声源和局部噪声源，例如生物噪声、雨噪声、冰下噪声及冰雹噪声等，它们的频谱一般是宽带的。

利用风噪声，可实现海洋中气象参数全天候自动测定。海面上不同降雨强度产生的雨噪声谱具有独特的谱形状。如大雨和小雨的谱有明显不同的特征。因此可以通过提取每种降雨类型对应的声谱特征，研究基于声谱特征的经验算法，进而用雨噪声估算海面降雨强度（级别）。由此可见，噪声研究对海洋开发、天气预报、大洋气象学的研究以及国防军事都有很重要的作用。

（1）噪声频带声压级：一定频带内的海洋环境噪声声压与基准声压之比的常用对数乘以20。

$$L_{pf} = 20 \lg (P_f / P_0)$$

式中，L_{pf}—噪声频带声压级（dB）；

P_f—用一定带宽的滤波器（或计权网络）测得的噪声声压（μPa）；

P_0—基准声压等于1 μPa。

（2）噪声声压谱级：某一频率的噪声声压谱密度与基准谱密度之比的常用对数乘以20。在海洋中基准声的谱密度为$1 \mu Pa / \sqrt{H_z}$，当声能在Δf中均匀分布时：

$$L_{ps} = L_{pf} - 10 \lg \Delta f$$

式中，L_{ps}—噪声声压谱级（dB）；

L_{pf}—测得的中心频率为f的频带声压级（dB），基准值为1 μPa；

Δf—相当于1 Hz带宽。

（3）背景干扰噪声：测量时由于各种原因所产生的，对测量造成干扰的等效干扰噪声。

（4）水听器等效噪声声压谱级：水听器等效噪声声压谱密度与基准声压谱密度之比的常用对数乘以20，单位为dB。

二、测量

测量仪器：水听器。

需测量的辅助量：风速、风向、降雨；海况、波浪、海流；水深、水温垂直分布；海底底质；测量站位附近有无航船和其他发声生物；根据需要可选测上述若干参数。

在噪声成像系统中，声学镜头是关键的系统组成部分。声学镜头由两部分组成，分别为凹面反射器和接收基阵。凹面反射器的作用是将声波信号能量聚焦在接收基阵上。接收基阵是由水声接收换能器组成的水听器平面阵，通过各个水听器阵元间的声强差来显示目标的声学图像（图15-3-1）。

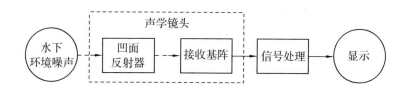

图15-3-1　海洋环境噪声测量

测量的准确度：噪声频带声压级和声压谱级的不确定度在±4dB之内。

第四节　海洋光学调查

海洋光学是光学与海洋学之间的交叉和边缘学科。它主要研究海洋的光学性质、光辐射与海洋水体的相互作用、光在海洋中的传播规律，以及与海洋激光探测、光学海洋遥感、海洋中光的信息传递等相关的应用技术和方法。

它的主要理论基础是海洋光辐射传递理论和水中光能见度理论。特别是到20世纪中叶，随着激光技术、光电池和电荷耦合器（简称CCD）技术的诞生，海洋光学进入了系统的、全面的、长足的发展阶段，人们研制了水中辐照计、水中散射仪、海水透射率计、水中辐亮度计等海洋光学仪器，系统地测量了海水的衰减、散射和光辐射场的分布，为研究海洋水质成分及水质状况分布提供了科学依据。

一、光的透射率

海洋光学测量的主要要素是水下辐照度和光透射率。

测量的标准层次为表层，4，6，8，10，12，14，16，18，20，25，30，35，40，45，50，60，70，80，90，100，120，140，160，180，200 m。大于200 m，光透射率还应增加500 m层，500 m以上每隔500 m再加一层。特殊要求另加密。

海水光学透射率是指光在海水中衰减的速率。光强在海水中随着距离的增大将迅速衰减，一定距离以后，光强将衰减为零，即绝对黑体。透射率的数学表达式为：深度为h处的光强度I与原始光强度I_0之比。海水的光学透射率也是海水的一大理化性质，通常采用的测量仪器是浊度计，图15-4-1是浊度计的基本结构和工作原理图。现在大型的CTD常带有浊度计探头，可以提供与温盐同步的海水光学透射率资料。

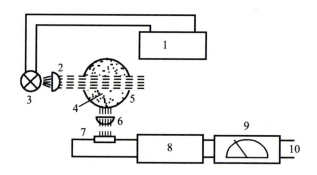

1. 灯的稳压电源　2. 光学系统　3. 灯　4. 引起浊度的粒子

5. 光学池　6. 光学系统　7. 测量电池　8. 比较放大器

9. 数据显示、控制、记录单元　10. 数据输出

图15-4-1　浊度计示意图

二、光的非色素颗粒物的吸收

非色素颗粒物和黄色物质的吸收是海水总吸收中重要的组成部分，也是目前海洋光学和水色遥感的主要研究内容。中国浅海水体中TSM（总悬浮颗粒物）和ISM（无机悬浮颗粒物）浓度非常高，其吸收和散射作用很大程度上决定了水体的总吸收系数和光在水中的传输分布，进而影响到光的透射深度、海水的初级生产力和沉水植被的发育，还决定了浮游动物和鱼类的捕食。

分光光度法是通过测定被测物质在特定波长处或一定波长范围内光的吸光度或发光强度，对该物质进行定性和定量分析的方法。

在分光光度计中，将不同波长的光连续地照射到一定浓度的样品溶液时，便可得到与众不同的波长相对应的吸收强度。如以波长（λ）为横坐标，吸收强度（A）为纵坐标，就可绘出该物质的吸收光谱曲线。利用该曲线进行物质定性、定量的分析方法，称为分光光度法,也称为吸收光谱法。用紫外光源测定无色物质的方法,称为紫外分光光度法;用可见光光源测定有色物质的方法,称为可见光光度法。它们与比色法一样,都以Beer-Lambert定律为基础。 上述的紫外光区与可见光区是常用的,但分光光度法的应用光区包括紫外光区、可见光区、红外光区。

"我国近海海洋光学调查与研究",在2006～2007年分不同季节开展。外业调查工作首次实现对我国近岸水体光学特性的全面普查,初步得到了近海海洋光学特性分布规律(图15-4-2)。

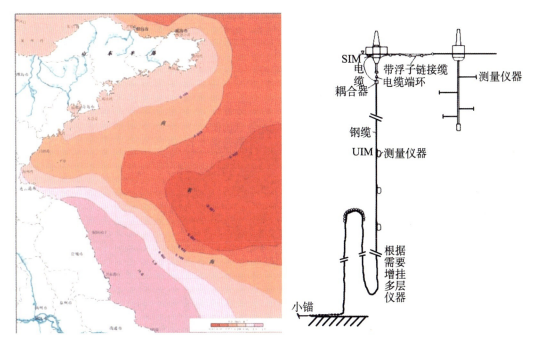

图15-4-2　黄海400 nm 非色素颗粒物吸收

系数平面分布（汪小勇，2013）

图15-4-3　海洋浮标设计

（杨越忠等，2009）

三、海洋光学浮标观测

光学浮标主要用于光辐射测量,不仅要满足耐海水腐蚀性、抗倾覆性、稳性和随波性等性能要求,同时要兼顾浮标海上姿态以及阴影对光辐射测量的影响。为减小浮体及其上层建筑的阴影效应对光辐射测量的影响,保证高海况条件下浮标体的稳性,光学浮标浮体设计由子浮标和母浮标两套水面浮标体构成,如图15-4-3所示。

母浮标为直径2.8 m 的小型锚定圆盘型浮标体;子浮标为直径1.5 m 的柱型浮标体,系泊于母浮标上。试验结果表明,在8 m/s 风速的高海况条件下子浮标的倾角平均不超过10°。

母浮标装载了光谱吸收/散射系数测量仪,研究海水的固有光学特性:即属于海水介质本身的性质,不受周围环境或环境光场影响。其中最值得关注的是吸收系数 a 、散射系数b和体积散射函数$\beta(\theta)$。在中间锚链挂有真光层多光谱辐射计。该测量真光层的下行光谱辐照度、上行光谱辐照度、深度、方位角和倾角等数据。

子浮标用于海水表层和海面光辐射的测量,装载有海面光谱辐射计、海水表层高光谱辐射计。测量海面入射光谱辐照度(Es),海水表层高光谱辐射计可以快速同步测量水下3、5、7和9 m四个水层的下行光谱辐照度(Ed)和上行光谱辐亮度(Lu),每个探头都集成白光LED,用于对辐射计的光谱响应和波长漂移进行现场监测(图15-4-4)。

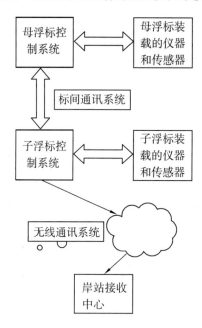

图15-4-4 海洋光学浮标之间的联络与传输(杨越忠等,2009)

同时子母浮标均装载有一些辅助传感器,如测量经纬度、倾角、方位角、风速、风向、水温等。常使用的光学仪器如表15-4-1所示。

海面光谱辐射计的高灵敏度仪器,子浮标利用感应式调制解调器技术实时传输给母浮标,进而实时传回岸站接收中心。

表15-4-1 海洋光学浮标观测中使用的光学仪器

海面高光谱辐射计 TSRB	加拿大	海面光谱辐射 Lu$(\lambda,0)$、Ed$(\lambda,0)$、Rrs$(\lambda,0)$
高光谱辐射计 RAMSES-ACC &RAMSES-ARC	德国	光谱辐射 Ed(λ,z)、Lu(λ,z)、Rrs(λ,z)
高光谱吸收/衰减仪 AC-S	美国	水体衰减系数$c(\lambda,z)$、吸收系数$a(\lambda,z)$和散射系数b (λ,z)
散射仪 BB-9	美国	水体体积散射函数$\beta(117°,\lambda,z)$、后向散射系数b_b (λ,z)、叶绿素荧光、CDOM 荧光
紫外/可见分光光度计 Cary100	美国	浮游植物吸收系数$a_{phy}(\lambda,z)$、CDOM 吸收系数a_g (λ,z)和碎屑吸收系数$a_d(\lambda,z)$(分层采样)

四、水色遥感

所谓水色是太阳光经水体散射后，被卫星传感器监测到的散射光的颜色。水色三要素是指浮游植物的叶绿素（chlorophyll）、无机的悬浮物（inorganic suspended matter）和有机的黄色物质（yellow substance 或gelbstoff）；水色三要素的种类和浓度决定了水体的颜色。水色遥感的主要目的是监测海水中浮游植物的叶绿素浓度、无机的悬浮物浓度和有机的黄色物质浓度，可见光和近红外辐射计（visible and near-infrared radiometer）在海洋监测中主要承担水色遥感（remote sensing of ocean color）的任务。

水色反演算法的任务是从水色卫星传感器接收到的信号中分离出水体中包含叶绿素、无机悬浮物和有机黄色物质等水色要素浓度信息的部分，并通过经验的或分析的方法计算出各要素的浓度。在传感器接收到的信号能量中，只有少部分来自海面的离水辐射，其余 70%~80%的能量都是来自大气的散射。因此精确的大气校正算法对于水色遥感反演是至关重要的。中国近海区域由于其二类水体的特性及大气中气溶胶含量高、成分复杂等特点，传统的用于大洋区域的大气校正算法基本失效，急需建立适用于本区域的局地大气校正算法。目前国内的研究大多集中在解决近海二类水体近红外波段离水辐射不为零带来的算法失效问题上，而对由于气溶胶成分变化造成的大气散射特性变化的研究还不太多。

第十六章　观测实例

第一节　陆架陷波观测

　　陆架陷波（coastal trapped waves），是指在陆架地形和地球自转联合作用下，能量明显地集中在大陆架上，形成的频率低于惯性频率的沿海岸传播的长波。北半球海岸在陆架波传播方向的右边，南半球海岸在陆架波传播方向的左边。它们的振幅，由海岸向陆架边缘递减。小仓义光认为它与陆架波都是地形Rossby波。Gill的《大气海洋动力学》里说它是"同时具有开尔文波和陆架波特征的混合波动"。

　　陆架陷波对于陆架区的环流有重要的作用，尤其是对于时间尺度大于惯性周期的流动。在陆架边缘区域由风驱动的很多流动变化特征可以从陆架陷波的角度来解释。Brink对陆架陷波产生、演变有过深刻阐述。

　　全球几乎所有的陆架区都存在这种特殊的波动，而对由热带气旋（台风或飓风）引起的陆架陷波的研究相对较少。

一、加利福尼亚湾飓风引起的陆架陷波观测

　　Merrifiled对平行于南加利福尼亚沿岸移行的飓风引起的陆架波进行了详细观测研究：图16-1-1给出了加利福尼亚湾的周边地形、等深线和观测站。其中　"○"表示的是锚系浮标站，以"M"作为标识，观测海流和温度；"■"表示的是海底压力感应器站，以"P"作为标识，测量水位和温度的变化；"▲"表示的是气象观测站，以"W"作为标识，测量风速和气压；在锚系浮标站上用测温链测温，每隔10～15 m有一个记录，作为数值计算中密度使用（在这个湾中，温度和密度直接相关）；此外，还在爪伊马斯（Guaymas），圣罗萨利亚（Santa Rosalia），阿卡普尔科（Acopulco）（16° 52'N，99° 53.5'W），萨利纳克鲁兹（Salina Cruz）（16° 9.7'N，95 ° 9.3'W）用悬浮式潮位仪观测水位变化。

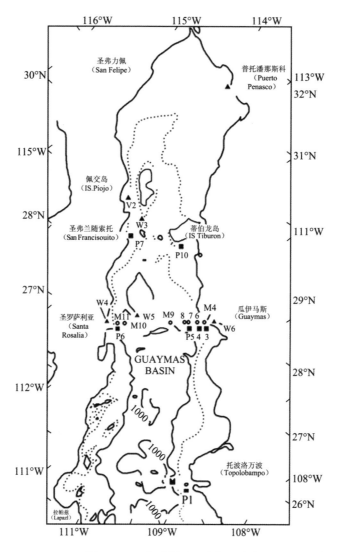

图16-1-1　加利福尼亚湾和观测站

　　飓风经过路径如图16-1-2所示。

　　以0.2 m沿岸振幅、10天时间尺度的向极传播的海平面事件，从沿墨西哥的太平洋海岸向北直到加利福尼亚湾这个范围，都曾被验潮仪观测到（图16-1-3）。根据相速度、离岸尺度、质量运输和数值化确定自由沿岸陷波（CTW），比正压陆架波更相似于内部开尔文波。这些波浪是由与热带风暴、飓风相关的强烈的沿岸风产生的，从5月到10月的热带风暴和飓风，典型发生在10°～20° N间的墨西哥的太平洋海岸，在这个区域，观测的波事件大而且变化的相速度（2.9～5.8 m/s）与移动风暴产生的压力一致，同时在加利福尼亚海湾稳定的相速度在2.1～2.7 m/s之间。

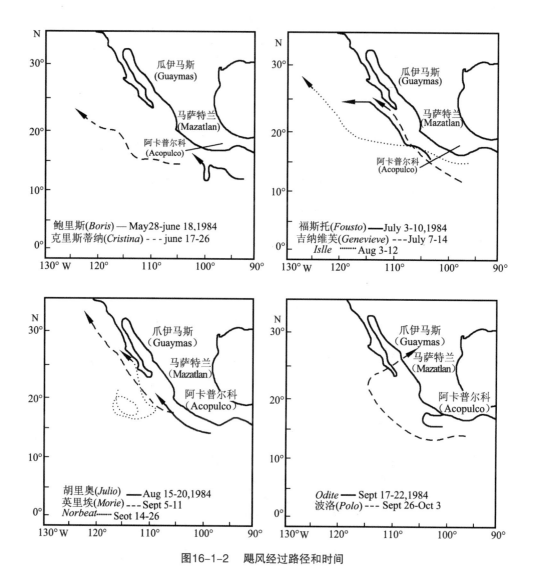

图16-1-2　飓风经过路径和时间

在托波洛万波（Topolobampo）站（M1），10 m和70 m处流速量值没有变化，流速在50 cm/s左右。到瓜伊马斯（Guaymas）附近，流速增加到100 cm/s以上（图16-1-4）。这次观测还分析了沿大陆架流v和垂直陆架压力梯度之间及沿大陆架加速度v_t和沿大陆架压力梯度之间的重要关系，而且和局地风不相关。一个下降流的分量是在整个大陆架上观测的。

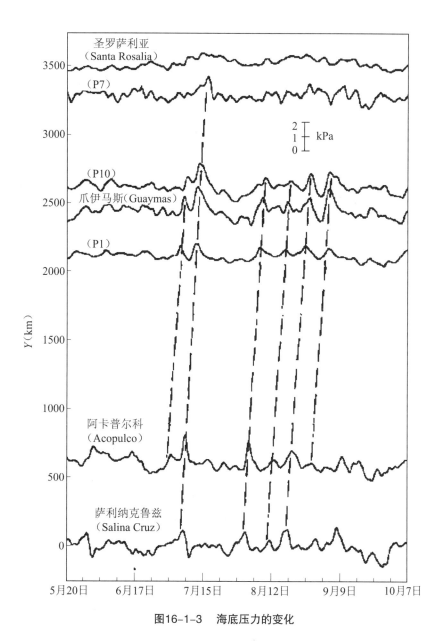

图16-1-3　海底压力的变化

　　在中国近海对热带气旋引起的陆架陷波的研究尚少。王佳等（1988）应用二维正压模式模拟了冬季黄、东海的陆架陷波与环流。后来，李立等（1989，1993）对于南海的陆架陷波的研究则是通过沿岸的验潮站水位观测数据进行分析。

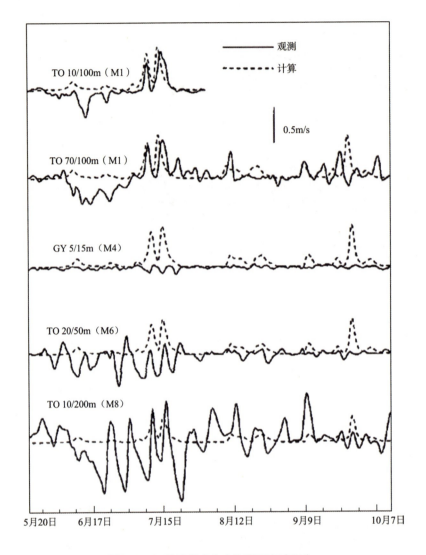

图16-1-4　流速的变化（仪器深度/水深）

二、中国南海陆架陷波

严金辉等用ADP仪器，在广东粤西电白附近（图中"▲"标出）、水深50 m水域，从2000年10月26日开始，至2001年11月2日结束，进行为期一周年逐层（间隔1 m）的海流观测，每0.5 h取值1次。观测期间遇到3次台风（图16-1-5），每次台风对观测区域流态的影响，引起了研究者的广泛注意。

第一个台风是"榴莲"，6月30日在南海中部，7月2日02时从测流装置南面约83 km处经过，浮标测得最大台风风速30.1 m/s（10 min平均），风向10°；第二个台风是"尤特"，7月5日在吕宋海峡西部，6日07时在粤东的惠东登陆，该台风从测流装置北面的内陆经过，最小距离约220 km，浮标实测最大风速13.0 m/s，风向270°；第三个台风是

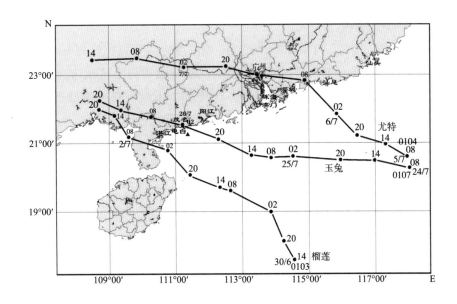

图16-1-5 2001年7月影响广东沿海的3次台风路径

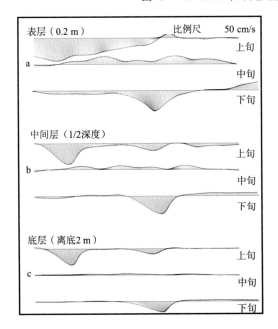

图16-1-6 锚系浮标7月观测的余流

（左—北，右—南，上—东，下—西）

"玉兔"，7月24日在吕宋海峡西部，26日02时从测流装置北面约22 km处经过，浮标实测最大风速27.2 m/s（10 min平均），风向315°。

但是，台风期间观测的海流（余流）（图16-1-6），表现出诸多特征是以前未见的。

（一）台风期间余流方向都是指向西南

台风"榴莲"在登陆之前，风向基本是东南方向，风速不大；在登陆之时，风向是西北，然后沿顺时针方向转向东，最大风速30.1 m/s。台风"玉兔"是从浮标站的东面通过，实测最大风速27.2 m/s，风向315°。根据实测风速，在登陆之时风向是顺时针旋转的：在10个小时内，风向变了2圈。产生的低频流方向也应该多变，而实际的低频流方向和"榴莲"只差10°。台风"尤特"，浮标实测最大风速13.0 m/s，风向270°，登陆前后一直是西方向，从风力来说，它应该抑制西向的低频流。但是，低频流方向和"榴莲"台风基本一致。此外，台风"尤特"是在登陆后约8小时才出现极值流速的。

（二）西南向流提前出现

6月30日，台风"榴莲"尚在450 km之外，锚系浮标表层就出现75 cm/s的偏南向流速，然后一直延续到7月6日；中层，也是从7月1日延续到7月6日，这可能与"尤特"台风的影响合在一起了。但是，"玉兔"台风7月24日远在吕宋海峡西部，距离测流点还有600 km，而表层余流从7月21日已经转向西南。

（三）台风"尤特"产生西南向流非常奇特

台风"尤特"登陆点距离测流点很远，且风向一直为西向，对余流起抑制作用。但是，实测的余流表层最大西南向流速83 cm/s，中层80 cm/s，底层55 cm/s。而"玉兔"表层最大西南向流速30 cm/s，中层30 cm/s，底层20 cm/s。

后来证明，这一切变化是由陆架陷波所产生的。

第二节　内波观测

内波或内潮，是一种因海水密度垂直分层所引发的一种重力波。内波的最大振幅出现在海水内部，频率介于惯性频率和布伦特—维塞拉频率之间（量阶为周/天至周/分），水平波长在几百米至几千米之间，也曾观测到波高达几百米的内波。海洋内波影响到潜艇航行和停泊的平稳性。内波引起的强剪切流也会影响到海上石油钻探活动。内波还能改变海洋中的声传播特性，从而严重影响声呐的功能，因此它也是潜艇隐蔽和监测技术必须设计的环境要素。而所谓孤立子（soliton）是一种孤立的波，可以在很长的空间距离内传播而不散失其能量，并且它们两波相碰而不会改变外形及传递的特殊性质。在大洋中，水体内部会生出内孤立子，而海面则会出现相对应的表面孤立子，表面孤立子的最前端则会出现碎浪，而这也是雷达可观测到内孤立子的原因。

一、内波观测方法

内波观测，包括内波锚系阵列观测，拖曳及投掷观测，中性浮子观测，内波声学观测及内波遥感观测。

（一）内波的锚系阵列观测

内波的锚系阵列观测，是在一组锚系装置上用多架自记仪器记录海水物理量空间分布和时间变化序列，从中分析内波的运动规律。为了减少海面风、浪、流和水位变化对观测结果的影响，一般采用潜标观测。浮子距水面距离，视研究水深和跃层位置而定，一般为十几米至几百米。锚系装置上悬挂的仪器有CTD、ADCP或其他海流计。在较浅海区（如陆架区），锚系阵列可布置成三角形或四边形；在深海大洋中，为了增加锚系装置的稳定性,可将缆绳连接成三棱锥形或H形。各锚系底部重块间距离在1 000 m至几千米不等,具体距离视海区情况和观测目的而定。仪器在水平方向布设的间距不要相等,以便获得多种不同间隔的相关特性。垂直方向布设,要覆盖各种特性的水层。在跃层附近布设仪器要尽量稠密,这样可以获得较为详细的垂直结构。锚系阵列在海中停留的时间应远大于内波的最大周期,以便分析出内波低频特性及它与大尺度运动的相互作用。采样时间间隔要足够的小,以满足分析内波的高频特性和它与细结构、湍流的相关性。用统计分析方法和时间序列分析方法(如谱分析方法),分析海洋内波的各种频率谱,从而得到内波的时间尺度和动力学机制。

(二)内波的拖曳及投抛观测

观测仪器(如温度计、电导率计、压强计、ADCP等)在走航中观测,为了仪器安全,船只要低速、直线航行。仪器可以稳定在一个水层,也可以改变安装仪器的升降翼角度,使该仪器沿着一个波状轨迹运动(如拖曳式温度计)。将所得资料整理成水平空间序列和垂直空间序列。

投掷式仪器有XBT(投掷式温深仪)、XCTD(投掷式温盐深自记仪),这种仪器有的从船上投掷,有的从飞机上投掷。从船上投掷的XBT,信号通过导线传输至船上记录器;从飞机上投掷的XBT,其温深资料通过无线传输方式传至飞机记录。XCTD有一次观测后抛弃的,也有回收的。两次投掷的时间间隔,应远小于所研究问题的时间尺度;投掷的时间长度应远大于所研究问题的最大时间尺度。

(三)内波的中性浮子观测

内波中性浮子观测,就是将一种沉入水中的、浮力与重力相互平衡的浮子,悬浮在一定水层中不断进行海水理化要素的观测。通常,中性浮子是一个耐压容器,下连几十米甚至几百米的电缆,电缆下端悬挂声学释放器和重物。在电缆不同部位悬挂温度和电导率探头,可以连续记录温度和盐度。观测前将全套水下装置的密度调节到与所需观测的水层现场密度一致,而且用专门技术将它置于特定水层。观测仪器既随水平流动漂移,也随内波上下起伏,记录器记下不同位置的理化要素,构成时间序列,其中最直接的是等密度面上下移动的距离和速度,以及等密度面附近温盐度分布,从而得出它们的垂直变化序列。同样,记录的时间间隔,应远小于所研究问题的时间尺度;观测时间长度应远大于所研究问题的最大时间尺度。用这种方法,可以得到无平流影响(中性浮子随流漂移)的内波频率谱。

(四)内波声学观测

内波声学观测即使用声学仪器,观测海水温度、密度、流速等物理量在空间分布和随时间的变化。海水温度和密度的层结,使不同水层具有不同的浮游生物种类和稠密度。20世纪60年代,人们曾用回声测深仪记录不同水层中生物体的反射讯号,获得不同水层所在深度。到了20世纪70年代,人们发现不同温度和密度层结对高频声呐信号也具有反射作用。即使不存在浮游生物，也可以用声呐观测各等温面或等密度面不同时间所在的深度，从中分析出内波运动。

从设于船上的高频声呐（例如5～25 kHz），随船只运动的同时，不断发射信号，并接收从不同等温面（或等密度面）反射回来的信号，配以其他仪器测量现场观测资料，经过校核，就可知道沿航线的内波波高和波长等信息。现在用声学多普勒剖面仪（ADCP）测量反射信号，与温度、密度剖面资料相结合，成为内波与细结构提供的有效手段。

（五）内波的卫星观测

在跃层上方由跃层处内波产生的波流，其水平分量垂直于波峰线，一个波长内流向改变180°。在流向相向处和相背处分别形成辐聚带和辐散带，它们相间排列。当表面存在短波长涟漪时，这些涟漪在辐聚带内波长减小，表面显得粗糙；在辐散带内，波长增大，表面变得光滑。光滑表面色亮，粗糙表面色暗。当表面有油污或细碎漂浮杂物时，它们会聚集在辐聚带内，使辐聚带变得更暗。于是，在海面上呈现出与内波波峰线平行的或明或暗的条纹。这种条纹图案最初从飞机上发现，卫星技术出现后，从卫星传来的可见光和合成孔径雷达图片中也可以看到。早期的工作只能从卫片中分析内波所在位置、内波传播方向、波峰间水平距离等少量信息，现在在一定假设下（如孤立子内波假设），可根据图形估算出波包的移行速度和波高等参数。如果和其他资料联合分析，还可以得出更有价值的结果。这种方法的缺陷是只能观测强而浅跃层处的强内波，如以孤立子出现的潮频内波等。对于发生在深处的、更普遍的内波，卫星技术尚无能为力，而且受天气与海况制约：只有在天气晴朗、表面有涟漪或油污或存在细碎物质的情况下，才能获得理想的表面条带图案。

二、苏禄海大振幅内孤立波观测

苏禄海（图16-2-1）大振幅内孤立波，是由于强潮流流过急剧变化的地形而产生的。美国"海洋学家"号调查船于1980年4～5月在苏禄海进行了22天观测。之所以选择这个时间，是因为此时潮流最大，季风和台风最少，且阳光适合卫星光学拍照。

在珍珠浅滩和Doc Can岛之间（图16-2-2）是一个靴状海脊，从海脊向北几百千米就是深水区。这个海脊非常尖峭，在南北和东西方向只有2 km，其尺度远小于内波波长。海脊水下深度340 m，越过这个海脊的潮流特别强，从卫片上看这里是内波的波源。

这次调查用锚系的海流计和温度计布成三点相位阵列：

锚系浮标SS1放在内波源处，海脊之南6 km，水深618 m。浮标下面分别在68 m、118 m、218 m、318 m处悬挂安德拉RCM4海流计。为了减少水流的拖曳力导致钢丝绳倾角增大，绳上增加整流罩，浮标采用鱼雷形状。RCM4每5分钟记录标量平均流速、瞬间流向、温度和电导率。它的主要任务是观测潮流的强度和位相，大致了解温跃层变化,而不是高频内波震动。

第二个浮标SS2、第三个浮标SS3,位于SS1西北330°方向,分别距内波源82 km和200 km。第二个浮标处水深3 458 m,第三个浮标水深3 279 m。SS2、SS3采用表层锚定式,在200 m层以上,采用可拆卸的整流罩,减少海流的拖曳,使得浮子漂移最小。浮标下面分别在40 m、100 m、200 m和500 m处悬挂矢量平均海流计(VACMs);在SS3站海底有三个声学定位器,保证浮标绕圈直径不超过500 m。海流计记录海流东-西和南-北分量,对温度56.25 s间隔取平均。

此外,在SS2和SS3附近,分别用调查船投放8和10次CTD,取得超过12小时以上的温盐资料。在整个调查期间,"海洋学家"号,观测了39个CTD断面。投放了411个XBT,在珍珠滩和巴拉望岛之间取得了305个内波雷达图像。同时,还用20 kHz声学回声仪,观测250 m以上温跃层运动。

通过卫星、锚系浮标和船只取得的资料,史无前例地给出随时空变化的内孤立波特征:17个孤立波波包,在传播过程中不断变化。最大振幅90 m,最大波长16 km,最大周期接近1 h,锋长350 km,存在时间超过2.5天。相速度2.5 m/s,超过线性值。孤立波具有1 000 km宽、量级在1 m高的表面破碎波的狭窄条纹。这些波包(包含好几个孤立波)之间时间间隔约12.5小时或25个小时,出现和消失大约经历15天(图16-2-3)。解释孤立波发生的理论是用具有假谱技术的方程来完成的,理论与观测之间能很好地符合,例如从一次观测的最初扰动,到孤立波数目、速度、振幅和宽度等。

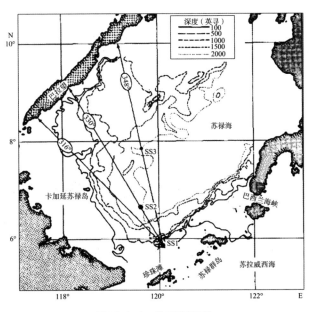

图16-2-1　苏禄海地形

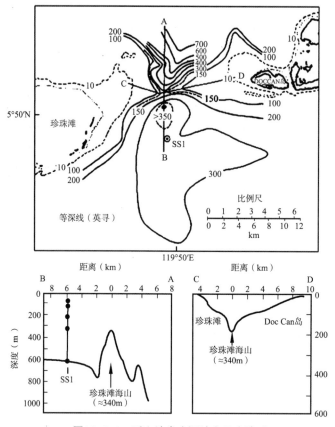

图16-2-2　孤立波发生源地小尺度地形

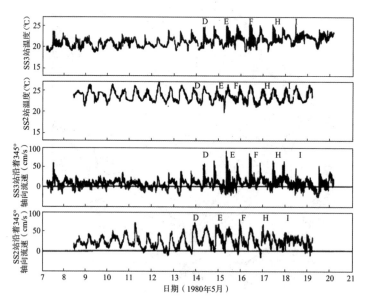

图16-2-3　100 m 层轴向海流和温度时间序列

（最强的孤立波波包用D、E、F、H、I标识）

从最初观测结果分析，在次临界流速条件下，随机产生驻波形式的山后波，或者称Lee波，也有叫内部水力"跃"的。这个水力"跃"，类似于气流经过山脊时产生的起伏。当半日潮流向南部流出，一个内Lee波就在浅海脊（珍珠浅滩—Doc Can岛之间）南部边缘生成。当6.25小时之后，流速接近"零"时，Lee波试图保持它与潮流有关的组速度，越过海山，向北传播。这时温度跃层变弱。最初的波形在局地源可以看到，然后增大成一系列孤立波，放射性散开，经过不同地形，由于能量耗散，速度变慢。

三、南海内波观测

南海海域水文变化复杂，海水分层明显，可见光卫星影像或近年来合成孔径雷达影像都能发现，在东沙岛附近海域存在明显的内波运动。除了卫星影像的观测外，在亚洲海域国际声学试验中，利用将拖曳式温盐深仪器、雷达测波系统以及多组锚定仪器安放于东沙群岛附近用来观测内波变化，证实这里的确是内波盛行的海域。并且，它的变化是相当复杂的。许多人认定南海北部内波起源于吕宋海峡内巴坦与巴布群岛之间海域。

甘锡林利用300多幅内波图像，以内波波群出现的次数，统计内波年分布、月分布和日分布特征。挑选其中100多幅SAR图像和部分NOAA图像，用来绘制内波空间分布特征（图16-2-4）。

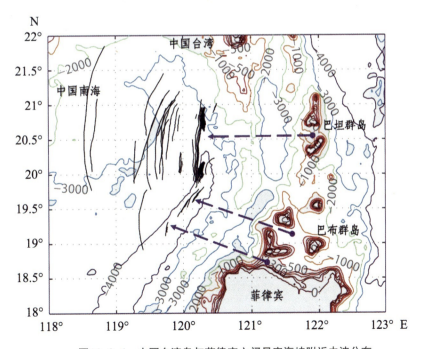

图16-2-4　中国台湾岛与菲律宾之间吕宋海峡附近内波分布

　　从图中可以看出,吕宋海峡附近的内波传播方向向西,内波波群的横向长度为100~250 km。在120° 15'E附近,出现许多孤立波,且位置极为靠近;但在119° 30'E附近,孤立波有所减少,且波波之间距离拉长了。在118° 30'附近,孤立波更少,只有1~2个。从水下地形可以看出,巴坦群岛附近,有一个深度达到1 000 m以上的水道,潮流通过水道,流速得到加强。120° 15'E 、20° 30'N处内波可能是由此触发的;巴布群岛附近,也有两条深度为300 m的水道,120° 15'E 、19° 30'N处内波可能是由此触发的。但是到了东沙群岛附近,孤立波又显著多了起来(图16-2-5)。由图中可以看出,内波是从吕宋海峡产生的,当内波传到东沙群岛附近,发生反射和绕射现象。受地形影响,内波分别向西北和西南两个方向传播。

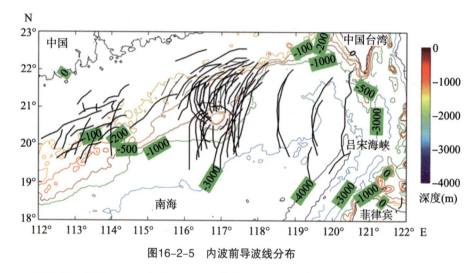

图16-2-5　内波前导波线分布

　　美国调查船 "Revelle" 于2005年4月15日~5月15日在吕宋海峡以西进行了历时一个月的孤立波调查。流速资料是用斯科里普斯海洋研究所研制的140 Hz多普勒声呐获得的,声呐的垂直分辨率是6 m(在200 m深度内),1分钟平均的速度精度为2 cm/s。声呐也能利用回向散射定量地看到波的特征。

　　温度和盐度使用CTD(SBE49),垂直下沉速度5 m/s,可以在500 m深度上工作。

　　研究位置由图16-2-6左上图给出,出现内波的位置由右上图给出,用颜色标识时间;在20.5° N、122° E处正压潮由下图给出。

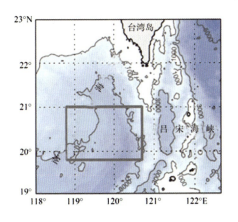

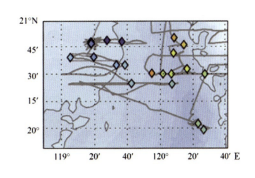

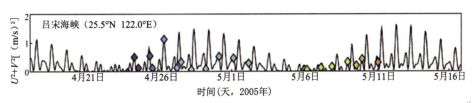

图16-2-6　"Revelle"调查船调查范围和站位

第三节　南大洋观测

一、过西风带的走航观测

(一)直航还是斜航

南大洋绕极流位于南纬35°~65°区域,与西风带平均范围一致。其深度从海面到海底,平均流速约为15 cm/s。年平均流量估计为$(100\sim150)\times10^6\,m^3/s$,堪称世界海洋最强流;它是南极和热带之间热量交流的天然屏障,从而保证了南极的寒冷气候。海洋锋面是南大洋绕极流中显著的物理海洋现象,各锋面像带子一样环绕南极大陆,在锋面之间是性质较为接近的水体。较早就为人们所熟知的海洋锋面是亚热带辐合带(STC)或亚热带锋(STF)、亚南极锋(SAF)、南极极地锋(PF)和南极辐散带。

所有前往南极大陆的船只,都要穿过南大洋绕极流,即风狂浪急的西风带,那里充满着风险,因此,所有船只都希望尽快穿过,以免遭遇不测。这样一来,就与绕极流的调查发生矛盾:科学家希望调查的断面和绕极流基本垂直,通过垂直断面上温盐分布和动力计算,可以了解绕极流的空间结构和锋面位置变化,但是航程就要增加,且直接面临浪从侧面(90°方向)撞击船泊的风险,从而增加船只摇晃度。反之,如果船只斜航,船只顶风航行,这样能缩短到目的地(普里兹湾)的航程,但是,断面不与绕极流流向垂直,尽管空间也是一条断面,不过,对这个断面海洋水文要素的解释,锋带宽度界定就带来诸多不便。因为,从卫星图片(图16-3-1)上可以看出,不同经度线上西风带宽度、锋面位置都是显著不同的。

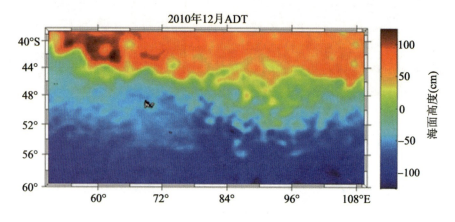

图16-3-1　2010年12月南大洋海平面高度

1990年"极地"号船长魏文良先生,能想科学家之所想,急科学家之所急,在穿越西风带时就是走了一条垂直断面(图16-3-2),从而获得了一些以前调查未发现的规律。

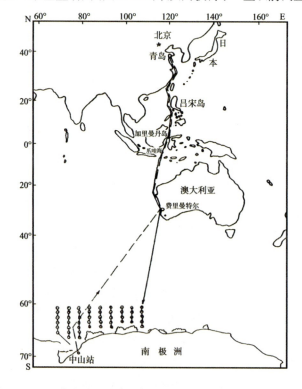

图16-3-2　第七次南极调查航路和站位

（二）XBT要尽量加密

近年来，中国南极科学考察队自中山站、澳大利亚的费里曼特尔港至中山站途中实施了多航次XBT/XCTD走航观测，但是投放的XBT很少，因此，断面上温盐结构了解很少。2010年11月26日至2010年12月1日共投放81个XBT，是历次最多的，获取80个有效的温度剖面数据，站位分布如图16-3-3所示。

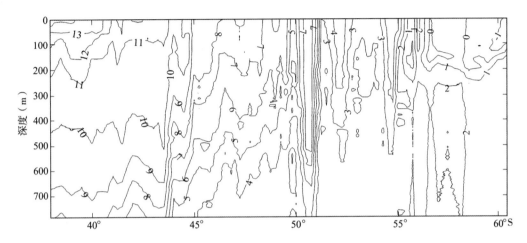

图16-3-3　"雪龙"号2010年11月赴中山站途中XBT观测的温度

这次观测发现许多新的现象：

（1）亚南极锋有2个：第一锋应在44°40′S，第二锋应在51°S处。和历次调查相反——第一锋最弱，第二锋最强；除去这2个锋区之外，还有2个小下降流区：1个在52°S处，影响深度可达430 m；另一个在南极极地锋北缘，影响深度可达550 m，这个锋的形成原因令人费解。

（2）南极锋在55°S附近，比历次调查都更偏南，锋面强度也最大。

第二亚南极锋增强和南极锋南偏并增强的现象应该与南大洋西风漂流的强流带有关。我们认为，正是由于西风漂流的强流带南移，不仅导致"第二亚南极锋增强和南极锋南偏并增强"，而且导致了第一亚南极锋强度直接削弱的后果。这种大尺度变化，有可能与全球气候变化有关，希望能以此为契机，深入开展这方面研究。

与此同时，增加走航测温观测：使用拖曳温度自记仪或测温链，自动记录表层温度（中国第六次南大洋调查曾使用过），可以更精确地判断锋面结构；增加表层水采样，分析盐度，和温度资料一起判别西风带锋面结构。

（三）要展开多学科同步调查

刘琳、高立宝自2008年11月8日到11月15日从澳大利亚弗里曼特尔前往南极中山站途中，在亚南极锋以及极锋锋面附近释放探空仪共6个，对锋面附近低空大气垂向结构进行了现场观测。首次较精细地揭示了南大洋锋面处大气低空环流结构（图16-3-4），给人耳目一新的感觉。

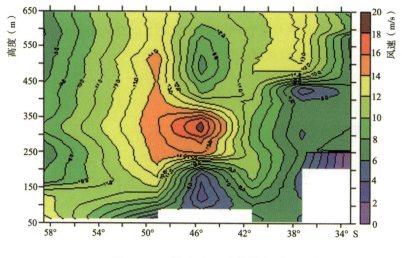

图16-3-4 风速（m/s）的纬度-高度分布

（1）弗里曼特尔港至中山站之间的亚南极锋冷暖两侧低空大气呈现不同的垂向结构，锋面暖水侧风速垂向梯度小，风速梯度最大值出现在500 m高度附近，而锋面冷水侧低空风速梯度最大值出现在150 m高度附近，揭示了中纬度海气相互作用机制在东南印度洋海洋锋面附近同样起重要作用。

（2）亚南极锋锋面高空200~300 m处存在一支强流区，风速最大可达14 m/s，该强流区的主要贡献来自于经向风。

（3）极锋上空低空风速增强而高空风速逐渐减弱。

二、普里兹湾调查

南极普里兹湾是我国南极考察的重点区域，这里有季节变化显著的海冰以及东南极最大的埃默里冰架（图16-3-5），海冰和冰架对普里兹湾水团和环流有着至关重要的影响。开展针对海冰和冰架的研究，不仅能够增进对普里兹湾海洋动力过程变化规律的了解，还有助于推进普里兹湾能否形成南极底层水这一核心问题的最终解释。但是，20多年国内外调查结果，尚无明确结论。

（一）艾麦里冰架前沿水扩散

澳大利亚2001年冰架前缘ADCP观测结果显示（图16-3-6），断面各个层次上流速总体上具有一致的规律，断面的最东部为西南向的流动，72°~74° E区域变为西北、偏北向流动，71°~72° E区域又为西南向流动；70.5°~71° E再变为偏西、偏北向流动。70° E附近以东向南，以西向北。最强流速都超过1 m/s。2002年冰架前缘流与2001年基本一致，不同的是2002年相同层次上流速略小于2001年。

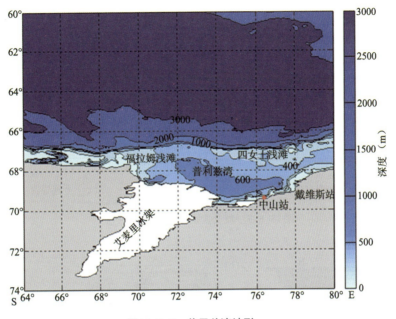

图16-3-5　普里兹湾地形

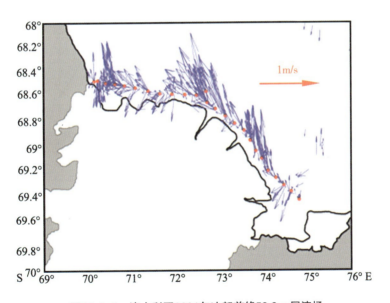

图16-3-6　澳大利亚2001年冰架前缘52.6 m层流场

　　通过中国2003、2005、2006、2008和2010年南极考察获得的埃默里冰架前缘断面温盐数据,由密度分布可知(图16-3-7):在71°~72° E 之间存在上升流,在70.5° E附近存在下降流,它与图16-3-6中的流场是紧密对应的。而73° E以东高密度水向深层转移,东部为低盐、低密度水盘踞。表明这里是冰架水主要扩散区。

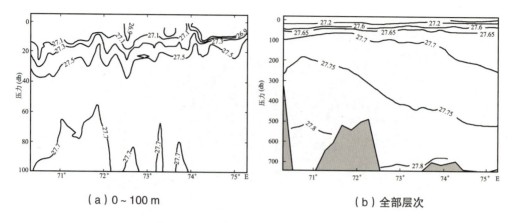

（a）0～100 m （b）全部层次

图16-3-7　绕艾麦里冰架断面密度分布

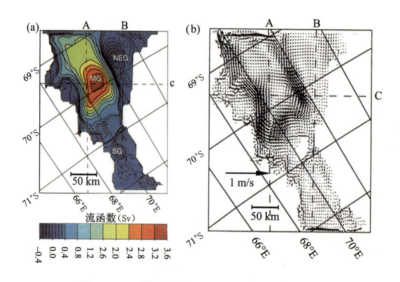

图16-3-8　艾麦里冰架下垂向积分流函数和流速分布

　　但是，这一切和艾麦里冰架下面流场数值模拟对不起来（图16-3-8），从图中可以看出，在70°～72° E之间为顺时针环流，在72°～74° E之间为弱的逆时针环流，它与图16-3-6产生明显的矛盾：在68.6° E附近，是实测流的南缘，数值模拟的北缘。实测的流向西，流速接近1 m/s；而数模计算结果，流向东，流速只有10 cm/s左右。虽然，流场存在明显不协调，但是，数模却可以解释以下几个问题：

　　（1）可以解释冰架前缘最西端低温冰架水的来源。观测证实，所有年份中只有这部分冰架水是可以深达海底的。它只能是来自冰架下的水，在冰架下经历了最长时间的冷却，因而具有最低的温度。可以沿着约70.5° E向北扩展直至陆架坡折处，然后与涌升的绕极深层水混合，具有形成南极底层水的可能性。而实测资料却难以解释。

　　（2）可以解释在72° E处流体向南运动的机制。从2010～2011年艾麦里冰架前沿温度和盐度观测资料计算而得的流场表明,在72° E附近,海水突然转向南运动,0～100 m层流速在5～15 cm/s之间变化。数值计算表明,这里是两个环流交界处,顺时针环流(左)和逆时针环流(右)共同作用,将海水向南输运。实测结果是看不出来的。

(3)澳大利亚ADCP观测结果,流速大得惊人,想象不出驱动它的是何种动力因子。以前我们乘"极地"号在那里观测,也没有感知到如此巨大流速的作用。而数值计算结果和动力计算结果相当,量级都是5～10 cm/s,这可能是真实的。

为此,我们建议:

(1)在对艾梦里冰架前缘重复以前站位观测时,如果使用ADCP走航测流手段,务必要对仪器校准足够重视,如果也出现澳大利亚那样的观测结果,则对继续使用外国资料抱有信心。而且将历史资料联合分析,会得出一些有益结果。

(2)在特定站点可以采用锚定浮标测流。鉴于南极冰封的情况以及恶劣天气,不必要今年放、明年收,这样冒险性太大,可以10天左右就回收。因为这里是深海,100 m以下流态基本稳定。测流点可选为:A(69.3° S, 74.5° E)、B(68.6° S, 72.0° E)、C(68.4° S, 70.2° E)附近。

(3)在普里兹湾做一次覆盖面尽可能大、站位尽可能多的温盐测站,为海湾数模提供初始场。

(二)对普里兹湾陆坡处底层水生成进行调查

普里兹湾是南极底层水的几个可能的生成源地之一,对其开展观测和研究可揭示南极底层水的生成和发展过程,进而了解其与气候变化之间的相互作用。

底层水位于绕极深层水之下,温度低于0℃、盐度低于深层水的冷水性水团。在陆坡区水团所在的深度约2 100 m,从陆坡区向外,深度逐渐加深,盘踞于整个大洋低层。高郭平等,2001～2002年在南大洋考察中使用XCTD,将温盐观测延伸到水下3 000 m(图16-3-9),从中确实可以看到低温高盐水下沉的迹象,但是,能不能就此断言普里兹湾是底层水生成的一个源地,结论为时尚早。

(三)对磷虾集群区进一步调查

普里兹湾是我国中山站所在地,海水运动(环流)形式和交换机制对研究这里的海冰盛衰、生物资源(主要是磷虾)、海底沉积是至关重要的。根据1990年第六次南大洋调查结果,福拉姆浅滩北面是三大磷虾集群地之一(其余两个都在普里兹湾以东),与冰架水从这里排出(一个顺时针运动的中尺度涡导致)有密切关系。

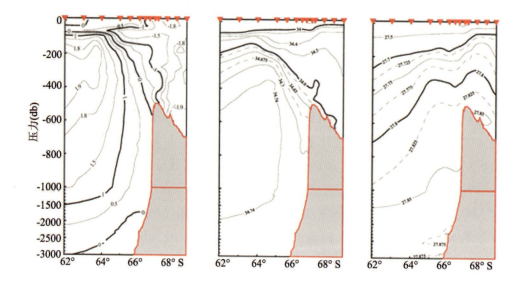

图16-3-9　2002年2月73°E断面位温、盐度和密度分布

第四节　北冰洋观测

北极是全球气候变化的驱动器和响应器之一。北极海洋—海冰的相互作用和变化，直接影响表面的热通量，导致北冰洋下垫面气温变化，影响北极气候。北极气候变异又将影响北冰洋海冰、海洋环流及水体结构的变化，通过北冰洋的出流和海洋热盐环流参与世界大洋的海水循环，影响全球的海洋过程，进而影响全球气候。

北极是影响我国气候的冷空气源地，北极的冷高压是控制我国气候的三大要素之一。北方地区冬季的雪灾冷害，春季的沙尘暴、干旱和浓雾，以及夏季的旱涝过程等频繁发生的气候灾害都与来自北极的冷空气活动有直接的关系。

自有卫星观测以来的30多年中，北冰洋的海冰呈减少的趋势，而自20世纪90年代以来，这种变化趋势显著加速，北极进入一个快速变化期。

在海冰厚度方面，20世纪90年代同50年代相比，北冰洋中部海冰的厚度变薄了近1.3 m，冰量减小了40%。伴随海冰面积和海冰厚度的变化，相应的是海冰的年龄变小，当年冰增加，多年冰持续减少。从而使融化更加快速。

一、太平洋水进入北冰洋的影响范围和途径观测

白令海峡在一年的大部分时间里存在向北冰洋的净入流，来自太平洋的水温偏高，影响所及之处，海冰破裂并迅速溶解。海冰消融后，夏季强太阳辐射迅速加热海

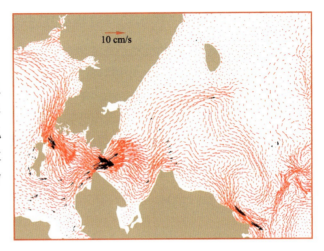

水，海冰消融进一步增加，从而对北冰洋气候产生重大影响。对此，要加强这方面观测。向北冰洋输送的高温的太平洋水（图16-4-1），被认为是北极海冰减少的启动器。

图16-4-1 白令海峡和楚科奇海流场数值模拟

（图中粗黑箭头是实测资料）

二、研究北极海冰快速变化过程及其机理方面的必要观测

北极海冰近年来快速减少，北冰洋淡水含量也出现了急剧变化。可通过分析加拿大海盆上层各层海水与基准层次的盐度差异计算各层次淡水含量。

（1）抛弃式观测：以ARGO浮标、表面漂流浮标、XCTD、XBT等为主体，在定点和走航作业过程中，对典型现象和特征过程进行快速、即时追踪与观测。

（2）走航观测：基于GPS载波相位差分技术，用船载ADCP进行大纵深海流剖面走航观测、用拖曳式CTD进行大纵深温盐剖面观测、用船舶自动气象仪进行海洋气象的观测，利用船载风廓线仪进行4 km以下大气层的连续剖面观测，走航同步完成海洋大气成分和大气化学环境特征的监测，以获取走航断面或途经海域（特别是锋面）各要素的空间分布规律。

（3）海气通量观测：根据观测平台特点和当地环境，进行海-气或冰-气界面的多要素同步观测，获取调查海域的观测数据，采用惯性耗散法为主，结合其他方法，设计海气通量观测系统。

（4）海冰观测：运用电磁感应和激光高新技术手段，开展走航式海冰厚度的连续观测；利用直升机悬挂电磁感应冰厚EM—bird型探测系统，观测海冰厚度和冰面形态。同时，搜集ENVISAT和ICESAT卫星遥感同步冰厚资料进行对比分析，校验卫星遥感海冰厚度反演算法及精度。

（5）进行北极中层水增暖对海冰变化和海气热通量影响观测。

三、加拿大海盆中层水和深层水交换过程

北极中层水和深层水的运动是非常微弱的，对水体输运能力很差，但是，在陆坡区存在较强的中层和深层环流。中层与深层水交换不仅改变深层水的结构，而且对冬季海水垂直对流产生特殊影响，成为影响气候变化的因素之一。近年来锚系潜标观测表明，陆坡流存在各种尺度的变化，既有流轴的摆动，又有流量的变化，但是由于观测手段的限制，对流场变化规律还不清楚，需要进一步观测。

第十七章 各种分析图表的绘制

第一节 时间序列图形绘制

一、什么是时间序列图

时间序列(time series)是指在一段时间内,通过对某海洋要素定期等间隔测量而获得一组观察值的集合。通过收集分析时间序列数据,应用数理统计方法加以处理,可以找到隐藏在其中的基本变化规律,建立数学模型定量描述序列特征、预测序列未来值。一个时间序列通常能给出四种基本特征:趋势、季节变动、循环波动和不规则波动。例如:图17-1-1给出的世界海洋海平面的变化,就是时间序列图。它表明:从1870年开始,全球海平面总体趋势都在上升,130年来,海平面上升约210 mm。但是上升过程中速率是不一样的:在1930年以前,上升是缓慢的,在60年时间内海平面只上升35 mm,而后70年竟上升175 mm。

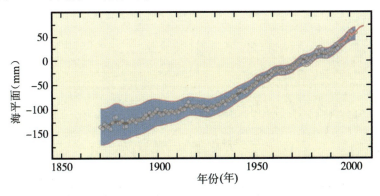

图17-1-1　全球海平面变化

二、怎样做时间序列图

(一)纵横坐标是等间距的
时间序列图能给出某一海洋要素随时间的变化过程。对资料分析是大有裨益的。

在作图时,一般是观测要素的量值为纵坐标,给以适当等值间隔,再赋以计量单位;时间是以横坐标为轴,通常是等间距的,同时也要标出单位(年、月、日、时、分等)。

既然是时间序列图,那就要要求时间序列尽量长。这样才能看出该要素随时间变化的可靠的规律,避免以点代面、以偏概全、以局部代替整体的错误。

时间序列分析是一种动态数据处理的统计方法。该方法基于随机过程理论和数理统计学方法,研究随机数据序列所遵从的统计规律。因此,时间序列在长时期内呈现出来的持续向上或持续向下的变动过程中,会有以下一些波动:

季节变动:是时间序列在一年内重复出现的周期性波动。它是诸如气候条件、降水、入海径流等各种因素影响的结果。

循环波动:是时间序列呈现出非固定长度的周期性变动。循环波动的周期可能会持续一段时间,但与趋势不同,它不是朝着单一方向的持续变动,而是涨落相同的交替波动。

不规则波动:是时间序列中除去趋势、季节变动和周期波动之后的随机波动。不规则波动通常总是夹杂在时间序列中,致使时间序列产生一种波浪形或震荡式的变动。只含有随机波动的序列也称为平稳序列。如果时间序列不够长,主要规律就会被这些波动所掩盖,从而失去作图的意义。下面举两例说明。

1. 黄河流量随时间变化

例如,近年来,渤海沿岸河流入海径流量显著减少,成为导致渤海盐度升高、河口生态环境改变、海洋生物产卵场退化的重要原因之一。

黄河是渤海最大的入海河流,其淡水入海量约占渤海入海径流量的3/4。黄河中、下游自1972年开始,流量发生明显减少,甚至经常发生断流现象。图17-1-2给出1950～2008年间黄河径流量的逐年变化,从中可以看出它的逐年波动、循环波动和不规则波动。

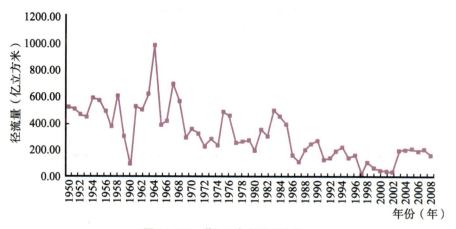

图17-1-2　黄河历年径流量变化

(引自黄河利津水文站)

2. 水位随时间变化

对于水位升降有规律的潮汐, 有时也要用时间序列图形表示出来, 让人们清楚地看出有规律的运动中也有日变化和循环的波动(图17-1-3)。

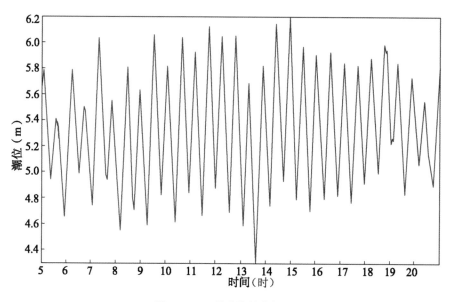

图17-1-3 蓬莱潮位变化图

(2003年9月5日 ~ 9月20日)

(二)对数坐标系

滨海核电常用的年极值取样概率预测公式为:

1. Gumbel分布

分布函数 $F(x; \mu, \sigma) = \exp\left(-\exp\left(-\dfrac{x-\mu}{\sigma}\right)\right)$, $-\infty < x < +\infty$

2. Weibull分布

分布函数 $F(x; a, b) = 1 - \exp\left(-\left(\dfrac{x}{a}\right)^{b}\right)$, $x>0$

3. Pearson-Ⅲ分布

分布函数 $F(x; \alpha, \beta, x_0) = \dfrac{\beta^{\alpha}}{\Gamma(\alpha)} \displaystyle\int_{x_0}^{x} (t - x_0)^{\alpha-1}\exp(-\beta(t-x_0))\,\mathrm{d}t$, $x>x_0$

4. GEV分布

分布函数 $F(x; \mu, \sigma, \zeta) = \exp\left(1-\left(1+\zeta\dfrac{x-\mu}{\sigma}\right)^{-\frac{1}{\zeta}}\right)$, $1+\zeta\dfrac{x-\mu}{\sigma} > 0$

从中可以看出, 其分布函数都是指数形式, 如果横坐标用等间距, 那么图形就不好看。采用对数坐标系, 图形不仅美观, 且容易读取极值(图17-1-4)。

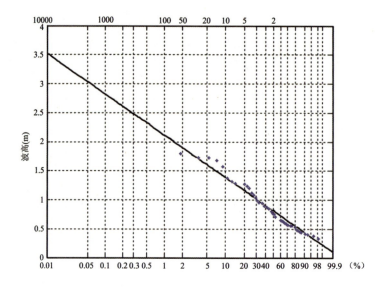

图17-1-4　波高的Gumbel分布

图17-1-4中, 横坐标是波高出现概率, 纵坐标是波高(m)。虽然我们要求逐年出现的极值序列越长越好, 但是, 波高则按大小换算成出现概率在图中出现。然后用已知概率曲线去预测未来出现概率更低的事件。简单地说, 就是指由已知事件测定未知事件。人们通过预测可以了解目前决策所可能带来的后果, 并为它的到来做好准备。例如, 图17-1-4中, 已知最大波高出现的概率是50年一遇(横坐标标度"2"处)是1.8 m, 用Gumbel拟合结果是1.9 m(图中直线所指处)。然后根据Gumbel曲线推测千年一遇(图中横坐标"0.1"标示处)波高是2.8 m, 万年一遇(图中横坐标"0.01"标示处)是3.5 m。

第二节　研究特定时间的图形绘制

所谓研究特定时间的分布图, 是指时间固定在特定时刻(如观测时间)或者某一时段平均的要素分布。通过这种作图可以看出任一环境要素的垂向或水平的分布特征。

一、垂向分布

垂向分布, 通常都是表达某一要素随水深的分布。因此, 垂向坐标为水深, 横向坐标为研究要素的量值刻度(一个, 也可以是几个)。图17-2-1就是横坐标为3个量值——温度、盐度和声速的分布。通过作图, 可以清楚看出声速随深度、温度和盐度变化的关系。

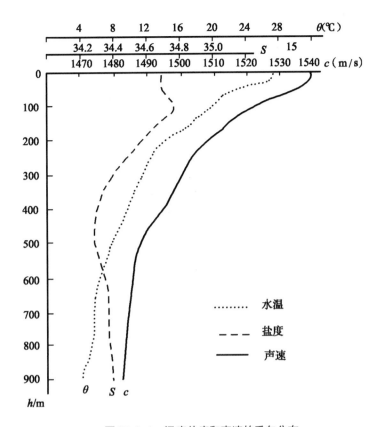

图17-2-1 温度盐度和声速的垂向分布

也有的图虽然横坐标只有一个, 但是不同的曲线可以表达不同水体的垂向分布规律。图17-2-2给出大洋不同海域水体密度垂向分布。从图中可以明确看出, 赤道附近, 由于降水很多, 所以表层密度低; 而高纬度海域, 由于蒸发强, 所以表层密度大。

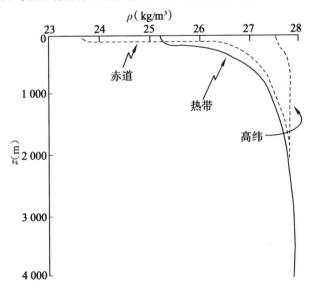

图17-2-2 大洋不同海域水体密度垂向分布

图17-2-3给出更复杂的垂向分布：纵坐标是温度，横坐标是盐度，图中斜线是条件密度。

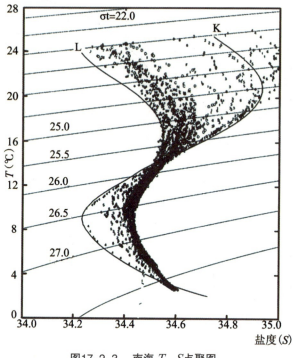

图17-2-3　南海 T、S 点聚图

二、大面分布

（一）一次调查结果的绘制

主要针对大面观测结果的作图。这里所说的"大面观测"，是指在调查海区布设若干观测站，在很短的时间内（几个小时或几天）对各观测站进行相同环境要素的观测。大面观测的诸要素（温度、盐度、溶解氧、硝酸盐、磷酸盐等）虽然严格说来是非同时完成的（一个海区有许多观测点，船只要逐点历经），但是要缩短调查时间（最好多船同时调查），并且认为在调查这个时段内，调查诸要素变化是在误差允许范围内的，这样就能认为这些要素平台分布是能反映调查时段内平台分布规律的。

大面分布图绘制方法：在一张能概括所有调查点，且岸边主要标识物（如岸线、地名、河流）最好能够显示的底图上，分别标出经纬度；然后在底图中调查站位处给出某个要素的观测值，再根据线性差值原则给出站位之间的量值，据此绘出相应的平面图（图17-2-4）。

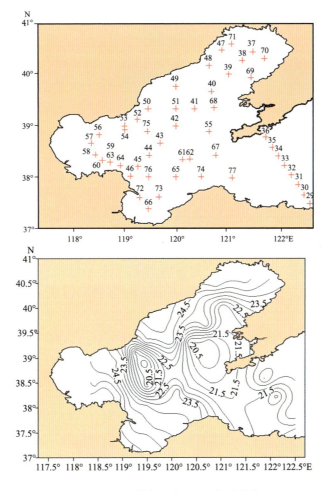

图17-2-4　渤海夏季10 m层温度分布

（上：站位；下：温度分布）

我们假定在调查时段内，各要素基本不变，这实际是不可能的。而要知道变化多少，进行时间改正，这更是艰苦的校正过程。即使你做了，其结果也无法令人相信。因为以温度而论，它既受到海面热平衡（太阳辐射、蒸发、长波辐射、海气界面之间接触热交换）的影响，还受到降水、大风垂直对流混合、海水内部平流输送等复杂的影响。对这些影响的定量确认，现阶段基本不可能。

（二）多年平均结果绘制

1. 多年观测资料平均

既然一次调查结果有如此众多的不确定性，因此，很多人谋求平均分布图。即用同一区域多次观测值的平均结果，代替一次性观测，以求消除偶然误差和时间非同步的影响。这种做法要有大量资料作为基础（图17-2-5）。

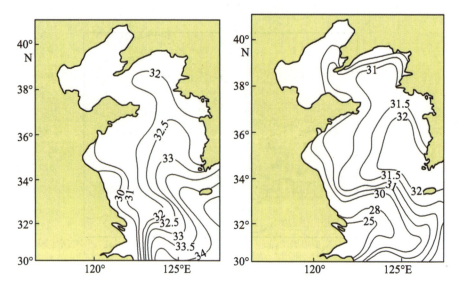

图17-2-5　黄海1月和7月多年平均表层盐度

（陈达熙等，1992）

2. 多年遥感结果平均

遥感方法可以获得海面瞬时的温度、波浪、海平面高度等分布, 但是仍然难以消除一些偶然误差。不少学者也采用遥感结果多年平均值来讨论水体的运动规律（图17-2-6）。

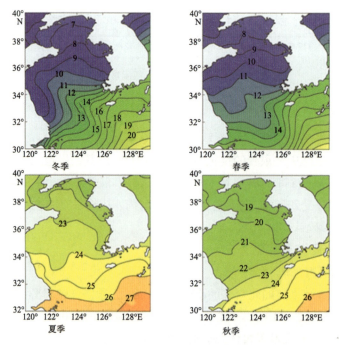

图17-2-6　黄海及毗邻海域不同季节表层温度分布

（陈春涛，2009）

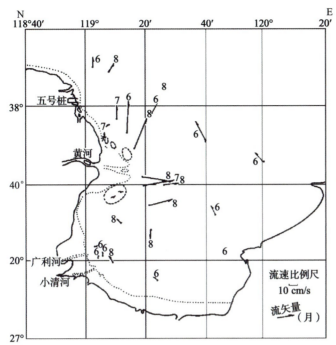

（三）矢量图的绘制

海流（潮流和余流）是矢量，在大面图的绘制中，就必然要标志其运动方向。图17-2-7、图17-2-8给出余流和潮流的矢量平面分布。

图17-2-7　莱州湾夏季表层余流

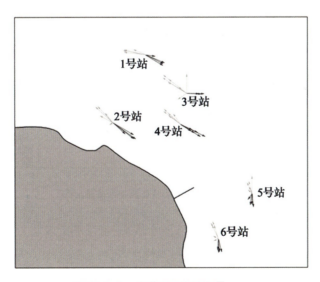

图17-2-8　老黄河口潮流矢量

三、断面分布

（一）标准断面要素分布

在调查海区，布设若干条有代表性的标准断面，上设若干测站，按预定时间在测站的标准水层处进行观测或采样，称为断面调查（图17-2-9）。其目的是对观测区的主要海洋现象，能通过断面要素的分布给以体现，避免整个海区调查的费时、费力的劳动。

根据断面调查结果，绘制能够反映沿某断面、某要素垂直剖面上的分布状况的实测图，称为断面分布图（图17-2-10）。

图17-2-9　渤海及邻近海域标准断面

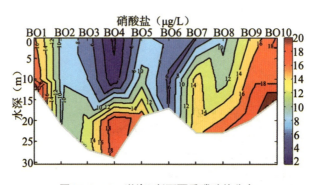

图17-2-10　渤海B断面夏季磷酸盐分布

从图17-2-10可以看出，磷酸盐分布若干规律：底层高于表层；沿着两个凹槽的南坡，底层磷酸盐有明显向上爬升；对爬升水体的补偿，有两个明显的下降水体，其中磷酸盐含量极低。正是由于这些特征，才给予渤海环流以正确启示。由此也证明这个标准断面设置的必要性。

（二）垂直断面的流速分布

在一条连线上有若干站位，这些站位所在的铅直平面又称断面。在每一个站位处按设定层次观测海流的矢量值，再将海流矢量分为和断面垂直、平行的两个分量。将垂直的流速分量放在该站相应的深度处，用内插方法画出流速等值线分布，就叫做垂直断面的流速分布（图17-2-11）。

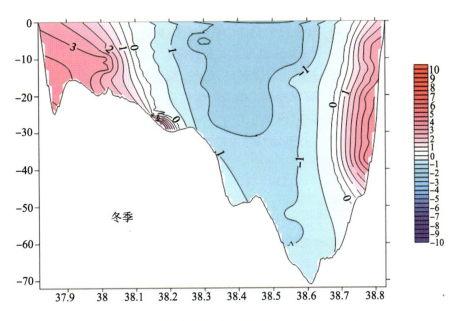

图17-2-11　冬季渤海海峡断面余流分布（单位：cm/s）

四、直方图

直方图常在一些环境报告中用到。它以垂直高度代替某一物理量的量值，而水平轴则排列各种物理量或地名。这种图形对比强烈，效果明显。图17-2-12是渤海各验潮站最大潮差和平均潮差。

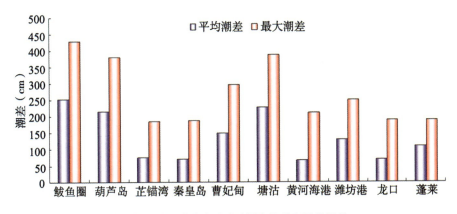

图17-2-12　渤海各验潮站最大潮差和平均潮差

五、百分比图

(一) 圆形 "蛋糕"

海洋研究中常用饼图来表示整体中各部分的组成。在研究海洋生物的饼图里一般以切块大小表征一个海域中各种生物的百分比。这种图非常形象，一目了然。图17-2-13是莱州湾海域底栖生物组成图，有腔肠、纽形、环节、软体、节肢、棘皮、半索和头索8个动物门。其中，环节动物出现的种类最多，共34种，占底栖生物种类组成的37.4%；节肢动物出现29种，占种类组成的31.9%；软体动物次之，共出现20种，占底栖生物种类组成的22.0%；棘皮动物2种，占种类组成的2.2%。其他类群的动物出现种类较少。

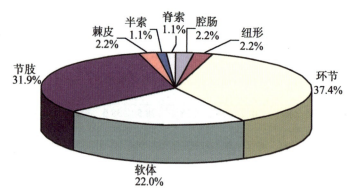

图17-2-13　底栖生物种类组成

还有一种也是以饼图形式表示各种投资的百分数，但是，将不同方式结果一并列出，这种对比更为强烈（图17-2-14）。

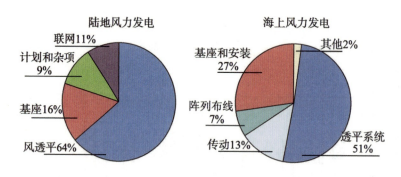

图17-2-14　陆地和海洋风力发电投资项对比

(二) 矢量的圆形 "蛋糕"

海洋中运动的参量，如波浪和海流，是一种矢量，不把方向赋予它们，它们的特征就无法表述。因此，在画这些 "蛋糕" 时，就要明确定义各种方向。图17-2-15是对波高-波向的一种直观表述。图中给出16个方位，方位间隔22.5°。然后，再以等圆圈间距表示百分数。至于波高，则划分为几个等级（图中画5个等级），不同等级占有的百分数，则由它们占有的宽度量表示。由此可见，这种表述方法要比标量复杂得多。

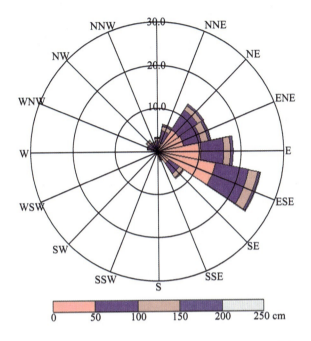

图17-2-15　洋口外海水深10 m处平均波高–波向分布（冯彦青，2010）

第三节　多学科交叉对比

通过大气交换或经生化反应溶解于海水中的氧统称为溶解氧（DO），它与海水中的主要营养盐［包括硝酸盐（NO_3-N）、磷酸盐（PO_4-P）、硅酸盐（$Si(OH)_4-Si$）］都是生态系统的重要物质基础。因海水中的DO、营养盐含量与海洋生物生理活动和海水物理性质变化等因素密切相关，而生物活动主要发生在深度不大的真光层中，所以人们在进行生物地球化学研究时对于DO和营养盐的相关问题通常只关注表层范围，以此来推测生物活动的情况。但在水团分析过程中，无论是在垂直还是水平方向上，我们所关注的DO和营养盐含量不仅受到物理过程的影响，也受到生物过程的制约，且这种影响与制约不仅限于表层，而且直达水体深部（图17-3-1）。

特别要指出的是，溶解氧的分辨率要比传统盐度分辨率高得多（图17-3-2）。由图17-3-1中可以看出，DO大于100 μmol/L的水体从巴士海峡进入南海，然后沿着南海北部陆坡运动特别明显。南海南部DO低值中心由巴拉望岛中央向南部巴拉巴克海峡靠近，但在盐度图（图17-3-2）上则不甚明显。

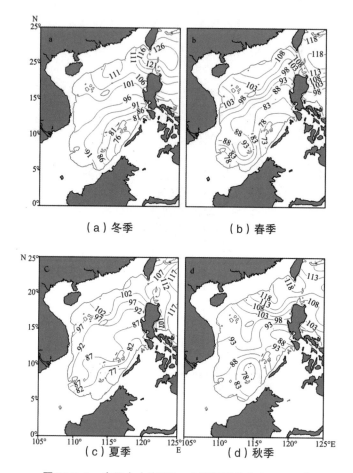

图17-3-1　中层水（约500 m）溶解氧分布（μmol/L）

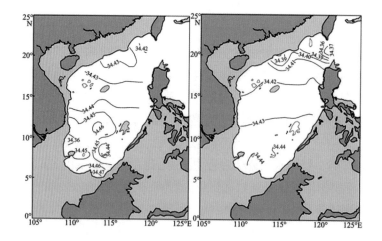

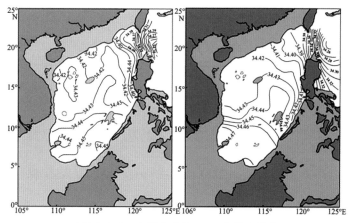

图17-3-2　中层水（约500 m）盐度分布

第四节　谱　图

谱图可以描述时间序列数据的变化规律和行为,它允许模型中包含趋势变动、季节变动、循环变动和随机波动等因素的影响。具有较高的预测精度,有助于解释预测变动规律,而不去试图解释和理解这种变化的原因。例如:您可能发现在黄河径流时间系列中出现各种起伏,但是不必去细究是何原因导致的结果。这就是统计学基本的出发点。

在海洋中广泛存在的各种现象,它们大多可用标量过程或矢量过程来描述。在其研究方法上又可以分为两类:一是用统计方法研究外观量,即在时空域内对所描述的现象进行研究;另一类方法就是谱分析方法,企图从内部结构上,即在频率域或波数域内对描述的过程进行研究。

一个时间序列,可看成各种周期扰动的叠加。频域分析就是确定各周期的振动能量的分配,这种分配称为"谱",或"功率谱"。因此频域分析又称谱分析。谱分析中的一个重要统计量,是序列的周期图。

尽管谱分析方法是几十年前才提出的,但它却随着计算机的普及、计算技术的改进而得到迅猛的发展和广泛应用。

为了研究锚定站海流随时间变化的特性,我们采用最大熵方法计算（图17-4-1A, B）,取自由度$\nu=2$,计算海流旋转功率谱。

为了检验功率谱中主要周期是否存在,我们采用以下红噪声假设:

$$W(f_m) = \nu \overline{S}_x(f_m) [\eta(f_m)]^{-1}$$

其中,ν为自由度,$\overline{S}_x(f_m)$为样本序列平滑谱,m为样本序列数,$m = 1, 2, 3, \cdots$, 函数$\eta(f_m)$

中f_m为相应的频率。给出显著性水平α，功率谱$\overline{S}_x(f_m)$的$100(1-\alpha)\%$的置信区间可用下式估计：

$$\left(\frac{\nu \overline{S}_x(f_m)}{\chi_\nu(1-\alpha/2)} , \frac{\nu \overline{S}(f_m)}{\chi_\nu(\alpha/2)} \right)$$

当$\alpha = 0.1$和自由度$\nu = 2$，在上述区间中，$\chi_\nu^2(1-\alpha)$可由《常用数学手册》中χ_ν^2分布表查得。则$\left(\dfrac{\nu}{\chi_\nu(1-\alpha/2)} , \dfrac{\nu}{\chi_\nu(\alpha/2)} \right)$分别为$(0,333,19.417)$。通常用双对数坐标绘制谱图，功率谱的置信区间表示形式将显得既简单又直观。只要$W(f_m) > 19.417$就满足显著性检验。

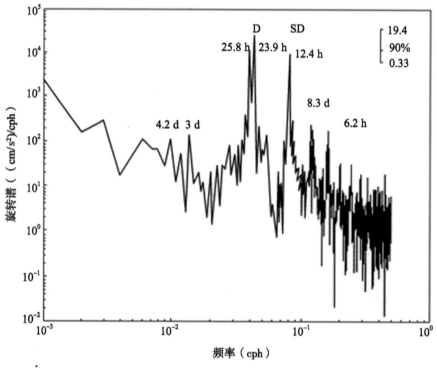

图17-4-1A 涠洲岛附近中层潮流谱（$f > 0$）

由图中可以看出：

（1）当$f > 0$时，日分潮K_1（周期约为23.9 h）、O_1（周期约为25.8 h）通过显著性检验，半日潮M_2（周期约为12.4 h）、S_2（周期约为12 h）通过显著性检验。半日潮谱峰和全日潮谱峰相当；$f < 0$时，全日分潮和半日分潮也通过显著性检验。全日分潮和半日分潮谱峰接近。

（2）浅水分潮8.3 h、6.2 h也有表现，但是未通过显著性检验。

（3）3 d以上周期也有明显表现，其中周期为5.2 d、8.3 d的在$f > 0$时通过显著性检验。

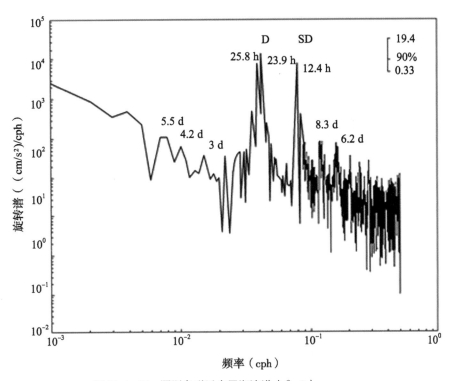

图17-4-1B　涠洲岛附近中层潮流谱（$f < 0$）

第十八章　海洋调查数据处理

第一节　海洋数据特点

研究海洋,就是要借助现场观测、物理实验、数值模拟和卫星海洋遥感等多种手段获取海洋数据,然后通过对这些海洋数据的分析、综合、归纳、演绎以及科学抽象等方法,研究海洋系统的结构和功能,揭示海洋现象的各种规律,同时也有助于人类对海洋资源的开发利用。所以,海洋数据扮演了一个重要的角色。归纳起来,海洋数据主要有以下几个特点。

一、涉及海洋学科领域多

海洋是一个复杂系统,不仅是一个物理系统,而且也是一个复杂的生态系统和多层次耦合的自然系统。海洋科学是一门综合性很强的科学体系,是研究海洋的自然现象及其变化规律,以及开发与利用海洋有关的知识体系。其研究对象是占地球表面71%的海水运动,溶解或悬浮于海水中的物质,生存于海洋中的生物,海洋底边界——海洋沉积和海底岩石圈,海洋侧边界——河口、海岸带,海洋上边界——海面的大气边界层。海洋科学按照其研究内容,可分为基础理论研究和应用研究两种;按照学科划分,可分为以下几个相对独立的基础分支学科:海洋物理学、海洋化学、海洋地质学、海洋气象学和海洋生物学。毫无疑问,海洋科学是一个综合性很强的科学体系,研究海洋所需的大量数据必然种类繁多,结构多变。

二、海洋数据获取手段迥异

当前,海洋数据的获取,主要依靠现场直接观测、物理实验、数值模拟和海洋遥感等多种手段。

　　直接观测的主要技术设施有海洋考察船、温盐深仪（CTD）、声学多普勒流速剖面仪（ADCP）、地层剖面仪、水下机器人、海底钻探、水下实验室、潜水器、旁侧声呐、锚泊海洋浮标。卫星遥感，其传感器种类也很多，主要有海色传感器、红外传感器、微波高度计、微波散射计、合成孔径雷达、微波辐射计，获取的海洋参数信息庞大且精度不一。

　　岸边有定点、定时的海洋站、气象站、海洋监测系统等。一些通过多种形式保留下来的历史资料也有着重要的参考价值。随着科学技术的不断发展，海洋数据获取手段以及海洋观测仪器种类不断增多，同一种海洋观测仪器其核心技术也不断升级，人类能够获取的海洋数据不仅种类越来越多，精度也在不断提高。面对浩如烟海的大量数据，如何整理分析，已经是海洋界不得不面对的大问题。

三、数据处理异常复杂

　　原始观测数据的格式不断增多，对海洋数据的描述也越来越复杂。

（一）采集系统各异

　　不同海洋学科之间往往存在不同的资料采集系统，每个系统自成门户，各有各的分析手段，各有各的记录方法，各有各的表述方式，各有各的最终成果。要把这些不同格式的数据和表述方法，统一成互相可用的系列，彼此参照使用，是极为复杂的系统工程。现在将"行规"变为"国标"，只是手段之一，离理想目标还有很大一段距离。

（二）海洋数据源的异构性

　　不同的科研单位往往根据海洋数据的来源和数据类型选用相应的数据存储形式，如传统的关系数据库（RDB）、面向对象的数据库（OODB）、XML 文件或者其他文本文件，所以海洋数据源具有异构性特征。这给海洋数据的处理和交换带来很大的困难。

（三）海洋数据的"四维"属性，也使得数据库构造异常复杂

　　由于海洋环境的特殊性，一般来说，海洋数据都具有时间、空间的属性，即四维属性，这就使得海洋数据非常复杂。例如，一般采集系统既有点数据、线数据、面数据，还有这些数据的时序变化。就时序变化而论，又有大尺度、中尺度、小尺度和细微尺度的时间范畴。要想用统一框架，把这些属性可视化，无疑是一项浩大工程。

（四）数据量巨大，延续时间长，精度不一，用统一方法处理至为困难

　　海洋数据量非常巨大，而且正以指数级增长，这些数据分布于世界上多个海洋研究中心和其他科研单位。这对搜集这些数据形成很大制约；即使收集得到，但早期资料由于精度低，要与现代高精度资料放在一起分析，也必须进行有效数字的处理。

第二节　数据的误差

一、误差的存在

任何测定过程都不可能得到与实际情况完全相符的测定值。在测量过程中,由于测量者的主观因素、测量仪器的精度限制和周围环境条件的影响等,总会在测量中不可避免地引起这种或那种偏差。这种现象叫做数据的误差。

在实验室进行某一物理量的测定时,由于实验条件可以控制,实验对象容易约束,往往能较好地控制数据的波动,特别是可减少环境变化的影响所造成的波动。但是,在直接对大自然进行观测的一些领域,如海洋、气象、地理、天文等,环境因素的影响往往是难以控制的,由此带来观测数据的波动就会大大加强,有时这种波动甚至超过观测量本身的许多倍。

二、误差定义

海洋要素的调查与观测往往是在既不知道被测对象的真值,又在被测对象不断变化的条件下进行的。一般说来,测定值并不是观测对象的真正数值(或称真值),它永远是客观情况的近似结果。同时,任何一个物理量的真值通常是不知道的。但是,可以通过某种方法来估计测定值的准确程度,或者说可以估计测定值与真值相差的程度。这种测定值与真值之间的差异,称为测定值的观测误差,简称误差。根据表现形式,误差又分为绝对误差和相对误差。

(一)绝对误差

假定某次测定值为M,又假定其真值为T,则:

$$M - T = \pm\delta \tag{18-2-1}$$

式中,δ称为绝对误差,正负号表示可正可负,即测定的数值可能比真值大,也可能比真值小。虽然真值是永远不可能知道的,但在后面将会讲到,通过对测值的数学处理之后得到的所谓"最佳值"或"最可信赖值",可以代替真值。

(二)相对误差

不同测量对象和测量目的,要求测定值有准确的测定范围。例如:测量大洋深度,绝对误差为1 m,那是非常准确的了,但在测量只有几十米、十几米的浅海水深时,绝对误差也是1 m的话,那就太粗糙了。在这些场合,只有用误差和测定值的相对大小才能更好地表示测量的准确程度。为了比较各种测定结果的准确程度,引进了"相对误差"的概念。

绝对误差δ和真实值T的比值,叫做相对误差,用ρ表示,即

$$\rho = \frac{\delta}{T} \qquad (18\text{-}2\text{-}2)$$

$$T = M \pm \delta = M\left(1 \pm \frac{\delta}{M}\right) = M\left(1 \pm \frac{\delta}{T}\right) = M(1 \pm \rho) \qquad (18\text{-}2\text{-}3)$$

（三）残差

观测值M_i与算术平均值之差叫做残差。

（四）平均误差

平均误差又叫均偏,如果把所有误差相加,由于正、负误差数目和大小几乎相等,故代数和趋于零。为了了解多次观测中误差的平均水平,从而评价观测的精度,就把所有误差先取绝对值,然后总和平均,由此得到算术平均误差a:

$$a = \frac{\sum|\Delta x_i|}{n} \qquad (18\text{-}2\text{-}4)$$

（五）或然误差

或然误差又称中值误差或概差。其定义是:比这个数值小的误差出现的概率,与比这个数大的观测误差出现的概率恰好相等,各占一半,则这个数叫或然误差。常用γ表示。

（六）均方误差

如果采取简单的平均计算,会使为数极少的大误差在平均过程中被为数众多的小误差所淹没,不能够清楚地反映大误差特征,因而常常会对未来测量的误差产生过于乐观的估计。为了更好地表现大误差的特征量,通常采用均方误差,又叫标准误差。其定义是:对各个误差的平方和取平均,再对其结果开平方。如果$\Delta x_1, \Delta x_2, \cdots, \Delta x_n$为各个观测值的误差,$s$为均方误差,则:

$$s^2 = \frac{\Delta x_1^2 + \Delta x_2^2 + \cdots + \Delta x_n^2}{n} = \frac{\sum \Delta x_i^2}{n},$$

$$s = \sqrt{\frac{\sum \Delta x_i^2}{n}} \qquad (18\text{-}2\text{-}5)$$

考虑到观测误差的所谓"自由度":只有一个观测值是无法计算误差的,两个观测值可以计算误差,但这两个误差是互相约束的,而只有一个是"自由的",故严格讲来,应该是:

$$s = \sqrt{\frac{\sum \Delta x_i^2}{n-1}} \qquad (18\text{-}2\text{-}6)$$

当观测次数较多时,n与$n-1$在计算时差别不大,故可用n代替。

根据误差分布函数,可以计算出绝对值大于均方误差的误差,其出现的概率约为32%,即有约68%的观测值落在均方误差的数值范围之内。还可推算,比均方误差大

两倍以上的误差出现的概率为3.5%,大于3倍均方误差的误差出现的概率只有0.3%。

海洋研究中经常用均方误差来间接表达环境要素变化的缓、急程度,并进一步推断其外界影响因素。例如,大西洋中部,大量温度统计结果的均方差只有1.5℃,表明那里水温受外界影响小,而寒暖流边界处,温度均方差可以高达5℃~7℃,表明边界会快速移动。

同样盐度均方差的异常值s是大河淡水注入和北极冰覆盖层融化引起的。在南大洋西风带没有发现盐度异常,这是稳定的南极环流影响的结果。在南极冰架附近和北极流冰地区,盐度偏离多年标准的均方差可达2~3,而在河口附近可达3.5~4。

(七)离差系数

均方差不仅受随机系列变动的影响,还受系列平均值的影响,一般均值高的系列,其均方差要大一些,反之,均值较低的系列,均方差要小一些。因此,不能直接用两个不同均值的系列均方差来进行比较,以说明两系列离散程度。均方差相等,不能说明两系列离散程度一样。为此我们不能单用均方差一个绝对量来比较不同均值的随机系列的离散程度,而需消除均值的影响,即用均方与均值的比值(即相对量)来表征。这个比值称为离差系数,以符号C_v表示,即:

$$C_v = \frac{s}{\overline{x}}$$

或

$$C_v = \frac{1}{\overline{x}} \sqrt{\frac{\sum_{i=1}^{n} (x_i - \overline{x})^2}{n-1}} = \sqrt{\frac{\sum_{i=1}^{n} (K_i - 1)^2}{n-1}} \qquad (18\text{-}2\text{-}7)$$

$K_i = \dfrac{s_i}{\overline{x}}$ 称为模比系数。

能不能说离差系数来表示离散程度一定比均方差好呢?仍不尽然。例如,我国渤海北部海区冬季平均水温在零度左右,则在均方差固定时,C_v就很大,而夏季同一海区平均水温在28°左右,同样的方差,但因平均值增大,C_v就变小了。这样看来,用离差系数和均方差来表达离散程度各有优缺点,应视具体情况来选用。

(八)偏差系数

系列的离散程度已可通过均值和离差系数来了解,可是对系列的偏度,即是对称分布还是非对称分布仍不知道,需用另一度量来测定它。

一个数列按大小次序排列后,如果相对平均值的两边对称位置上的各变数都一一相等,此时我们称这个系列为对称分布,否则称为偏态分布。

测量偏度是对均差立方的和,再进行平均表示:

$$C_s' = \frac{\sum (x_i - \overline{x})^3}{n}$$

由于均差立方后大的更大，且符号不变，故在对称分布时，正负号立方正好抵消，即 $C'_s = 0$，在偏态分布因素有两种情况：一种是 $C'_s > 0$，系正值占优势，此时称为正偏；另一种是 $C'_s < 0$，系负值占优势，称为负偏。

同均方差必须化成离散系数一样，这儿均差立方之和也必须消除均方差所引起的影响。我们把下式定义为偏差系数，并以符号 C_s 表示，即：

$$C_s = \frac{C'_s}{\sigma^3} = \frac{\sum (x_i - \bar{x})^3}{n\bar{x}^3 C_v^3} \qquad (18\text{-}2\text{-}8)$$

与均方差修正相似，在样本少时应该修正为：

$$C_s = \frac{\sum (K_i - 1)^3}{(n-3) C_v^3} \qquad (18\text{-}2\text{-}9)$$

式中，K_i 为模比系数。

三、误差的产生

（一）系统误差

由于测量仪器不准确，测定方法不合理，测定技术不完善，测量条件（如温度、湿度、气压等）的非随机变化，不同测量者有不同习惯（如有人总用左眼观测，有人总用右眼观测，从而造成读数的视差）等所引起的观测误差，统称为系统误差。意思是这样误差与观测系统本身有关。系统误差又可分为恒定系统误差和非恒定系统误差两种。

恒定系统误差的特点是：总是偏大或总是偏小，偏离的数值和符号也大体相同。总之，误差的数值是恒定的，故又称为"常差"。例如，仪器在制造过程中，由于材料和工艺处理、安装和调试等方面不能绝对相同，而使它们之间总会存在一些固定的差异，若使用前未用标准仪器校正，则用这种仪器所测的结果就会与"标准"结果相差一个常数。这就属于恒定系统误差。在多数情况下，恒定系统误差主要是由测量仪器的不标准和测定方法的不合理等所引起的。一旦发现存在这种误差后，要尽快找出误差产生的原因，再通过各种途径，如校准仪器，改善观测条件，改进观测技术，或求出常差的数值后从观测数据中减去等方法予以消除。

非恒定误差的特点是：误差数值并非自始至终都是固定的数值，而会有所变化。例如，由于仪器机械磨损、仪器中某些器件性能的退化、生物附着等都会造成非恒定系统误差。特别应该提及的是，铁壳船体对目前使用的大多数海流计流向都有影响。我们曾做过如下实验：从一条吃水1 m的铁壳登陆艇，与从系在艇尾20 m远的木舢板上同时施放海流计进行对比观测。两台对比仪器入水深度为2 m，其流速差平均值为0.6 cm/s，其流向差平均值为30°；如果将铁壳登陆艇上海流计用杆子支离船舷外 3 m处观测，此时流速、流向差都有所降低，其流速差平均值为0.7 cm/s，流向差平均值为-11.4°。同样的试验，还在2 000多吨的"东方红"号调查船上进行过，与"东方红"

号船同时进行比测的是10 t木壳渔船，其比测结果，流向差都随着仪器释放深度的增加而减少。

（二）过失误差

由于观测者疏忽大意，以至观测时操作错误，读数时读错了数，计算时算错了数而引起的误差，叫过失误差。为了避免这类误差的出现，要求每一位观测者深刻了解观测工作的重要性，加强责任感，技术上精益求精，严格遵守观测程序。这样，过失误差是完全可以避免的。一旦出现了可能是过失误差造成的可疑数据后，要仔细分析，加以鉴定，确定之后就要努力找出原因，以求补正，否则这个观测值应予以作废。

（三）偶然误差

偶然误差又称实验误差，它包括了除系统误差和过失误差之外的一切误差，也包括后面将会讲到的随机干扰。

具体地说，实验的外在条件（如温度、气压）的无规则涨落，会使读数产生无规则的变化；仪器载体（船只或表层浮标）在大浪时起伏摇摆，会使流速产生多余的量值；潜标，特别是深海潜标，在涨落潮流速较强或内波干扰下，系统会产生显著倾斜，从而改变系缆上仪器所在深度，观测值自然要发生变化。此外，水草的临时缠绕，以及仪器本身的结构、性能的不稳定等，都会在测量中产生误差。由于这些因素的复杂性和无规则性，使得每一次测定中出现误差的大小都具有偶然性。而这些因素加在一起，所造成的误差，称为"偶然误差"。

偶然误差的特点在于：反复测量一个量时，这种误差表现出大小及符号各不相同——有时大、有时小、有时正、有时负，不能人为地加以控制，可以看出它完全是由于偶然的原因而无意识地引进来的。当测量次数足够多时，由于产生这种误差的随机性，就没有理由认为偏向一方的误差（如正误差）会比偏向另一方的误差（如负误差）出现得更多，而必然是数值相等、符号相反的误差出现的次数相等。也就是说，绝对值相等的正误差和负误差出现的概率相等。这样，随着测量的次数的增加，偶然误差的算术平均值将逐渐趋近于零。这是由偶然误差的定义中的随机性所决定的。因此，它服从下面将详细谈及的一种统计规律，即正态概率分布规律，这一点为实践所完全证实。

四、算术平均值

如果做了n次观测，得到n个观测值M_1，M_2，$\cdots$，M_n，将它们作平均得：

$$M_0 = \frac{M_1 + M_2 + \cdots + M_n}{n} = \frac{\sum_{i=1}^{n} M_i}{n} \qquad (18\text{-}2\text{-}10)$$

M_0定义为算术平方值。

算术平均值是一个经常用到的很重要的数值。下面证明当观测次数越多时，它越接近真值。

假设已知 T 为真值，ΔM_1，ΔM_2，$\cdots$，ΔM_n，为各次观测值的偶然误差，则根据误差的定义得：

$$\left.\begin{aligned} M_1 - T &= \Delta M_1 \\ M_2 - T &= \Delta M_2 \\ &\cdots\cdots \\ M_n - T &= \Delta M_n \end{aligned}\right\} \qquad (18\text{-}2\text{-}11)$$

将式（18-2-11）中等式的两边分别取和得：

$$\sum M_i - nT = \sum \Delta M_i \qquad (18\text{-}2\text{-}12)$$

由式（18-2-12）得到：

$$T = \frac{\sum M_i}{n} - \frac{\sum \Delta M_i}{n} \qquad (18\text{-}2\text{-}13)$$

根据偶然误差分布曲线的对称性质知道，绝对值相等的正误差和负误差出现的概率是相同的，因此，正、负误差的代数和终会互相抵消。测量次数越多，相互抵消之后的余数，也就是误差的代数和越小。当测量次数足够多，即 n 很大时，可以认为式（18-2-13）中右边第二项所代表的误差代数和实际上等于零，因此得到：

$$T = \frac{\sum M_i}{n} = M_0 \qquad (18\text{-}2\text{-}14)$$

这个结果告诉我们，测量次数 n 越大，$\sum \Delta M_i / n$ 越接近0，算术平均值就越接近真值，n 很大时，算术平均值实际上等于真值。在数据处理中，常常根据这个原理来处理观测结果。

五、精密度和准确度

有了上述有关误差的基本知识，就能对精密度和准确度有更深的了解。初学者往往把这两个名词混为一谈，但在误差理论中，它们是意义完全不同的两个概念。

（一）精密度

精密度简称精度。在重复测量一个量时，如果观测值都很相近，相互间的差异小，就叫精密度高，它在数学上表现为偶然误差小，绘成误差正态分布曲线，显得高和陡。换句话说，精密度是指观测值出现的密集程度，精密度高，观测值显得集中，精密度低，则显得分散。精度常使用三种方式来表征：

（1）最大误差占真实值的百分比，如测量误差 ±1%。

（2）最大误差，如测量精度 ±2 cm。

（3）误差正态分布，如误差0% ~ 10%占65%，误差10% ~ 20%占20%，误差20% ~ 30%占10%，误差30%以上占5%。

比较以上三种表征方式,可以看出:

(1)最大误差百分比方式简单直观。由于基于的真实值不具体,在不知道真实值的情况下,无法判读误差的具体大小。

(2)最大误差方式简单直观,反映了误差的具体值,但是有片面性。

(3)误差正态分布方式科学、全面、系统,但是表述较为复杂,所以反而不如前两种应用广泛。

在海流观测那一章,我们曾给出不同海流计的流速、流向观测精度(表10-6-1)。由表10-6-1中可以看出:

(1)流速的精度有两种表达:一种是用"最大误差占真实值的百分比",例如,印刷海流计、直读海流计、安德拉海流计、多普勒海流计、ADCP都是采用这种表达;而艾克曼海流计、电磁海流计、ALEC电磁海流计,则采用"最大误差"来表达。

(2)流向的精度也有两种表达:一种是用"最大误差占真实值的百分比",例如ALEC电磁海流计,它表明流向误差随流速增大而增加,但是最大误差也就是5°;而艾克曼海流计、印刷海流计、直读海流计、安德拉海流计、多普勒海流计、ADCP都是采用"最大误差"来表述,它不随流速而变。

(二)准确度

准确度是指观测值的算术平均值与真值符合的程度。准确度只是一个定性概念而无定量表达。测量误差的绝对值大,其准确度低。但准确度不等于误差。准确度只有诸如高、低、大、小,合格与不合格等类表述。通常把观测值的平均值作为真值。这里实际上包含了一个假设条件,即观测中不存在系统误差。这时,根据误差理论,不论观测值是集中还是分散,都是围绕真值出现的,只要观测次数足够大,其算术平均值同样能代表真值。但是,当观测中存在较大的系统误差时,不管数值的分布状况如何,其算术平均值都不能代表真值。因为它们之间存在一个差值,其大小就是系统误差的大小,在坐标系统中表现为误差分布曲线在横轴上平移了一段距离,其大小等于系统误差的值。对于这种观测结果,我们说它不是准确的。从上面所述的角度来看,可以视为系统误差大,准确度就低,反之亦然。但是,如果在观测中虽然不存在系统误差,而每次观测的偶然误差很大,即数据显得非常分散时,由于观测次数总是有限的,则观测值的算术平均值仍然与真值相差较大。这种情况下,观测的准确度也是不高的。

可见精密度的高低决定于偶然误差的大小,而与系统误差无关,准确度的高低则既决定于系统误差的大小,也与偶然误差有关。

海流观测那一章中,我们曾提及锚定在海面的测流浮标,在风浪的作用下,由于流速传感器和浮体之间采用"柔性"连接,浮体运动的影响近似认为对传感器附加上下垂直运动和水平往复运动。萨沃纽斯转子的特点是对各个方向的流速是同样灵敏的。实验表明,萨沃纽斯转子在水平速度v_T和垂直上下附加运动的作用下,实测速度v_{cp}与真实流速v_T相差较大,这就是流速的系统误差。

走航ADCP使快捷而大范围的流速测量成为了现实。但资料的可信度分析与系统误差订正是一个重要的环节, 未经系统误差订正的资料可能存在显著的误差。

第三节　偶然误差的正态分布

如果用横坐标表示观测值, 纵坐标表示某测定值出现的次数, 即出现的频率或频数, 这种图形叫观测值的频数分布图。频数分布图是中间高、两边低, 左右对称, 形态正规的曲线, 这种曲线叫做观测值的正态分布曲线。由于这种分布完全是由于偶然误差所引起的, 故称为误差的正态分布曲线。这是高斯首先提出来的, 因此也叫高斯误差曲线。即误差正态分布概率密度函数:

$$f(x) = \frac{1}{\sqrt{2\pi}\,\sigma} e^{-n^2 x^2} \tag{18-3-1}$$

式中, x是观测值减去平均值的数值, 也就是误差值。由于x是在指数部分出现, 故保证了函数的对称形态。n, σ是两个特定参数, 它们决定曲线的形态。

由于必然事件的概率等于1, 可知曲线所包含面积也应等于1, 也就是全部测量值出现概率之和为1。利用这个条件, 可以从式(18-3-1)得到两个系数n和σ的关系为:

$$n = \frac{1}{\sqrt{2}\,\sigma} \tag{18-3-2}$$

式中, n叫做精度指标, σ则是下面将说到的标准误差。

根据式(18-3-1)和式(18-3-2)可知, n越大, 则σ愈小, 误差分布曲线就越陡, 这表示测量数值越集中, 即出现较小误差的观测值越多, 较大误差的观测值越少。

下面我们来求观测值在$x_0 \sim (x_0 + \Delta x)$区间的概率值。

在式(18-3-1)中, x是代表观测值的误差值, 如果现在用x来表示观测值本身的量, 则式(18-3-1)右边指数项的x变为$x - M$, M是观测值的算术平均值, 也就是正态分布曲线峰顶对应的横坐标的数值。当$M > 0$时, 相当于将误差正态分布曲线向左移了M个距离, 当$M < 0$时, 相当于向右移动了M个距离。将式(18-3-2)的结果代入式(18-3-1), 则式(18-3-1)变为:

$$f(x) = \frac{1}{\sqrt{2\pi}\,\sigma} e^{\frac{-(x-M)^2}{2\sigma^2}} \tag{18-3-3}$$

于是, 从概率积分的概念, 得到观测值出现在$x_0 \sim (x_0 + \Delta x)$区间的概率值为:

$$\rho(x_0, x_0 + \Delta x) = \int_{x_0}^{x_0 + \Delta x} f(x)\,\mathrm{d}x = \frac{1}{\sqrt{2\pi}\,\sigma} \int_{x_0}^{x_0 + \Delta x} e^{\frac{-(x-M)^2}{2\sigma^2}}\,\mathrm{d}x$$

若Δx很小时, 则近似为:

$$\rho\left(x_0, x_0 + \Delta x\right) = f(x) \Delta x|_{x=x_0} = \frac{1}{\sqrt{2\pi}\,\sigma} e^{\frac{(x-\mu)^2}{2\sigma^2}} \cdot \Delta x|_{x=x_0} \qquad (18\text{-}3\text{-}4)$$

当由实测数据求出标准误差σ后，便能从上式算出相应的概率值。从理论上说来，只有观测次数无限多时，各观测值出现次数的分布才能与正态曲线完全符合。

在正态误差分布的曲线中，曲线出现峰值处所对应的横轴位置的数值就是算术平方值。算术平均值，也是观测值出现的可能性最大的数值，因此，又把算术平均值叫做随机变量"数学期望"。

第四节　函数误差的传播

假定因变量y与多个自变量$x_1, x_2, \cdots, x_n$存在函数关系：

$$y = f(x_1, x_2, \cdots, x_n) \qquad (18\text{-}4\text{-}1)$$

其中，$x_1, x_2, \cdots, x_n$是能够各自独立观测的量，对应有各自的均方误差$s_1, s_2, \cdots, s_n$。y要由n个自变量的测定值来计算，那么，所计算的函数值y的均方误差有多大？

误差的传播就是由一个或多个自变量观测值的误差来求函数（即间接观测值）的总体误差。

利用偏微分法得到：

$$dy_i = \frac{\partial y}{\partial x_1} dx_{1i} + \frac{\partial y}{\partial x_2} dx_{2i} + \cdots + \frac{\partial y}{\partial x_n} dx_{ni} \qquad (18\text{-}4\text{-}2)$$

其中可以把$dx_{1i}, dx_{2i}, \cdots, dx_{ni}$看作是各个自变量在第$i$次观测中得到的直接观测值与真值之差，则$dy_i$就是由此计算得到的$y$的间接观测值与其真值之差。注意，这是指一次观测的偏差值，而不是经处理后的误差统计量。

由式（18-4-2）式平方得：

$$(dy_i)^2 = \left(\frac{\partial y}{\partial x_1}\right)^2 dx_{1i}^2 + \left(\frac{\partial y}{\partial x_2}\right)^2 dx_{2i}^2 + \cdots + \left(\frac{\partial y}{\partial x_n}\right)^2 dx_{ni}^2 + 2\left(\frac{\partial y}{\partial x_1}\right)$$

$$\left(\frac{\partial y}{\partial x_2}\right) dx_{1i} dx_{2i} + \cdots \qquad (18\text{-}4\text{-}3)$$

由于式（18-4-3）只是对一次观测而言的，若对所有观测结果求和，得

$$\sum (dy_i)^2 = \left(\frac{\partial y}{\partial x_1}\right)^2 \sum dx_{1i}^2 + \left(\frac{\partial y}{\partial x_2}\right)^2 \sum dx_{2i}^2 + \cdots + \left(\frac{\partial y}{\partial x_n}\right)^2 \sum dx_{ni}^2 + 2$$

$$\left(\frac{\partial y}{\partial x_1}\right)\left(\frac{\partial y}{\partial x_2}\right) \sum dx_{1i} dx_{2i} + \cdots \qquad (18\text{-}4\text{-}4)$$

根据高斯定律,正、负误差数目相等,故非平方项抵消,而平方项与正负无关,保留下来,故得:

$$\sum(\mathrm{d}y_i)^2 = \left(\frac{\partial y}{\partial x_1}\right)^2\sum\mathrm{d}x_{1i}^2 + \left(\frac{\partial y}{\partial x_2}\right)^2\sum\mathrm{d}x_{2i}^2 + \cdots + \left(\frac{\partial y}{\partial x_n}\right)^2\sum\mathrm{d}x_{ni}^2$$

又根据均方误差的定义,有:

$$\left.\begin{array}{l}S_y^2 = \dfrac{\sum(\mathrm{d}y_i)^2}{n-1} \\[3mm] S_k^2 = \dfrac{\sum(\mathrm{d}x_{ki})^2}{n-1}\end{array}\right\} \quad,\ (k=1,\ 2,\ \cdots,\ n)$$

角标k表示第k个自变量,于是又得到:

$$S_y = \sqrt{\left(\frac{\partial y}{\partial x_1}\right)^2 S_1^2 + \left(\frac{\partial y}{\partial x_2}\right)^2 S_1^2 + \cdots + \left(\frac{\partial y}{\partial x_n}\right)^2 S_n^2} \qquad (18\text{-}4\text{-}5)$$

这就是用以求函数均方误差的总公式。由于平均误差、或然误差与均方误差都相差一个常系数,故此式也适用于前面两种误差的情况。

第五节　海洋资料分布曲线的平滑

一、数据中的信息和噪音

在不大严格的情况下,可以把观测数据中,由于测量仪器的精度限制、不稳定性和观测者的主观因素造成的数据波动称为观测误差,把周围环境的变化对仪器和观测对象的影响所造成的波动叫做干扰,并把它们总称为噪音。例如,人们了解到月亮和太阳共同作用可以引起海洋的潮汐运动,使用验潮尺或验潮仪来观测海水这种升降运动,就能研究潮汐发生、发展和预报的规律。验潮尺和验潮仪观测到的数据时间序列中,与天体有关的部分,就是天文潮的信息;由于气温、气压、雨量、风等环境因素而产生的水位变动,以及仪器、观测者本身引起的误差等则属于噪音。信息部分与噪音部分的大小比值叫做"信噪比"。

在所观测到的数据序列中,只有信息的成分大于噪音成分,才能把有用的信息识别或区分出来。反之,信息就会淹没于噪音之中,使我们毫无所得。例如,在大风天气用小船测量海流,由于船只剧烈摇晃,海流的流速和流向值变化甚大,很难识别真正的海流信号,特别在低流速海区更是如此。

由此可见，在取得了原始的观测数据之后，我们的任务并没有完结，相反，从某种意义上说，才仅仅是开始。因为最终的目的是应用这些数据来得到我们所需要的科学结论。为此，需要对观测数据进行一系列的分析和处理，这种分析处理的工作往往比取得数据的过程更复杂，更加困难。由于所采用的处理方法基本上是数学的分析方法，所以，我们把这一过程叫做观测数据的数学处理，简称数据处理。数据处理大体上有三方面的任务：

（1）压制噪音，突出信号，提高信噪比。如前所述，由于原始的观测数据中混杂了许多所谓"噪音"的无效成分，直接用它来揭露事物的本质和规律是困难的，对于观测数据进行数学处理的过程，也就是对这些资料进行"去粗取精，去伪存真，由此及彼，由表及里"的加工制作过程，其目的是为了更充分地发挥资料的效能。例如，用回归分析方法确定干扰因素，排除干扰成分；用数字滤波和平滑的方法来"过滤"无规则的噪音等。

（2）给出数据的物理特征。例如，谐波分析、海流谱分析等都属于这个范围。在充分描述数据的物理特征前提下，定量地给出数据的可靠性和精确性等。

（3）对客观事物本身的发展规律和客观事物之间的相互关系作出定量的描述。例如，在海水温度预报的研究中，通过对某些物理量（如气温、气压、高空环流指数等）的观测数据进行整理、归纳、分析，判断它们与海水温度之间是否存在着某种关系，并据此建立起温度预报关系式。

二、数字滤波

（一）Lanczos滤波器

为了从实测海流资料中得到低频海流的资料，需要对资料进行处理：先将实测海流分解成东、北分量，再对各分量进行滤波。滤波常采用余弦—Lanczos滤波器。此滤波器由C.N.K.Mooers和R.L.Smith（1968）推荐，在国际海洋界有广泛的应用。对每半小时一次的海流资料，此滤波器是：

$$y_i = \frac{1}{G}[x_i + \sum_{m=1}^{119} f(m)(x_{i-m} + x_{i+m})], \quad f(m) = \frac{1}{2} \frac{(1+\cos\frac{m}{120}\pi)\sin\frac{0.6m}{24}\pi}{\frac{0.6m}{24}\pi}$$

此滤波器要用到滤波时段加上前后各2.5天的数据。其频率响应函数为：

$$F(\omega) = \frac{1}{G}[1+2\sum_{m=1}^{119} f(m)\cos\frac{m}{2}\omega], \quad G = 1 + 2\sum_{m=1}^{119} f(m)$$

式中，x_i是未经滤波的数据，y_i是滤波后的数据，其他符号见相应文献。此滤波器的半功率点大约为40 h，对周期大于2天的低频振动只有微小的减弱。滤波器$f(m)$公式中的系数为0.6。实测资料的东、北分量减去低频成分后，剩下一部分相对的高频成分即可认为是以天文潮流分量为主的流动。所谓"为主",是因为其中还混有其他成分,其中应包括惯性振动、风海流中接近天文潮周期的成分,以及可能的内潮波等,风暴潮流的成分在低频滤波时也不能被完全分离干净。当风等因素引起海水流动,而后触发因素停止或消失,就会引起惯性振动。若海区纬度为21° N,其惯性振动的周期为 $T = 2\pi/f = 2\pi/2w\sin\varphi$,约为33.4 h。这种周期的成分不能被全部收入到海流的"低频成分"中去,而会(至少部分地)留在海流的"高频成分"中。同样由于频率的关系,风海流中的某些成分,例如具有全日周期的海陆风引起的流动成分,也不会进入低频海流中。海洋中的内潮波可能具有全日和半日周期。这样就会使"天文潮流"成分比较复杂。因此,其调和常数也会受到影响而具有一定的分散性。特别是周期约为33 h的惯性振动和周期是24 h的海陆风,对全日潮的影响比对半日潮的影响要大得多。这就是为什么在"天文潮流"的记录中,半日潮分量比全日潮分量要相对"纯"一些,规律性较好的缘故。由于风的影响是一个重要因素,它对海水表层影响较大,这也说明中、底层的潮流比表层的也要相对"纯"一些。但底层易受地形和底摩擦影响。

(二)潮汐低通滤波器

在潮汐分析之中,要将长周期低频部分分离出来,可以对潮汐资料进行低通滤波。取滤波器的时间表达式:

$$h(k) = \begin{cases} \dfrac{1}{n}, & |k| < \dfrac{1}{2}n \\ 0, & |k| \geqslant \dfrac{1}{2}n \end{cases}$$

与取样间隔 $\Delta t = 1$ h的潮位观测值 $\zeta(t)$ 进行卷积,得:

$$\zeta_n(t) = \sum_{k=-\infty}^{\infty} h(k)\zeta(t-k)$$

$$= \frac{1}{n} \sum_{k=-\frac{1}{2}(n-1)}^{\frac{1}{2}(n-1)} \zeta(t-k)$$

$$n = 24, \quad \mathscr{A}_{24}(t) = \sum_{k=11.5}^{-11.5} \zeta(t-k)$$

$$n = 25, \quad \mathscr{A}_{25}(t) = \sum_{k=12}^{-12} \zeta(t-k)$$

对潮位进行2次 $n = 24$,1次 $n = 25$,共三次卷积滤波,得到一系列零值,记为:

$$\zeta^{\circ}(t) = \frac{1}{24^2}\,\frac{1}{25}\,\mathscr{A}^2_{24}\mathscr{A}_{25}, \, t = 0, 1, \cdots$$

依上式滤波时,资料的两端各损失35个小时的资料。时间域的卷积滤波相当于频率域上资料的频谱与滤波器的频谱相乘。为了检验滤波效果,求滤波器的谱:

$$H_{24}(v) = \frac{1}{24} \sum_{k=-11.5}^{11.5} \cos2\pi vk$$

$$= \frac{1}{12} \sum_{k=1}^{12} \cos2\pi v (k - 0.5)$$

$$= \frac{1}{12} \left[\frac{\sin12\pi v \cos(12+1)\pi v}{\sin\pi v} \cos\pi v + \frac{\sin12\pi v \sin(12+1)\pi v}{\sin\pi v} \sin\pi v \right]$$

$$= \frac{\sin24\pi v}{24\sin\pi v}$$

因为$\sigma = 2\pi v$, 故

$$H_{24}(\sigma) = \frac{\sin12\sigma}{24\sin\frac{\sigma}{2}}$$

类似的, 当$n = 25$时, 有

$$H_{25}(v) = \frac{\sin25\pi v}{25\sin\pi v}$$

$$H_{24}(\sigma) = \frac{\sin12.5\sigma}{25\sin\frac{\sigma}{2}}$$

或进行2次$n = 24$, 1次$n = 25$的滤波器的频谱为

$$H(v) = \left(\frac{\sin24\pi v}{24\sin\pi v} \right)^2 \frac{\sin25\pi v}{25\sin\pi v}$$

或

$$H(\sigma) = \left(\frac{\sin12\sigma}{24\sin\sigma/2} \right)^2 \frac{\sin12.5\sigma}{25\sin\sigma/2}$$

（三）平滑的必要性

在观测值中, 既有我们所需要的信号, 也有各种各样的干扰和误差, 所有这些成分叠加在一起, 往往使得在直角坐标中绘出的观测曲线呈现异常复杂的波动。从另一角度来看, 由于上述各种成分的变化周期可能是不同的, 因此, 观测值复杂的波动情况又可以看成是由各种不同周期的变化合成的。一般说来, 非随机干扰多属于较长周期的变化, 随机干扰多属于短周期变化。而我们所需的信号则可能是长周期的, 也可能是短周期的。于是, 我们可以采用一些数据处理的方法, 它像电子仪器中的滤波器一样, 把所需要的某种周期的变化（主要指信号）保留甚至放大, 而把不需要的那些周期的变化（主要指干扰和误差）抑制或过滤掉。为了突出观测值相对于某一个量的变化, 都需要将上下跳动的观测折线合理地绘成平滑的曲线。这种处理过程叫做曲线的平滑, 也叫做观测值的修习。

在潮流分析中, 与潮流无关的高频振动可以通过对潮流北、东分量进行平滑运算而消除。表18-5-1给出观测时间为5、10、15 min的平滑算子, 还列出它们必需的数据损失。

表18-5-1　各种时间步长的平滑算子

Δt（min）	平滑算子	数据损失的个数	各族振幅的减少（%）			
			1	2	3	4
5	$\dfrac{1}{12^2}\dfrac{1}{14}\mathscr{A}_{12}^2\mathscr{A}_{14}$	36	0.97	3.69	14.31	48.28
10	$\dfrac{1}{6^2}\dfrac{1}{7}\mathscr{A}_{6}^2\mathscr{A}_{7}$	17	0.86	3.69	14.07	47.68
15	$\dfrac{1}{4^2}\dfrac{1}{5}\mathscr{A}_{4}^2\mathscr{A}_{5}$	11	0.78	3.78	14.46	48.83

从表18-5-1中可以看出日潮族损失最小，其次是半日潮族。例如，Δt=15 min的平滑结果，使日朝族振幅减少0.78%，半日族的振幅减少3.78%。

（四）其他滤波器

类似地，可以假定观测值之间为更高次的函数关系，从而得到相应的高次函数平滑公式。这些平滑方法统称为多项式滑动平均法。对于同一种平滑法，参加平滑的点数越多，曲线越平滑，即短周期变化愈受抑制；在取同样多的点数时，较高方次函数的平滑曲线要比较低方次函数的平滑曲线更接近于点的真实分布，即平滑结果比较精密。

在平滑曲线的常用方法中，除上述滑动平均公式外，还常采用如下的公式：

$$\overline{y}_i = \frac{1}{4}\left(y_{i-1} + 2y_i + y_{i+1}\right)$$

这个公式可称为加权滑动平均法。它是这样考虑的，在等权滑动平均公式中，每一数值的贡献一样，这不很合理；认为由于计算得到的$\overline{y}_i$值代替了y_i值的位置，应该让M_i在计算中作较大的贡献，因而附加给它一个较大的权系数，即y_i项的权为1/2，另两项的权为1/4，这时，中间项的贡献为旁边两项贡献之和。

广义说来，上述所有滑动平均的公式都是"加权平均"的，只是每一项所配给的权系数不同而已，其中线性滑动平均公式则可看做是等权的，即每一项的权系数相等。对所有滑动平均法来说，其权系数之和都等于1。

第六节　常用数据插值法

人们在使用各种海洋观测仪器记录海洋水文要素参量过程中,由于技术手段的限制,实际观测资料往往是离散的,而不是连续的。有时由于仪器发生故障,还会发生特定层次的缺测现象。然而,使用资料时,又需要知道两个观测值之间未经测定的一些数据。原始的方法是将已测点资料点于方格纸上,再以一条光滑曲线将这些测点连接起来。然后从曲线上摘取所要的内插资料。这种方法费时而又不精确,随着电子计算机的应用,各种数字方法已被引入水文资料内插计算中。方法越来越多,计算越来越繁。但是,这些方法的质量并非是等同的,需要通过实践对它们进行检验。本书将对常用的三点拉格朗日(Lagrange)抛物插值法、二次样条函数插值法、三次样条函数(Spline)插值法、阿基马(Akima)插值法进行研究。通过计算和比较,我们认为,三点拉格朗日插值法、阿基马方法较好,其次是三次样条函数;二次样条函数误差最大。前面两种方法的误差,一般可与实际曲线相近,阿基马方法光滑性好,三点拉格朗日插值法简单易行。如果进一步用上、下三点内插值平均,其误差更小。

一、三点拉格朗日抛物插值法

若求(h_i, T_i)和(h_{i+1}, T_{i+1})之间任一点(h, T),则可用(h_{i-1}, T_{i-1})、(h_i, T_i)、(h_{i+1}, T_{i+1})三个点(通常称为上三点)来求得,也可用(h_i, T_i)、(h_{i+1}, T_{i+1})、(h_{i+2}, T_{i+2})这三个点(通常称为下三点)来求得,上三点内插公式为:

$$T = \frac{(h - h_i)\ (h - h_{i+1})}{(h_{i-1} - h_i)\ (h_{i-1} - h_{i+1})}\ T_{i-1} + \frac{(h - h_{i-1})\ (h - h_{i+1})}{(h_i - h_{i-1})\ (h_i - h_{i+1})}\ T_i + \frac{(h - h_{i-1})\ (h - h_i)}{(h_{i+1} - h_{i-1})\ (h_{i+1} - h_i)}\ T_{i+1}$$

下三点拉格朗日抛物插值公式可仿照上三点公式求出。为了有较好的保凸性,可将上、下三点内插值再进一步平均。

二、二次样条函数(Spline-2)插值法

若函数$f(h)$满足下列条件:

(1)$f(h_i) = T_i$　　$(i = 0, 1, 2, \cdots, n)$;

(2)$f'(h_0) = t_0'$　(一级微商存在)。

则点(h_i, T_i)与点(h_{i+1}, T_{i+1})之间的任一点之值(h, T)可用下面的二次样条函数

插值法求得:

$$T = a_i + b_i (h - h_i) + C_i (h - h_i)(h - h_{i+1}) \tag{18-6-1}$$

式中,

$$
\begin{cases}
a_i = T_i \\
b_i = (T_{i+1} - T_i)/D_i, \quad i = 0, 1, 2, \cdots, n-1 \\
C_0 = \left(\dfrac{T_1 - T_0}{D_0} - T_0' \right)/D_0 \\
C_i = \dfrac{D_{i-1}}{D_i} C_{i-1} + \left(\dfrac{T_{i+1} - T_i}{D_i} - \dfrac{T_i - T_{i-1}}{D_{i-1}} \right)/D_i \\
D_i = h_{i+1} - h \quad i = 1, 2, \cdots, n-1
\end{cases}
$$

三、三次样条函数（Spline-3）插值法

已知函数 $f(h_i) = T_i$ 满足下列条件:

（1）$f(h_i) = T_i \quad (i = 0, 1, 2, \cdots, n)$；

（2）$f'(h_0) = t_0'$，$f'(h_n) = T_n'$。

则点 (h_i, T_i) 与点 (h_i+1, T_i+1) 之间任一点之值 (h, T) 的求取, 可用下列三次样条函数求得:

$$T = \sum_{j=-1}^{n+1} C_j \Omega_3 \left(\frac{h - h_0}{D} - j \right) \tag{18-6-2}$$

式中, $D = \dfrac{h_n - h_0}{n}$ （等间隔插值）

$$
\Omega_3(x) = \begin{cases}
0 & \text{当} |x| \geqslant 2 \\
\dfrac{1}{2}|x|^3 - x^2 + \dfrac{2}{3} & |x| \leqslant 1 \\
-\dfrac{1}{6}|x|^3 + x^2 - 2|x| + \dfrac{4}{3} & 1 < |x| < 2
\end{cases}
$$

$$x = \frac{h - h_0}{D} - j$$

$$\Omega_3'(X) = \delta \Omega_3(X) = \Omega_2 \left(x + \frac{1}{2} \right) - \Omega_2 \left(x - \frac{1}{2} \right)$$

$$
\Omega_2(x) = \begin{cases}
0 & \text{当} |x| \geqslant \dfrac{3}{2} \\
-x^2 + \dfrac{3}{4} & \text{当} |x| < \dfrac{1}{2} \\
\dfrac{1}{2}x^2 - \dfrac{3}{2}|x| + 9/8 & \text{当} \dfrac{1}{2} \leqslant |x| \leqslant \dfrac{3}{2}
\end{cases}
$$

我们要用 $n+3$ 个条件来确定式（18-6-2）中系数，即：

$$C_{-1} = C_1 - 2DT_0'$$

$$C_{n+1} = C_{n-1} + 2DT_n'$$

其余 $n+1$ 个待定系数可由下式求得：

$$\tilde{A}\tilde{C} = \tilde{F}$$

式中，

$$\tilde{A} = \begin{bmatrix} 4 & 2 & & & & \\ 1 & 4 & 1 & & & \\ & 1 & 4 & 1 & & \\ & & \cdots & \cdots & & \\ & & & 1 & 4 & 1 \\ & & & & 2 & 4 \end{bmatrix} \quad \tilde{F} = \begin{bmatrix} 6T_0 + 2DT_0' \\ 6T_1 \\ \cdots \\ 6T_i \\ \cdots \\ 6T_{n-1} \\ 6T_n - 2DT_n' \end{bmatrix} \quad \tilde{C} = \begin{bmatrix} C_0 \\ C_1 \\ \cdots \\ C_i \\ \cdots \\ \cdots \\ C_n \end{bmatrix}$$

四、阿基马（Akima）插值法

对于函数 $T = f(h)$ 的 $n+1$ 个有序型值中任意两点 (h_i, T_i)，(h_{i+1}, T_{i+1}) 满足：

（1） $f(h_i) = T_i$，$\left.\dfrac{\mathrm{d}f}{\mathrm{d}h}\right|_{h=h_i} = t_i$；

（2） $f'(h_{i+1}) = T_{i+1}$，$\left.\dfrac{\mathrm{d}f}{\mathrm{d}h}\right|_{h=h_{i+1}} = t_{i+1}$。

式中，t_i，t_{i+1} 为曲线 $f(h)$ 在这两点的斜率，而每个点的斜率则和周围四个点有关。阿基马以下列多项式：

$$T = P_0 + P_1(h-h_i) + P_2(h-h_i)^2 + P_3(h-h_i)^3 \tag{18-6-3}$$

来对 (h_i, T_i) 和 (h_{i+1}, T_{i+1}) 间的一点 (h, T) 进行内插求值。式中：

$P_0 = T_i$

$P_1 = t_i$

$$P_2 = \dfrac{\dfrac{3(T_{i+1} - T_i)}{(h_{i+1} - h_i)} - 2t_i - t_{i+1}}{h_{i+1} - h_i}$$

$$P_3 = \dfrac{t_i + t_{i+1} - \dfrac{2(T_{i+1} - T_i)}{h_{i+1} - h_i}}{(h_{i+1} - h_i)^2}$$

t_i，t_{i+1}则由下式求出：

$$t_i = (W_i m_i + W_{i+1} m_{i+1}) / (W_i + W_{i+1})$$

$$W_i = |m_{i+2} - m_{i+1}|$$

$$W_{i+1} = |m_i - m_{i-1}|$$

$$m_{i+j} = \frac{T_{i+j} - T_{i+j-1}}{h_{i+j} - h_{i+j-1}} \quad j = -1, 0, 1, 2$$

但是，在曲线的边界端点处，还得根据已知点再估算出两个增加点。为此，假定端点(h_i, T_i)处向左增加的点(h_{i-2}, T_{i-2})，(h_{i-1}, T_{i-1})，或向右增加的点(h_{i+1}, T_{i+2})，(h_{i+2}, T_{i+2})都要位于下式表示的一条曲线上：

$$T = g_0 + g_1 (h - h_i) + g_2 (h - h_i)^2$$

式中，g为待定常数。假定：

$$h_{i+2} - h_i = h_{i+1} - h_{i-1} = h_i - h_{i-2}$$

这样就可取得如下的表达式，从而解决边界的端点问题：

$$(T_{i+2} - T_{i+1}) / (h_{i+2} - h_{i+1}) - (T_{i+1} - T_i) / (h_{i+1} - h_i)$$

$$= (T_{i+1} - T_i) / (h_{i+1} - h_i) - (T_i - T_{i-1}) / (h_i - h_{i-1})$$

$$= (T_i - T_{i-1}) / (h_i - h_{i-1}) - (T_{i-1} - T_{i-2}) / (h_{i-1} - h_{i-2})$$

五、用不同插值法对温盐曲线进行拟合及讨论

为了研究各种插值函数的优劣，我们常用的方法是先将各种已知数据点在方格纸上，然后连成光滑曲线，再用各种插值法去拟合，并算出插值的均方误差，以检验各种插值的效果。

(一)无温(或盐)跃层情况

分别用三点拉格朗日、二次样条函数、三次样条函数及阿基马插值法进行插值运算。其结果如图18-6-1所示。从图18-6-1中可以看出，二次样条插值曲线存在较大的波动，插值效果最差；三次样条曲线也存在微小的波动；三点拉格朗日曲线与真实曲线较吻合，但其光滑性稍差；阿基马方法与真实曲线吻合最好，且具有良好的光滑性。其均方误差列于表18-6-1中。

表18-6-1　四种函数插值法的均方误差

方法	LAG	SPL-2	SPL-3	AKIMA
均方误差	0.036	0.109	0.044	0.034

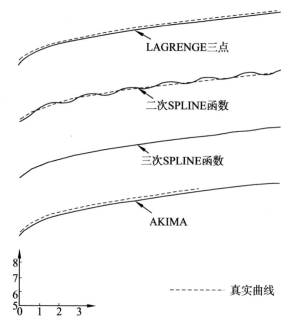

图18-6-1 无跃层条件下插值计算结果

（二）有温（盐）跃层存在，但跃层不强的情况

为了研究不同结点数目对拟合的影响，分别取资料结点步长为1和2作插值运算。结果如图18-6-2、图18-6-3所示。从图中可以看出，拉格朗日、二次样条函数、三次样条函数插值法在跃层的前后都出现波动。尤其是二次样条函数插值曲线在跃层后部出现剧烈摆动，使曲线失去真实性，而阿基马方法效果较好。但是，这种插值都随步长而变：随着步长加大，即结点数目减少一半，其插值拟合曲线偏离真实曲线较大。

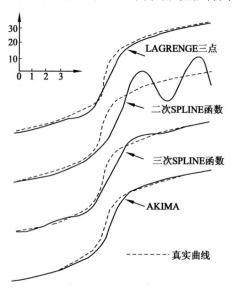

图18-6-2 弱跃层插值（步长为1）

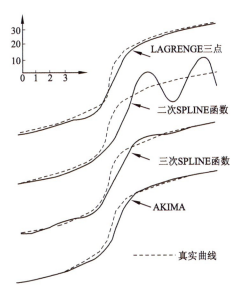

图18-6-3　弱跃层插值（步长为2）

　　阿基马方法的均方误差大于拉格朗日方法（表18-6-2），对于使用者要特别注意。在大洋中水层间隔大，计算时就会带来较大误差。因此，内差时，间隔要尽量密，用计算机来完成这类工作是不困难的。

表18-6-2　四种函数插值法的均方误差

方法	LAG	SPL-2	SPL-3	AKIMA
步长1	1.347	6.023	1.132	0.763
步长2	2.318	7.918	3.245	3.105

（三）有强温（盐）跃层存在的情况

　　仍以步长1和2作插值运算，其结果如图18-6-4、图18-6-5所示。由图可见，模拟结果与上面所拟合的弱跃层情况相似，只是跃层越强，插值拟合曲线与真实曲线偏差就越大（图18-6-3）。在步长为1时，阿基马方法均方误差最小，三次样条次之；在步长为2时，拉格朗日方法误差最小。

表18-6-3　四种函数插值法的均方误差

方法	LAG	SPL-2	SPL-3	AKIMA
步长1	10.69	42.982	9.397	6.826
步长2	17.484	52.182	22.868	21.995

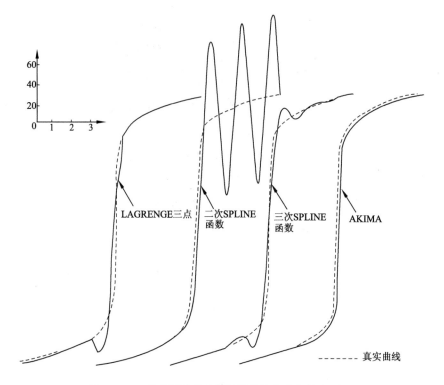

图18-6-4　强跃层条件下插值计算结果（步长为1）

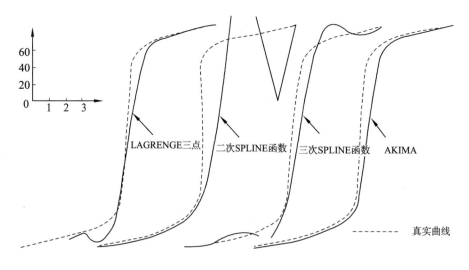

图18-6-5　强跃层条件下插值计算结果（步长为2）

(四)海洋中具有多跃层情况

其结果如图18-6-6，图18-6-7所示。从图中可以看出，二次样条插值曲线摆动强烈，其插值之真实性与可靠性都很差。三次样条函数、拉格朗日插值曲线，除在第二、三跃层间的均匀处有一极微小的摆动外，其余地方拟合比较好。阿基马插值曲线，无摆动现象出现，与真实曲线吻合最好。

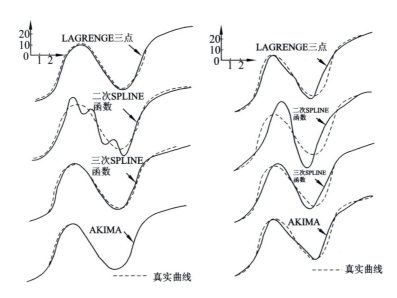

图18-6-6　多跃层插值（步长为1）　　图18-6-7　多跃层插值（步长为2）

计算结果的均方误插值列于表18-6-4。当步长为1时，以三次样条函数插值误差最小，阿基马次之；当步长为2时，阿基马均方误差最小，三次样条次之。

表18-6-4　四种函数插值法的均方误差

方法	LAG	SPL-2	SPL-3	AKIMA
步长1	1.254	3.950	0.996	1.196
步长2	4.466	9.892	3.794	3.294

由上述讨论中我们不难看出，在各种已知函数拟合过程中，阿基马和拉格朗日方法具有较明显的优越性。阿基马方法光滑性亦优于其他，即使在处理多跃层内差时，阿基马法的误差也较小。

六、几种插值法拟合结果的讨论

对于实测资料，我们很难用一个显函数形式来加以拟合。换句话说，如果能找出它的显函数形式,也就不需要再去用内差法了。因此,对间断性实测资料的拟合检验标准只能是手描曲线。据此,我们用上述几种插值法分别对中国海几十个测站的温盐资料进行内差运算。得出结论如下:

(一)二次样条函数插值法较差

二次样条函数插值法在许多情况下将会出现大起大落的摆动,插值的可靠性、真实性较差,虽然在一些特殊情况下,插值曲线与真实曲线较吻合,但我们难以控制其稳定性。因此,二次样条插值法的效果及可信性都较差,建议一般不要使用。

(二)三点拉格朗日插值法拟合较好

三点拉格朗日插值法与实际曲线拟合较好,但它的插值曲线光滑性较差。在资料出现跃层时,拟合曲线也会出现一定程度的摆动,与三次样条插值法相比较,三点拉格朗日插值法的波动幅度稍大一点,不过摆动仅出现在跃层的前拐点处。跃层的强弱结点步长的大小对其插值的影响均与三次样条插值法相同。由于方法简便,程序短小,目前世界上许多海洋机构仍继续使用这一方法。

(三)对跃层模拟要特别小心

我们选取了渤海1960年夏季375站的温度资料来进行插值结果的分析,其跃层强度约为1.6℃/m,所取的四种插值法均有不同程度的摆动。其中以二次样条函数插值曲线摆动最大,完全失去曲线的本来面目。三次样条函数插值法在资料存在跃层时会出现一定程度的波动,其波动在跃层前后拐点处都出现,跃层越强,其波幅越大;结点的步长越大,其波动范围也越大。但三次样条函数插值法在处理多跃层的水文资料中,仍不失为较好的方法之一,且其插值的误差也可以与三点拉格朗日相比拟。三点拉格朗日和阿基马方法也有摆动,但仍以阿基马方法最佳。通过大量实际资料分析表明,在海洋水文要素的跃层强度小于0.75单位/米的情况下,可采用阿基马方法分析,不会带来较大误差(图18-6-7)。而用三次样条函数插值法分析,跃层强度最好小于0.65单位/米。

(四)阿基马插值曲线有较好的光滑性

在一般情况下,阿基马插值曲线均无不合理的摆动出现,插值误差也较其他三种插值法要小,插值曲线与真实曲线较吻合。跃层较强(大于0.75单位/米)误差较大;结点的分布状况对阿基马插值曲线也有影响,插值曲线在跃层前后拐点处也会出现波幅不大的摆动。对于这种情况,我们可以通过删去一些特殊结点来控制其拟合曲线的稳定性,消除不合理的摆动。

(五)插值结果不稳定性

上述四种方法都存在一个共同缺点,即插值结果具有一定的不稳定性。它依赖于结点的分布状况,在个别情况下,插值法会出现不应有的激烈摆动。对拉格朗日、三次样条函数插值来说,结点相对于跃层位置的变化,只影响误差的增减,不影响插值曲线的波动形状,而对阿基马、二次样条函数插值来说,两者皆有影响。阿基马插值曲线出现摆动的原因,是在$h_8 = 7$处,实际导数变为无穷大。而用阿基马方法求出的导数值仅为100，从而带来较大误差。为了改善阿基马插值法的效果，我们删去这一节点，其插值结果如图18-6-8所示。

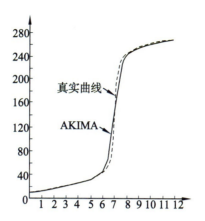

图18-6-8　去掉X8=7这一点之后AKIMA插值曲线的改进情况

不合理波动被去掉了。均方误差也大大降低 。这就启发了我们，在做插值运算时，要先做斜率判断，去掉斜率最大那个点（这对阿基马方法是可以做到的）可以改善插值效果。

第七节　海洋中斜压流计算的局限性

一、海流运动方程

$$\frac{\mathrm{d}u}{\mathrm{d}t} = -\frac{1}{\rho}\frac{\partial p}{\partial x} + fv + \frac{1}{\rho}\frac{\partial \tau_x}{\partial z} + \frac{A_l}{\rho}\left(\frac{\partial^2 u}{\partial x^2} + \frac{\partial^2 u}{\partial y^2}\right)$$

$$\frac{\mathrm{d}v}{\mathrm{d}t} = -\frac{1}{\rho}\frac{\partial p}{\partial y} - fu + \frac{1}{\rho}\frac{\partial \tau_y}{\partial z} + \frac{A_l}{\rho}\left(\frac{\partial^2 v}{\partial x^2} + \frac{\partial^2 v}{\partial y^2}\right) \qquad (18-7-1)$$

$$\frac{\mathrm{d}w}{\mathrm{d}t} = -\frac{1}{\rho}\frac{\partial p}{\partial z} - g + \frac{A_l}{\rho}\left(\frac{\partial^2 w}{\partial x^2} + \frac{\partial^2 w}{\partial y^2}\right) + \frac{A_z}{\rho}\frac{\partial^2 w}{\partial z^2}$$

其中，$P = P_a + \int^z \rho g \mathrm{d}z$

$$\begin{cases} \dfrac{\partial p}{\partial x} = \left(\dfrac{\partial p_a}{\partial x} + \rho_{-\zeta}g\dfrac{\partial \zeta}{\partial x}\right) + \displaystyle\int_{-\zeta}^{z} \dfrac{\partial \rho}{\partial x}g\mathrm{d}z \\[4mm] \dfrac{\partial p}{\partial y} = \left(\dfrac{\partial p_a}{\partial y} + \rho_{-\zeta}g\dfrac{\partial \zeta}{\partial y}\right) + \displaystyle\int_{-\zeta}^{z} \dfrac{\partial \rho}{\partial y}g\mathrm{d}z \end{cases} \qquad (18-7-2)$$

式(18-7-2)中压强和压强梯度的表达式中，P_a为大气压强，ζ为海平面升高量，ρ为海水密度。在层化情况下无法用它们计算压强，因为压强分布既与密度结构有关，又依赖海平面升高ζ的取值，但是，ζ与水深相比很小，用$\dfrac{\partial p}{\partial x}$和$\dfrac{\partial p}{\partial y}$式无法通过直接的数值积分近似计算，括号中与水位有关的项仍然无法求出。这是迄今为止海流数值计算的主要困难之一。

二、深海大洋中动力高度计算

深海大洋的动力高度计算，就是针对ζ和密度层化的问题。这里我们所以再度列出，就是给一个海流计算的思路问题。

设与流垂直的断面上有A、B两站，其间水平距离为L，如图18-7-1所示。

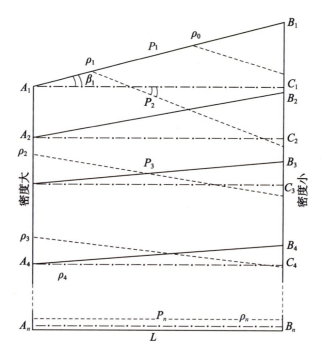

图18-7-1 等密度面与等压面之间的关系示意图

——等压线 —·—水平线 ————等密度线

图中A_1, A_2, $\cdots$, A_n; B_1, B_2, $\cdots$, B_n; 为P_1, P_2, $\cdots$, P_n, 等压面与A、B两站垂直线的交点, 各等压面的倾斜角分别为β_1, β_2, $\cdots$, β_n, 因为A_nB_n为最下层的等压面, 它与水平面重合, 故$\beta_n=0$, 等压面上水质点受力情况应是这样: 在水平方向上各点的水平压强梯度力与地转偏向力达成平衡, 在铅直方向上, 则要求压强梯度力的铅直力分量与重力g平衡。

由相似三角形知:

$$\mathrm{tg}\beta_1 = \frac{k_1}{g} = \frac{fV_1}{g} = \frac{B_1C_1}{L} \tag{18-7-3}$$

故

$$V_1 = \frac{g}{f}\frac{B_1B_n-C_1B_n}{L} \tag{18-7-4}$$

同样, 对下一等压面而言, 有:

$$V_2 = \frac{g}{f}\frac{B_2B_n-C_2B_n}{L} \tag{18-7-5}$$

于是可得两上等压面间的相对速度为:

$$V_1-V_2 = \frac{g}{fL}(B_1B_2 - A_1A_2) \tag{18-7-6}$$

式中, gB_1B_2, gA_1A_2分别表示B站和A站将单位质量海水从P_2等压面移动到P_1等压面时, 克服重力做的功, 以相对位置动力高度D_A和D_B表示, 于是

$$V_1 - V_2 = \frac{g}{fL}(D_B - D_A) \tag{18-7-7}$$

这就是计算密度流的公式, 它表明通过上等压面相对下等压面的动力高度的计算, 求出距离为L的A、B两站间上等压面相对下等压面的流速, 若$V_2=0$, 即P_2等压面是水平面, 则可算出P_1等压面的绝对流速V_1。

将垂直压强梯度力公式(设Z轴向下为正):

$$\rho g\mathrm{d}z = \mathrm{d}p, \quad g\mathrm{d}z = \alpha\mathrm{d}p \tag{18-7-8}$$

代入式(18-7-6), 可得:

$$V_1-V_2 = \frac{g}{fL}(B_1B_2 - A_1A_2) = \frac{1}{fL}(gB_1B_2 - gA_1A_2) = \frac{1}{fL}\left(\int_{B_1}^{B_2}g\mathrm{d}z - \int_{A_1}^{A_2}g\mathrm{d}z\right)$$

$$= \frac{1}{fL}\left(\int_{p_1}^{p_2}\alpha_B\mathrm{d}p - \int_{p_1}^{p_2}\alpha_A\mathrm{d}p\right) = \frac{1}{fL}\left(\int_{p_1}^{p_2}(\alpha_{35,0,p}+\delta_B)\mathrm{d}p - \int_{p_1}^{p_2}(\alpha_{35,0,p}+\delta_A)\mathrm{d}p\right)$$

$$= \frac{1}{fL}\left(\int_{p_1}^{p_2}\delta_B\mathrm{d}p - \int_{p_1}^{p_2}\delta_A\mathrm{d}p\right) = \frac{1}{fL}\Delta D \tag{18-7-8}$$

式中, D为动力高度(位势), 以动力米为单位; α为比容, $\alpha_{35,0,p}$是盐度为35、温度为0℃、压强为p的条件下海水的比容; δ是比容改正量, 即实际温度、盐度条件下对$\alpha_{35,}$

$_{0,p}$的修正。其表达式为：

$$\delta = \Delta_{s,t} + \delta_{s,p} + \delta_{t,p} + \delta_{s,t,p}, \quad \Delta_{s,t} = \left(\frac{1\,000}{1\,000+\sigma} - 0.97\,266 \right) \times 10^{-3} \quad (\text{m}^3/\text{kg})$$

在用式（18–12–7）计算时，总是用累加求和来代替积分。即：

$$D = \sum_{p_i}^{p_{i+1}} \frac{\delta_i + \delta_{i+1}}{2} \Delta P$$

根据式（18–12–6），若$dz = 100$ cm，$g = 980$ cm/s^2，$dp = 1.006 \times 10^5$ dyn/cm$^2 =$ 1.006 db。由此可见，上下两层深度差的米数，在数值上与两层压力差的分巴数是相近的。因此，当压强单位用分巴作单位时，通常用深度差代替ΔP。

（一）计算实例

在20世纪70年代以前，由于计算机未得到广泛应用，计算动力高度要查海洋常用表，从表中查出δ（$\delta = \Delta_{s,t} + \delta_{s,p} + \delta_{t,p} + \delta_{s,t,p}$）。但是，在计算机普遍应用的今天，我们将直接应用密度公式，计算出两个相邻站不同层次的密度，再换算成相应比容（密度的倒数），然后按照梯度流公式算出流速。

表18–7–1中给出东海PN断面上2000年1月23日相邻两个站位的温盐实测资料，以此为例进行动力计算。

表18–7–1　PN断面上2000年1月23日温盐资料（侍茂崇、曹雪峰，2015）

深度 （m）	B站 （27° 58′ N, 127° 35′ W）			A站 （28° 03′ N, 127° 29′ W）		
	T（℃）	S	$\alpha_B(s,t,p)$ （$\times 10^{-3}$m^3/kg）	T（℃）	S	$\alpha_A(s,t,p)$ （$\times 10^{-3}$m^3/kg）
0	22.30	34.665	0.976 676 45	22.82	34.659	0.976 821 75
10	22.31	34.667	0.976 665 84	22.83	34.654	0.976 814 94
20	22.31	34.667	0.976 682 33	22.80	34.676	0.976 808 30
30	22.31	34.667	0.976 679 67	22.72	34.702	0.976 765 25
50	22.32	34.667	0.976 681 31	22.69	34.716	0.976 745 95
75	22.33	34.667	0.976 683 63	22.66	34.712	0.976 740 33
100	22.34	34.667	0.976 686 17	22.38	34.676	0.976 690 43
125	22.35	34.667	0.976 688 77	22.22	34.670	0.976 651 65
150	22.34	34.667	0.976 686 03	21.85	34.713	0.976 521 67
200	20.53	34.848	0.976 080 08	20.01	34.865	0.975 936 19

续表

深度 （m）	B站 （27° 58′ N, 127° 35′ W）			A站 （28° 03′ N, 127° 29′ W）		
	T（℃）	S	$\alpha_B(s, t, p)$ （$\times 10^{-3}$m^3/kg）	T（℃）	S	$\alpha_A(s, t, p)$ （$\times 10^{-3}$m^3/kg）
250	18.47	34.827	0.975 587 17	18.35	34.833	0.975 554 28
300	17.48	34.787	0.975 384 63	16.88	34.740	0.975 282 60
400	14.86	34.616	0.974 937 31	13.86	34.543	0.974 788 57
500	12.16	34.419	0.974 557 59	11.79	34.404	0.974 505 16
600	10.28	34.314	0.974 308 40	9.01	34.305	0.974 115 03
700	7.82	34.282	0.973 959 36	7.02	34.340	0.973 808 07
800	5.86	34.355	0.973 652 18	5.74	34.359	0.973 635 03
900	5.03	34.388	0.973 532 80	4.87	34.394	0.973 510 92
1000	4.42	34.417	0.973 446 28	4.34	34.423	0.973 433 59

$\alpha(s, t, p) = \alpha(s, t, 0)[1-pn/K(s, t, p)]$，表示在一定温度、盐度、深度条件下海水的比容。其中：

$n = 10^{-5}$

$$\alpha(s, t, 0) = \frac{1}{\rho(s, t, 0)}$$

$\rho(s, t, 0) = \rho_w + (b_0 + b_1 t + b_2 t^2 + b_3 t^3 + b_4 t^4)s + (c_0 + c_1 t + c_2 t^2)s^{3/2} + d_0 s^2$

$b_0 = 8.244\ 93 \times 10^{-1}$, $b_1 = -4.089\ 9 \times 10^{-3}$, $b_2 = 7.643\ 8 \times 10^{-5}$, $b_3 = -8.246\ 7 \times 10^{-7}$,

$b_4 = 5.387\ 5 \times 10^{-9}$, $c_0 = -5.724\ 46 \times 10^{-3}$, $c_1 = 1.022\ 7 \times 10^{-4}$, $c_2 = -1.654\ 6 \times 10^{-6}$

$d_0 = 4.831\ 4 \times 10^{-4}$

$\rho_w = a_0 + a_1 t + a_2 t^2 + a_3 t^3 + a_4 t^4 + a_5 t^5$

$a_0 = 999.842\ 594$, $a_1 = 6.793\ 952 \times 10^{-2}$, $a_2 = -9.095\ 290 \times 10^{-3}$

$a_3 = 1.001\ 685 \times 10^{-4}$, $a_4 = -1.120\ 083 \times 10^{-6}$, $a_5 = 6.536\ 332 \times 10^{-9}$

$K(s, t, p) = K(s, t, 0) + Ap + Bp^2$

$K(s, t, 0) = K_w + (54.674\ 6 - 0.603\ 459t + 1.099\ 87 \times 10^{-2}t^2 - 6.167\ 0 \times 10^{-3}t^3)s + (7.944 \times 10^{-2} + +1.648\ 3 \times 10^{-2}t - 5.300\ 9 \times 10^{-4}t^2)s^{3/2}$

$A = A_w + (2.283\ 8 \times 10^{-3} - 1.098\ 1 \times 10^{-5}t - 1.607\ 8 \times 10^{-6}t^2)s + 1.910\ 75 \times 10^{-4}s^{3/2}$

$B = B_w + (-9.934\ 8 \times 10^{-7} + 2.081\ 6 \times 10^{-8}t + 9.169\ 7 \times 10^{-10}t^2)s$

$K_w = 19\ 652.21 + 148.420\ 6t - 2.327\ 105t^2 + 1.360\ 477 \times 10^{-2}t^3 - 5.155\ 288 \times 10^{-5}t^4$,

$A_w = 3.239\ 908 + 1.437\ 13 \times 10^{-3}t + 1.160\ 92 \times 10^{-4}t^2 - 5.779\ 05 \times 10^{-7}t^3$

$B_w = 8.509\ 35 \times 10^{-5} - 6.122\ 93 \times 10^{-6}t + 5.278\ 7 \times 10^{-8}t^2$

在混合单位制中，L的单位是米（m），a的单位是m^3/kg，p的单位是Pa，等于1 N/m^2，速度单位是m/s，在实际中，$\Delta p = 10^4 \Delta z$（以米为单位的深度差）。这是因为$\rho \approx 1\ 035\ kg/m^3$，$\Delta p = \rho g \Delta z = 1.014 \times 10^4 \Delta z$，近似等于$10^4 \Delta z$。

A站、B站距离L = 14 450.52 m, $\sin 27° 58' = 0.469$, $\sin 28° 03' = 0.470$, 平均$\sin\varPhi = 0.469\ 5$, $f = 2\Omega\sin\varphi = 6.828 \times 10^{-5}S^{-1}$

根据上述结果，求得流速如表18-7-2。

表18-7-2　A、B两站之间各个深度上平均相对流速

深度 （m）	$(\Delta \alpha_B - \Delta \alpha_B)$ （m^3/kg）	$\Delta \bar{\alpha}$ （m^3/kg）	Δz （m）	Δp （$10^4 \Delta z$）	$\sum \Delta \alpha \times \Delta p$ [（m^3/kg）·Pa]	v（m/s）
0	$-1.452\ 990\ 4 \times 10^{-7}$	$-1.471\ 990\ 1 \times 10^{-7}$	10	10^5	0.760 1	0.770
10	$-1.490\ 989\ 8 \times 10^{-7}$	$-1.375\ 357\ 8 \times 10^{-7}$	10	10^5	0.775 1	0.786
20	$-1.259\ 725\ 8 \times 10^{-7}$	$-1.057\ 777\ 4 \times 10^{-7}$	10	10^5	0.789 0	0.800
30	$-8.558\ 289\ 8 \times 10^{-8}$	$-7.511\ 155\ 4 \times 10^{-8}$	20	2.0×10^5	0.799 7	0.811
50	$-6.464\ 021\ 0 \times 10^{-8}$	$-6.066\ 715\ 8 \times 10^{-8}$	25	2.5×10^5	0.815 0	0.826
75	$-5.669\ 410\ 6 \times 10^{-8}$	$-3.047\ 781\ 3 \times 10^{-8}$	25	2.5×10^5	0.830 4	0.842
100	$-4.261\ 519\ 4 \times 10^{-9}$	$1.643\ 302\ 2 \times 10^{-8}$	25	2.5×10^5	0.838 1	0.849
125	$3.712\ 756\ 3 \times 10^{-8}$	$1.007\ 431\ 4 \times 10^{-7}$	25	2.5×10^5	0.833 9	0.845
150	$1.643\ 587\ 2 \times 10^{-7}$	$1.541\ 276\ 6 \times 10^{-7}$	50	5.1×10^5	0.808 4	0.819
200	$1.438\ 966\ 0 \times 10^{-7}$	$8.839\ 351\ 8 \times 10^{-8}$	50	5.1×10^5	0.730 2	0.740
250	$3.289\ 043\ 2 \times 10^{-8}$	$6.746\ 317\ 8 \times 10^{-8}$	50	5.1×10^5	0.685 4	0.695
300	$1.020\ 359\ 2 \times 10^{-7}$	$1.253\ 918\ 2 \times 10^{-7}$	100	10^6	0.651 2	0.660
400	$1.487\ 477\ 1 \times 10^{-7}$	$1.005\ 887\ 7 \times 10^{-7}$	100	10^6	0.524 1	0.531
500	$5.242\ 982\ 4 \times 10^{-8}$	$1.228\ 998\ 1 \times 10^{-7}$	100	10^6	0.422 1	0.428
600	$1.933\ 698\ 0 \times 10^{-7}$	$1.723\ 292\ 6 \times 10^{-7}$	100	10^6	0.297 5	0.301
700	$1.512\ 887\ 2 \times 10^{-7}$	$8.421\ 551\ 1 \times 10^{-8}$	100	10^6	0.122 7	0.124
800	$1.714\ 230\ 6 \times 10^{-8}$	$1.951\ 194\ 8 \times 10^{-8}$	100	10^6	0.037 3	0.038
900	$2.188\ 159\ 1 \times 10^{-8}$	$1.728\ 947\ 4 \times 10^{-8}$	100	10^6	0.017 5	0.018
1000	$1.269\ 735\ 8 \times 10^{-8}$					

续表

（二）速度零面的确定

下层流速为零的面, 我们称之为 "无运动面"。只有求出流速 "零面" 的深度, 我们才能求出上层各等压面上的绝对流速。决定零面的方法很多, 但还没有一种方法被认为是最可靠、最完善的。这里我们先介绍常用而又简单的 "动力深度较差法", 然后再介绍现代的 β 螺旋方法。

先计算每两个站之间的动力深度差, 给出它们随深度的分布曲线。我们取动力深度较差随深度几乎不变的垂直线段范围, 作为速度零面的范围。其中间值作为这两个站的 "速度零面"。依此方法类推, 逐次求出更多的两个站之间 "速度零面", 从而绘出整个海区的 "速度零面" 分布图。在不大的海域里, 可以认为 "速度零面" 是一样的, 由此定出一个最终的 "零面深度"。但是, 较大范围内, 零面就不是一个平面了: 如赤道附近, "零面" 约在500 db深处, 随纬度增加, 零面深度也逐渐增大, 高纬度海区, 北半球可达1 500 db, 南半球可达2 000 ~ 2 500 db。

三、浅水中斜压流的计算

浅水中无流速零面的存在, 因此, 严格地说, 不可能求出海平面升高的ζ。而ζ虽小, 却是压强项中至关重要一个物理量。有人把海底流速为零当成流速 "零面", 这是不对的。浅海海底流速为零, 是摩擦力的作用; 而深海的 "零面" 则是等压面与等势面相互重叠而形成的, 是真正的无外力强迫的 "无流" 状态。这里所说 "无流" 也只是相对而言。至今还未发现有绝对不动水层。景振华先生为此做过很多努力, 下面介绍一下他的工作。

景振华提出了一个方案, 采取类似于全流的方法, 先通过速度场与密度场计算水平压强梯度, 然后将其代入海流运动方程式计算速度场。其方法是:

对 $\dfrac{\partial p}{\partial x} = \left(\dfrac{\partial P_a}{\partial x} + \rho_{-\zeta} g \dfrac{\partial \zeta}{\partial x} \right) + \int_{-\zeta}^{h} \dfrac{\partial \rho}{\partial x} g \mathrm{d}z$ 从海平面到海底积分, 得:

$$-\left(\frac{\partial P_a}{\partial x} + \rho_{-\zeta} g \frac{\partial \zeta}{\partial x} \right) = -\frac{1}{h+\zeta} \int_{-\zeta}^{h} \frac{\partial p}{\partial x} \mathrm{d}z + \frac{g}{h+\zeta} \int_{-\zeta}^{h} (h-z) \frac{\partial \rho}{\partial x} \mathrm{d}z \qquad (18\text{–}7\text{–}10)$$

对 $\dfrac{\mathrm{d}u}{\mathrm{d}t} = -\dfrac{1}{\rho} \dfrac{\partial p}{\partial x} + fv + \dfrac{1}{\rho} \dfrac{\partial \tau_x}{\partial z} + \dfrac{A_l}{\rho} \left(\dfrac{\partial^2 u}{\partial x^2} + \dfrac{\partial^2 u}{\partial y^2} \right)$ 从海平面到海底积分, 得:

$$-\int_{-\zeta}^{h} \frac{\partial p}{\partial x} \mathrm{d}z = \frac{\partial}{\partial t} \int_{-\zeta}^{h} u \mathrm{d}z + \frac{\partial}{\partial x} \int_{-\zeta}^{h} uu \mathrm{d}z + \frac{\partial}{\partial y} \int_{-\zeta}^{h} uv \mathrm{d}z - f \int_{-\zeta}^{h} v \mathrm{d}z - A_l \int_{-\zeta}^{h} \left(\frac{\partial^2 u}{\partial x^2} \right.$$

$$\left. + \frac{\partial^2 v}{\partial y^2} \right) \mathrm{d}z - \left(A_z \frac{\partial u}{\partial z} \right)_h + \left(A_z \frac{\partial u}{\partial z} \right)_{-\zeta} \qquad (18\text{–}7\text{–}11)$$

把式（18-7-11）代入式（18-7-10），再利用 $\dfrac{\partial p}{\partial x} = \left(\dfrac{\partial P_a}{\partial x} + \rho_{-\zeta}\dfrac{\partial \zeta}{\partial x} \right) + \int_{-\zeta}^{E}\dfrac{\partial p}{\partial x}g\mathrm{d}z$

便得到水平压强梯度的表达式为（略去大气压力空间变化）：

$$-\frac{\partial p}{\partial x} = \frac{1}{h+\zeta}\Big[\frac{\partial}{\partial t}\int_{-\zeta}^{h}u\mathrm{d}z + \frac{\partial}{\partial y}\int_{-\zeta}^{h}uu\mathrm{d}z + \frac{\partial}{\partial t}\int_{-\zeta}^{h}uv\mathrm{d}z - f\int_{-\zeta}^{h}v\mathrm{d}z - A_l\int_{-\zeta}^{h}\left(\frac{\partial^2 u}{\partial x^2} + \frac{\partial^2 v}{\partial y^2}\right)$$

$$\mathrm{d}z + \left(A_z\frac{\partial u}{\partial z}\right)_{-\zeta} - \left(A_z\frac{\partial u}{\partial z}\right)_{h} + \int_{-\zeta}^{h}(h-z)g\frac{\partial \rho}{\partial x}\mathrm{d}z\Big] - g\int_{-\zeta}^{h}\frac{\partial \rho}{\partial x}\mathrm{d}z \qquad (18\text{-}7\text{-}12)$$

同样，$-\dfrac{\partial p}{\partial y}$ 可以依法导出。式（18-7-12）中积分的 ζ 可以以"0"为其近似值，不会导致较大误差。式（18-7-12）右端的一切项都可由直接的数值积分或利用边界条件直接确定，从而成为计算水平压强梯度的有效方法。这一方法不仅在形式上解决了水位变化十分敏感不易求出的困难，而且揭示了更深刻的物理意义。第一，压强虽然是一个状态参量，但仅仅它的斜压部分可由状态方程确定，而正压部分必须借助于其他状态参量才能得出，这就是我们无法由式（18-7-2）计算压强的原因。式（18-7-12）把压强与流场、密度场联系起来，正确地体现了压强的这一物理特性。第二，式（18-7-2）把压强梯度的正压部分与斜压部分分开了，但没有体现出流场的斜场性对压强正压部分的影响。事实上，质量分布的不均匀直接影响水位梯度。式（18-7-12）方括号中的最后一项体现了这一影响。第三，式（18-7-12）还说明，水位变化不是简单的Ekman输运的结果，而是要取决于非线性、底形、摩擦、层化等诸因素，表明了风生输运过程的复杂性。

第十九章 海洋调查质量保证与控制

第一节 站位的时空分布

海洋调查工作的任务不仅是提供具有一定精确度的现场海况数据，而且还应该使这些数据所包含的海洋学信息能够被尽量地提取。也就是说调查工作除了要提供观测精确度之外，还必须考虑数据在时间、空间上的分布（包括必要的重复），这就要求规划合理的施测方式。

从海洋研究的角度来看，要求调查工作提供能刻画海洋中各种过程（物理的、化学的、生物的、地质的……）的各种数据序列。一般来说，同一种海洋过程可粗略地看成是几种不同尺度过程的线性叠加，可写成：

$$P(x, y, z, t) = L(x, y, z, t) + M(x, y, z, t) + S(x, y, z, t) + Mi(x, y, z, t) + Min(x, y, z, t)$$

式中，P代表实际过程，而L、M、S、Mi、Min分别代表大、中、小、细、微尺度的子过程。海洋调查实质上就是对发生在海洋中的过程，以一定的时、空间隔（或采样率）进行采样。我们的希望是能根据有限的离散采样值序列$\{\hat{P}_i, i = 1, 2, \cdots, k\}$来恢复连续的海洋过程$P(x, y, z, t)$。

数字信号处理理论中的采样定理表明：如果过程P的频率谱中最高频率不超过某定值B，而$2B = F_N$，即通常所说的Nyquist频率，只要以采样率$Ss \geqslant 2B$采样，即可由样本列序$\{\hat{P}_i, i = 1, 2, \cdots, k\}$准确地恢复过程$P$。这就是说，如果我们以大于或等于$f_N$的采样频率$f_s$采样，就可以利用这个离散的无限样本序列来准确地恢复我们所关心的连续过程。

但是，由于我们无法获得无限长的离散样本序列，要想精确地恢复原过程是不可能的，同时我们只能将f_N作为最低采样率。在实用中要想获得所关心的过程的近似，就要增大采样率，取数倍乃至数十倍于f_N的值。如果采样率小于f_N，则没有可能恢复原过程。

在海洋研究中，我们可以不甚严格地将各种子过程的空间、时间尺度的倒数当做该子过程的空间、时间频率，于是所有子过程的频率和振幅就构成了一个某种海洋特征的复合过程频谱，在此频谱中显然有：

$$f_L < F_M < f_s < f_{Mi} < f_{Min}$$

海洋研究的实践表明：同种过程中各子过程的振幅通常随频率的增大而减小，亦即，小尺度的海洋现象，其变化幅度通常也较小（当然不能包括各沿岸水域中个别强烈的微细过程）。因此，我们可能利用不同的采样频率来恢复所关心的那种尺度的过程以及比这尺度更多更大的过程，据此，我们可提出一个采样率的参考值，如表19-1-1所示。

表19-1-1 采样率的参考值

关心的子过程	时间尺度	空间尺度	最低时间采样率 f_{Nt}	最低空间采样率 f_{Ns}*	可能恢复的子过程 L
L	季—年	千千米	2～8 次/年	500 km	L
M	数旬—数月	百千米	8～36 次/年	<50 km	$L+M$
S	数日—数旬	十千米	2～10 次/月	<5 km	$L+M+S$
Mi	数小时—数日	十千米以下	1～12 次/日	<<5 km	$L+M+S+Mi$
Min	秒、分—小时	数米以下	连续	连续	$L+M+S+Mi+Min$

*表示这里提供的是相邻两站的距离。

由此可见，为了避免遗漏较小尺度的强烈海洋现象，应该尽可能采取较高的采样率。

现在，我们逐渐形成一种想法，对海洋调查来说，只要条件允许就应尽量加大时、空采样率，即实行对海洋实况的长期监测，监测网的测点应足够密，而单位时间内重复施测的次数也要多；这与现代气象学的情况很相似，只有建立海洋调查系统而不是依靠零碎的专题观察才有可能比较系统而又实时地去研究一些重大的海洋课题。

此外，每一水文断面应不少于三个测站。同一断面上各测站的观测工作应在尽可能短的时间内完成。水文断面设置的方向，应尽可能与经过观测海区的主导海流相垂直。

第二节 调查航线的选择、观测站位的布设原则

一、尽可能详细了解调查区域的环境

使用最新海图,对调查区域的水深、岛屿、浅滩、水下暗礁、沉船和其他障碍物要有详细了解,这样在布设调查断面和最佳走航路线选择时就会避开危险地段。特别是对于河口区域,那里地形复杂(如黄河口)更应如此。有人认为这些是船长的责任,首席科学家只管"科学问题",这是极为错误的观点。20世纪80年代笔者等在黄河口进行海洋综合调查,那时黄河口没有最新海图。众所周知,黄河是多泥沙河流,由于淤积,河口每年向外延伸2~3 km,河口拦门沙(低潮时水深只有30~40 cm的水下浅滩)位置多变,大风和汛期的出现更会使拦门沙位置面目全非,即使有海图也不可全信。但是研究河口物质交换,又不能避开这个特定区域,因此,每次向黄河口驶近时,笔者等都是提心吊胆。一天下午,"东方红"在靠近河口"口门"时,在海图上水深还有10 m的地方,吃水5 m左右的船尾螺旋桨就已经搅起大量泥浆,幸亏笔者等将这一现象迅速通知船长,立即将船后退才避免一场可怕事故发生。后来用小船去测量,其水深不足5 m。

在冰区调查更要注意冰的特点。众所周知,冰山是陆地冰盖滑入海中而形成的。冰山是不含盐分的淡冰,其密度小于海水,因此,海上漂浮的冰山,露出水面部分(其中包括上面的雪盖)只有水下的1/10 ~ 2/10,80%以上的冰体隐藏在海水中,并且以不规则的形态向周围延伸,对航行的船只安全构成潜在威胁。在极区调查过程中,有效规避冰山是引导船只航行的船长和船员不可须臾忘怀的。如果说对冰山的规避主要是船长的任务,那么在海冰上的安全作业,首席科学家则有义不容辞的责任。南极大陆周围水域中漂浮的冰块,则是海水直接冻结生成的,厚度一般不超过2 m。冰中含有大量藻类,冰的剖面呈黄褐色,因此冰酥软易碎;冰面上有大量落雪,雪下的冰体并非完整一块,而是大小不一的碎冰块受到风流作用碰到一起,再通过雪掩盖起来,看起来很"结实",实则埋藏众多隐患。1990年第七次南极调查,笔者在中山站外面冰上作业时就多次遇险:直升机机翼扇起的风速就能将足球场大小的冰块解离成不到100 m²的冰块,有调查队员还从雪上漏入冰下。

如果说南极调查我们已经有30年左右的经验,那么北极调查则是近几年的事:我国1996年加入了北极科学委员会,1999 年才进行第一次北极科学考察,对楚科奇海及其相

邻海域进行了综合研究,对与冰研究的相关经验更少,在冰上工作更要小心。

二、多了解前人在这个海域的研究成果

仔细阅读这个区域已有的论文和报告,对该区域的水文、气象、地质、化学等特征要素有一个最基本了解,减少制订计划的盲目性、重复性。

从当前调查现状来看,不少海域存在站位设置混乱、重复等问题,资料使用有很大局限性。

现以白令海调查为例来说明。根据1974~1989年之间5 500个水文站资料,发现绕阿留申海盆运动的是气旋式环流,在海盆东北部与陆架之间的陆坡处,有一支自东南向西北、各个季节都存在的海流,叫"陆坡流"或"阿拉斯加"海流。同时还发现阿留申海盆气旋式环流中间,充满着各种中尺度涡、环和Rossby波。但是,我国"雪龙"号第一次北极调查过程中,在白令海海域内调查断面的设置却如图19-2-1所示。尽管当时可能有许多客观原因,不能让首席科学家更加"科学"地来设置断面,从"事后诸葛亮"的角度来总结一下,为今后这个海域研究提一些更好的建议还是必要的。

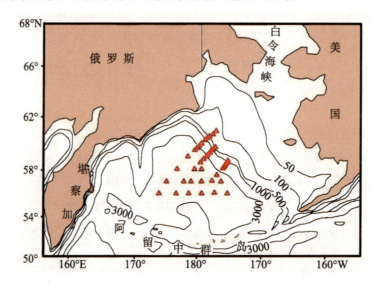

图19-2-1 1999年"雪龙"号在阿留申海盆的调查站位设置

从实际资料分析看出,断面布设有下面一些不合理之处(这里不考虑客观因素):

(1)白令海是气旋式环流,这是其主要的动力学特征,流矢量和深度等值线近似平行。因此,从抓主要矛盾来讲,断面走向最好与等深线(海岸)垂直。总体上来看,三条断面是这样做了,但是,在三条断面之间有7个站游离于断面之外,当初的设计者可能想在东北—西南走向的三条断面之外,再构成东西走向的三条断面。实践证明,东西走向的断面提供的信息很少,且具有很大的不确定性。东北—西南走向的断面则提

供多种明确信息：陆架与陆坡之间的物质交换；用动力计算方法给出气旋环流流速的估计和逆向流存在证明。

（2）在有限的调查时间内，不可能解决中尺度问题。东西方向三条断面应该期望能看到一些中尺度涡，由于站位距离太远，这个希望没有实现。实际上，白令海中一些中尺度涡的报道，是借助漂流浮标和卫星发现的。如果把游离于三个东北—西南向断面之外的7个站点放入三条断面之中，或者另设一条断面，发现的信息将更多。

三、断面设置要因地制宜

（一）远岸调查断面设置要尽量与主流轴垂直

例如，黑潮区域调查，断面通常和黑潮主流轴垂直，在中国东海，黑潮主流沿着东海大陆坡向北流动，因此断面基本取东西方向；南大洋的调查，绕极流方向是沿着纬度运动，因此断面设置尽量接近经度方向，不如此就不能得到最好的资料信息（图19-2-2）。

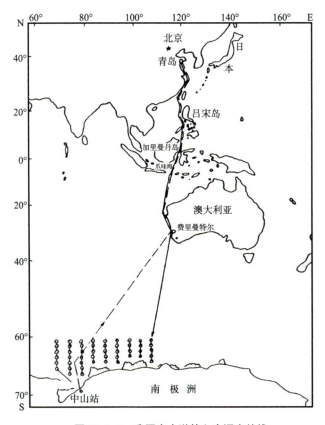

图19-2-2　我国南大洋第七次调查航线

（二）近岸调查断面走向要尽量与海岸垂直

由于受海岸的地形影响，海流的走向总是和海岸平行；受深度和沿岸径流影响，温度和盐度等值线通常都与海岸线近似平行；受海流、温度、盐度、陆地径流、陆源物质等因素影响，生物、化学要素和海底沉积物总体分布特征也与陆地距离有关。

（三）海湾观测：湾口一定要设断面研究海湾内外物质交换

海湾，特别是半封闭海湾调查时，一定要在湾口和湾口两端垂直的断面进行水文、化学、生物、悬移质和底质调查。这是因为湾口是湾内外水交换的通道。从物质守恒角度来看，涨潮进去的水量等于落潮流出的水量，但是，流出、流进的路径却不一样：顺着涨潮方向看，涨潮流的右面，净水量输运和涨潮方向一致；涨潮流的左面，净水量输运和落潮方向一致。例如，渤海海峡中，海峡北部辽东半岛沿岸的余流基本向西，指向渤海；而海峡南部山东半岛沿岸，余流方向基本向东，从渤海指向黄海。再如，南海的琼州海峡，涨潮时，南海水向西，从海峡中通过进入北部湾，因此，涨潮流方向的右边靠雷州半岛沿岸，余流总体向西；而涨潮流方向的左边，靠近海南岛的海口、新海附近，余流方向向东，和北部相反。同样，通过湾口断面悬移质观测，也可以求出湾内外泥沙交换量：只要在海流测量的同时进行悬移质采样，根据25小时的连续观测，求出涨落潮悬移质各自输运量，两者相减，就可求出净输运量，从而判断泥沙是从湾外进入湾内，还是从湾内向湾外输送。根据这种方法，我们求出从长江口向南的浙江、福建沿岸港湾，冬、夏季泥沙都是从湾外进入湾内，造成湾内的一定淤积。

（四）在地形下凹/上凸的地方要加密调查站位

沿陆架的海流遇到小尺度的海底地形，也可以产生新的运动。例如，地转沿岸流遇到穿过陆架的水下峡谷，水柱拉长，相对涡度就要改变，地转平衡被破坏，将产生沿着峡谷轴线向上或向下的流动。流的强度和分布形式取决于峡谷的宽度和海水分层情况。如果峡谷宽度大于斜压Rossby变形半径，旋转影响将是重要的。流沿着峡谷的轴，在峡谷的边坡上流动，并且按Rossby变形半径尺度衰减。如果峡谷宽度小于斜压Rossby变形半径，流将平静地越过峡谷上方，不产生变形。 许多人发现，峡谷中水体可以从深处向陆架爬升，成为陆架上一个上升流源。Klinck（1996）指出，越过峡谷的海流流向，对确定峡谷与陆架水交换非常重要。下降流产生弱交换，上升流产生强交换。图19-2-3给出Astoria 峡谷（美国西海岸Columbia河口）实测的流场。从图中可以看出，在峡谷旁边的流动是顺陆架的，而在峡谷内，流趋向沿着轴线运动，并且受地形显著影响。图中1983年5~6月观测值用实箭头表示，1978年3~4月观测值用虚箭头表示。箭头端点值是观测仪器水深。

（五）在岬角地方要注意岬角余流的观测

海湾与岬角是共生的，一个良好的海湾总是由岬角环抱而成，没有岬角的海湾总是接近一平直海岸，因而无船只避风条件可言。此外，由于岬角的存在，才会在海湾内汇集一定的粉砂，构成良好的浴场条件。因此，研究港湾动力条件时总是先要注意港

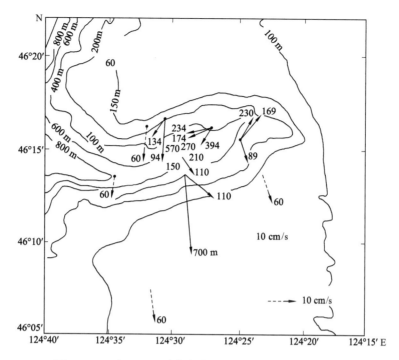

图19-2-3　在Astoria 峡谷内外、由锚系海流计观测到的流矢量

湾环流,而研究港湾环流时必须要研究岬角的特殊作用。

由于岬角是陆地凸入海中的一个地形,因此岬角附近潮流增大,海湾内部潮流速度减弱;由于此海角流的增强与弯曲,海角附近平均海平面会局部下降。

一般来说,在近岸和岬角区域,水质点经过一个潮汐周期之后,并不回到原先的起始位置之上,这是由常流、湍流以及潮流本身的非线性现象所引起的。K.T.TEE(1976)在对芬迪湾的潮流作二维非线性数值模拟的研究中指出,潮汐余流是由于非线性底摩擦效应、连续方程中的非线性项、动量方程中的非线性平流项这三个原因引起的,像芬迪湾内的一些地带,强潮流和复杂的地形影响能引起强大的惯性效应,它在潮汐余流中起重要作用。因摩擦、底形、边界形状种种原因,潮流出现非线性现象所导致的余流叫潮汐余流。在海区中由潮汐余流产生的环流叫潮汐环流。

姑且忽略地转偏向力并把底摩擦项线性化,于是运动方程和连续方程成为下列形式:

$$\frac{\partial u}{\partial t} + u\frac{\partial u}{\partial x} + v\frac{\partial u}{\partial y} = -g\frac{\partial \zeta}{\partial x} + A_l\Delta u - Ku \qquad (19\text{-}2\text{-}1)$$

$$\frac{\partial v}{\partial t} + u\frac{\partial v}{\partial x} + v\frac{\partial v}{\partial y} = -g\frac{\partial \zeta}{\partial y} + A_l\Delta v - Kv \qquad (19\text{-}2\text{-}2)$$

$$\frac{\partial \varsigma}{\partial t} + \frac{\partial}{\partial x}[(D+\varsigma)u] + \frac{\partial}{\partial y}[(D+\varsigma)v] = 0 \qquad (19\text{-}2\text{-}3)$$

D是平均海平面到海底的距离,把u、v、ζ和涡度ω统统写成一个余流分量与一个周期分量之和的形式:

$$
\begin{cases}
u = \bar{u} + u' \\
v = \bar{v} + v' \\
\Omega = \overline{\Omega} + \Omega'
\end{cases}
\tag{19-2-4}
$$

式中, 字母加上画线表示它的余流或其他平均分量, 带撇的表示它的周期性分量。把它们代入式(19-2-1)、式(19-2-2)、式(19-2-3)中, 消去潮位梯度项, 并对一个潮汐周期取平均, 即得潮汐余流的涡度方程为:

$$
\left(\bar{u} \frac{\partial \overline{\Omega}}{\partial x} + \bar{v} \frac{\partial \overline{\Omega}}{\partial y} \right) + F - A_l \left(\frac{\partial^2 \overline{\Omega}}{\partial x} + \frac{\partial^2 \overline{\Omega}}{\partial x} \right) + K\overline{\Omega} = 0
\tag{19-2-5}
$$

式中, $\Omega = \dfrac{\partial v}{\partial x} - \dfrac{\partial u}{\partial y}$ 是潮汐余流涡度分量, 而 F 是周期性潮流传输给潮汐余流的涡度, 它定义为:

$$
F = \overline{u' \frac{\partial \Omega'}{\partial x}} + \overline{v' \frac{\partial \Omega'}{\partial y}} + \overline{\Omega' \frac{\partial u'}{\partial x}} + \overline{\Omega \frac{\partial v'}{\partial y}}
\tag{19-2-6}
$$

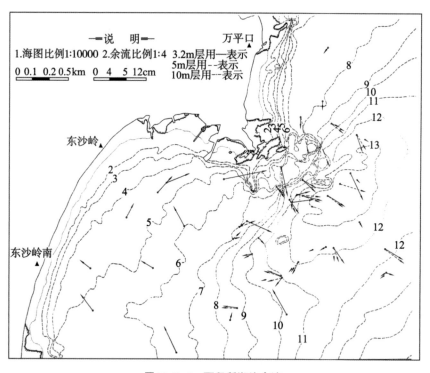

图19-2-4 石臼所潮汐余流

图19-2-4为实测海流资料中, 去掉潮流之后的结果。由图中可以看出, 在海角两边形成轴向对称的两个涡旋, 如果一个人站在海角上面海而立, 那么, 在人的左边是气旋式涡旋, 在人的右边是反气旋式涡旋, 这两个涡旋在海角附近辐合, 再共同流向外海, 因此, 这里是余流的强流区。

四、要尽可能进行长系列观测

（一）近岸浅海余流多变

近岸浅海余流是由多种机制形成的，即有潮汐余流、风海流、密度流和环境中其他流系互相叠加而成。潮汐余流的流速可从每秒几十厘米到几厘米，与风生流具有相同的量级。只靠一次25小时的观测，就断言这个测点的潮流如何、余流怎样，这难免失之偏颇。过去规定的25小时海流观测，很多情况下是迫于无奈，现今，仪器先进、经费相对充足，如果还因循于过去的规定，可为而不为，就难免形成一种遗憾！图19-2-5给出海南省洋浦离岸1 km处冬季流速和流向，从中可以窥得一些余流变化的不规则特征。

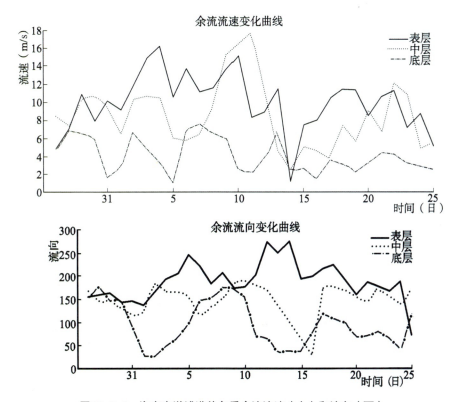

图19-2-5　海南省洋浦港外冬季余流流速（上）和流向（下）

（二）季节性变化明显

受季风和总体环流制约，余流有明显的季节变化。对一个海域水交换的计算，最好要有四个季度的观测结果作为印证。例如，广西白龙尾夏季观测的夏季海流（包括潮流和余流）与冬季有明显差别（图19-2-6、图19-2-7）。

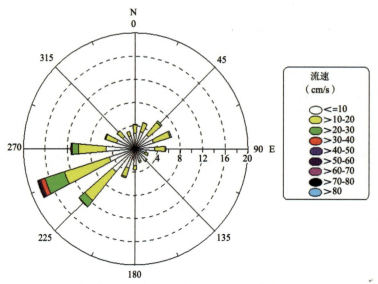

图 19-2-6　夏季中层流速、流向分级玫瑰图

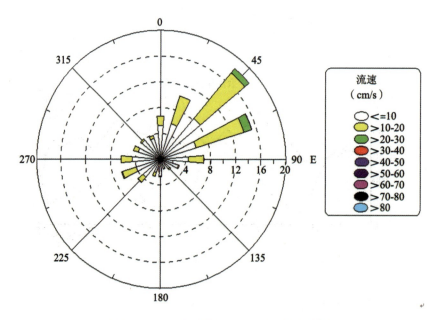

图19-2-7　冬季中层流速、流向分级玫瑰图

五、多学科综合调查，以便互相印证，加深研究成果

现代海洋学从建立的初期，就已经决定了它的性质，即是物理、生物、化学和地质交叉的综合性学科。其中发生着各种不同类型和不同尺度的海水运动过程、海洋生

物过程、海洋化学和海洋地质过程。开始各个学科独立发展,出现物理海洋学、海洋生物学、海洋化学、海洋地质学等学科,现在则又从分支回到整体的发展过程。当然这不是简单的回复或重复,而是在更高层次上的综合或融合。例如,当前方兴未艾的海洋生态学模型就是这种综合的最好体现。作为一个例子,下面给出汉堡欧洲北海生态模型(ECOHAM)以供参考。

$$\frac{\partial A}{\partial t} + u\frac{\partial A}{\partial x} + v\frac{\partial A}{\partial y} \ (w-w_s)\frac{\partial A}{\partial z} = \frac{\partial}{\partial x}\left(A_x\frac{\partial A}{\partial x}\right) + \frac{\partial}{\partial y}\left(A_y\frac{\partial A}{\partial y}\right) + \frac{\partial}{\partial z}$$

$$\left(A_z\frac{\partial A}{\partial z}\right) + PROD - RESP - DEAD - GRAZ$$

$$\frac{\partial P}{\partial t} + u\frac{\partial P}{\partial x} + v\frac{\partial P}{\partial y} \ (w-w_s)\frac{\partial P}{\partial z} = \frac{\partial}{\partial x}\left(A_x\frac{\partial P}{\partial x}\right) + \frac{\partial}{\partial y}\left(A_y\frac{\partial P}{\partial y}\right) + \frac{\partial}{\partial z}$$

$$\left(A_z\frac{\partial P}{\partial z}\right) - UPTA + RELE + REMW - EXCR + QUEL$$

$$\frac{\mathrm{d}D}{\mathrm{d}t} = -REMB + DETR$$

$$\frac{\mathrm{d}I}{\mathrm{d}t} = K(A)I \quad K(A) = K_0 + K_1CHL + K_2(CHL)^{\frac{2}{3}}$$

式中, A 为浮游植物含量; P 为磷含量; D 为底栖碎屑含量; I 为水下光强; (u, v, w) 为 x, y, z 方向流速; w_s 为浮游植物沉降速度; (A_x, A_y, A_z) 分别为 x, y, z 方向湍流扩散系数; $PROD$ 为初级生产力; $RESP$ 为生物的呼吸作用; $DEAD$ 为生物的死亡率; $UPTA$ 为营养盐吸收; $RELE$ 为营养盐释放; $REMW$ 为再矿化作用; $EXCR$ 为排泄作用; $QUEL$ 为河流输入; $REMB$ 为底部再矿化作用; $DETR$ 为碎屑物质沉降; CHL 为叶绿素; K 为消光系数。

由上面四个方程可以看出:海洋光合植物、食植性动物和食肉性动物逐级依赖和制约,组成了海洋食物链。在食物链的每一个环节,都有物质和能量的转化,包括真菌和细菌对动植物尸体的分解作用,把有机物转化为无机物。于是,由植物、动物、细菌、真菌以及与之有关的非生命环境组成一个将有机界与无机界联系起来的系统,即通常所说的海洋生态系。

六、鉴于浅海水文要素的多变性，要尽量同步调查

浅海水文和化学要素变化快,不同步调查就不能得到正确结论。例如温度,日变化最大可以达到7℃～8℃,甚至超过10℃,受太阳辐射和内波影响显著。长江口水质调查,涨落潮营养盐含量可以相差10倍以上。随机采样画出的大面图,只能看做一种"艺术"作品,离真实情况可能相去甚远。

（一）赫崇本的实验

赫崇本先生为了证明非同步调查可以得出许多虚假结论, 他专门做了以下实验: 图19-2-8是两艘调查船在春季对威海外面鲐鱼场所做的调查结果。在同一海区、大致同一时间, 但作业顺序不同: 一艘船自东向西, 另一艘自西向东。由于太阳辐射影响, 却得出不同结论: 自东向西的调查船得到的结论是: 鲐鱼场中心是低温区, 鲐鱼集群受低温区制约; 而自西向东调查船的调查结果则认为: 鲐鱼群集群是与高温有关。

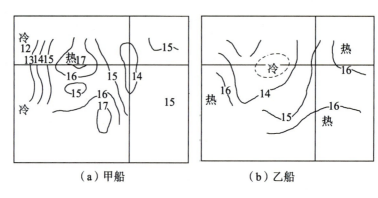

（a）甲船　　　　　　　　（b）乙船

图19-2-8　两船同时观测表层水温对比

造成这种现象的原因是太阳辐射能的影响: 我们知道, 在地球的大气上界, 射达垂直于太阳光线平面上的太阳辐射能大约是2 cal/（cm² · min）。在完全透明的大气条件下, 全年入射到地球表面的太阳辐射总量随纬度而变化（表19-2-1）。

表19-2-1　在完全透明的大气条件下全年入射到地球表面的太阳辐射总量

（×10³cal/cm²）

	纬					度				
	0°	10°	20°	30°	40°	50°	60°	70°	80°	90°
夏半年	160.5	170	175	174	170	161	149	139	135	133
冬半年	160.5	147	129	108	84	59	34	13	3	0
全 年	321	317	304	282	254	220	183	152	138	133

一旦太阳辐射透过海面, 它很快就被吸收。甚至在清澈的海水中, 99%的太阳能都被100 m以上水层所吸收, 55%的太阳能都在最初1 m深度内被吸收掉。春季海面迅速增温, 在晴朗无云的天气, 海面水温从夜间到中午可以相差3℃～4℃, 日际间变化也较大。云量（特别是低云）对太阳辐射有显著影响: 在低云密布的天气, 80%的太阳辐射不能到达海面。此外, 河口附近, 由于水中悬浮粒子增多, 光能被吸收得更快, 超过63%

（最多82%）的太阳能都在最初1 m深度内被吸收掉。得出鲐鱼场中心是低温的，观测资料是夜间得到的；得出鲐鱼场中心是高温的，船只刚好中午到达这里。

（二）冬季寒潮降温

冬季是水温降低最快的季节，在"风前"和"风后"水温会相差很大。有时一次大面积作业，因一次寒潮来临而不得不回港避风，风后重回现场，两次调查结果要画在一张图上，往往会差之毫厘而谬之千里。图19-2-9是青岛千里岩12月降温曲线。由图看出，南风是不降温的，而北风使水温降低甚剧：从月初13℃，降至月末7.7℃，是由大小5次寒潮完成的。

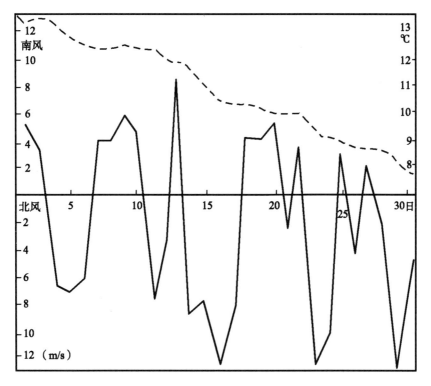

图19-2-9　青岛千里岩冬季寒潮降温

（虚线是表层水温，实线是风速风向）

（三）内波将引起水温的显著日变化

次表层因海水温、盐度的变异而层结是内波存在的必要条件，同时，内波的波动作用又会导致海水的等密度面的振动，引起跃层上下边界的起伏。

在深海中，内波的存在可以用海水的等密度面的起伏，结合上、下不同水层海流的反向分布来衡量；在浅海中，内波可以通过海水的等温线的起伏，结合上、下不同水层海流的反向分布来衡量。

图19-2-10为珠江口外东南约200 km、水深约300 m处的一观测点连续9 d观测到的等温线的时间变化剖面图。从图中可以清楚地看到，50 m深的等温线的波动较其上

表层特别显著，这种波动还具有明显的日变化特征。

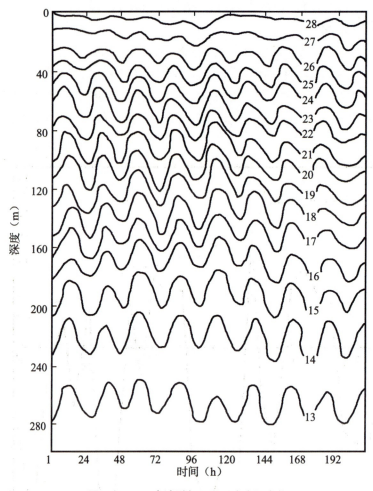

图19-2-10　内波引起不同层次水温变化

第三节　加强计划性

一、方案评审

任何一次重大科研活动之前，拿出计划任务书，举行小型听证会，集思广益，吸收不同科学家的意见，是十分必要的。现在许多海洋工程在海洋调查之前，要举行"两纲评审"（即技术任务书大纲和质量保证大纲）是非常明智之举。对调查期间所用的仪器种类、调查开始时间、调查站位设置等有明确规定，对调查期间可能出现的偶发性事件有明确的措施应对。

制订计划要量力而行：①站位数目要适中，调查时间不要太长，使调查结果具有准同步性。② 根据设定的调查目的、区域、时间和设备，选择最佳航线和观测站位。研究人员要防止急功近利的思想：想走捷径，而又不做艰苦细致的工作，侥幸、盲目冒险等都是不可取的。

二、充分准备

为了保证调查计划的执行，必须根据调查大纲和调查计划的要求，详细列出所需仪器设备及消耗品的名称和数量。考虑到海上工作的意外情况，每种仪器设备均需有一定的备用数量。特别是那些易于损坏的玻璃器皿、易于丢失的铅锤等，更需有足够的备用数量。

对所选用的仪器和设备，出航前必须进行全面检查、调试，使其处于良好的工作状态；要注意所选用的仪器必须适用于所采用的承载工具和观测方式、仪器的适用水深范围和测量范围，同时还需满足对观测要素及其计算参数的准确度及时空间连续性的要求。

调查使用的仪器必须按规定定期经国家法定计量机构检定，或自行用正确的方法和允许的准确度及时测试其系统的参数。不允许使用未经鉴定的仪器设备进行海洋调查。

经检查校正后的仪器设备，应根据使用的要求进行安装或固定，调查设备安装位置的基本要求是工作方便，各项工作互不妨碍，避开建筑物、辐射热和船只排水对观测结果的影响。

为了发现准备工作的不足之处，必要时可在仪器设备安装之后进行试航试测，着重检查下面几方面的性能：

（1）绞车安装是否牢固，收放速度是否正常，刹车是否灵敏。

（2）各种仪器在水中工作是否正常，仪器的水密性是否良好。

（3）通讯设备是否正常，它与基地或其他船只的联系能否保持。

（4）器材设备是否齐全。

试航中出现的问题，在返回基地之后应迅速采取措施加以解决。

（5）对参加调查的人员，不管是老队员还是新队员，都要事先进行业务教育和安全教育，懂得调查中使用的仪器性能，绞车收放的速度；注意人身安全、仪器安全和资料安全。例如，在船只未停稳之时，不准跳上邻船或海岸；不准在航道处作业，夜间不能没人瞭望值班等。

每次出航观测结束后，调查设备和观测仪器应认真维护保养。凡入水的仪器均需用淡水洗净晾干保存。绞车、钢丝绳和计数器等，应仔细擦拭并涂抹黄油后保存。

首席科学家必须充分认识到：工欲善其事，必先利其器。只有用先进的仪器，才能取得精确、可靠的资料。海上条件恶劣，风大浪急，仪器容易损坏，没有备份的仪器是危险的。

仪器在使用过程中由于不可避免的机械磨损、轻微碰撞，其灵敏度和精度会发生改变。为了取得精确资料，国家计量中心要求至少一年中要鉴定一次。遇到特殊事故（如仪器被盗、仪器进水等）要立即送有关部门检查鉴定。

三、对突发性事件要有充分估计

（一）对特殊天气和海况要有充分估计

黄河口附近夏季容易出现偶发性大风天气，即所谓"飑线"，瞬时风力可达九级，对中、小船只是非常危险的。而气象台无法预测它何时来临，作为首席科学家应该有看天观海的基本知识，这样才会有临场应变能力。同时，要做好避风地点的选取。

同样，去南大洋调查，对西风带要有充分准备。要有气象预报基本知识，还要对不同气象预报来源有一定的判别能力。对极地调查不可避免地要面对的海冰，也要有一定认识。在海冰上作业，对冰的抗压能力也要有充分估计。

（二）对调查队员健康也要有预见能力

野外调查，身体素质受到很大挑战。劳动强度突然加大，生活环境由规律变为不规律，此时人体对疾病的抵抗力就会下降。特别是夏天，气候炎热，最容易发生食物中毒现象，上吐下泻，人很快就会脱水休克。如果应对不及时，后果不堪设想。除去随船携带必要的常用药品之外，还要有去附近医院抢救的打算和准备。

第四节　紧急情况处理

一、仪器进入船底

在深海区无法抛锚、船只处于漂流情况下观测，由于风和流的方向不一致，仪器很容易进入船底，电缆受船底一些设置的羁绊（如螺旋桨等），很难将仪器拖出船舷，用力过度反而会将缆绳拉断，使贵重仪器落入海底。这时有两种方法可供选择：

（1）调整船头，使仪器入水一面的整个船体和风向垂直，在风力作用下船只向下风方向漂移，会将仪器从船底移出，一次不行，反复多次，直到使仪器脱险。

（2）实在不行，可将电缆继续释放，使仪器在船舷的另一边出现，然后将电缆用钩子提到水面，再将电缆的舷上一端从记录器上摘下，将电缆接口用橡皮泥封死，再用塑料袋扎紧，防止海水进入电缆破坏导电。从钩起电缆的一边将电缆抽出，提出水面。笔者在赤道暖池区调查中多次用此方法将海流计安全取回。

上述方法都是出现问题时的解决之道,最安全的办法还是在仪器入水前使仪器入水一面的整个船体和风向垂直,船只随风向下风方向漂移,不管海流向何种方向流动,水流速度总没有船只漂移速度快,从而避免仪器钻入船底。

二、冰上作业

一年一度的南大洋调查中,有时因为冰体过厚,或流冰密集,船只无法靠岸,从而无法将食品和燃料油送到越冬站(特别是我国中山站),通常先将物资从船上吊到冰上,再用直升机从冰上将食物送到站上。我们1990年第七次南大洋调查就遇到这种情况。但是,必须提醒大家,冰上作业是十分危险的,这是因为:冰体松软,固结不牢,受到风和外力作用,很容易裂开。因此,在冰上工作的调查队员不可在冰上追逐、打闹;要时刻盯紧脚下是否出现微小裂缝,一旦出现,人和物要立即离开裂缝,从直立行走变成匍匐前进;如果不慎掉入雪窟或冰缝中,要停止无谓的挣扎,大声呼唤同伴,将自己拉出。否则自己动作过大,掉入冰下,就会坠入寒冷(水温-2℃)的深渊(水深几百米)!

要特别强调,冰上作业要穿上救生衣。

三、水下作业安全性

水下作业是有很高风险的,切不可漠然视之。每次潜水员入水在海底上放置观测仪器、采样,我们都如临大敌,采取很多措施:

(1)清除水环境中潜在的敌人,特别是鲨鱼。1980年笔者一行在石臼所大港环境调查中,使用重潜水员潜水,潜水之前,总是要用自制的炸药先将水中的鲨鱼驱赶到远处,避免鲨鱼对潜水员的突然攻击。

(2)重潜水员入水之后,必须保证供氧线路畅通,供氧充分。轻潜水员入水前,必须检查铅块重量是否适中,潜水刀是否携带等。潜水员入水后,船上所有人员都必须密切注意水下动态,随时做好救护准备,包括医疗和救护设备。永远要牢记"有备无患"。

正是由于我们对安全的高度重视,在石臼所大港勘查的两年中、在后来黄河海港勘查的三年中,以及在海岛调查前期工作中,我们的潜水员都没有发生任何事故。可惜的是,在海岛调查接近尾声时,由于忽视安全,我们的两名优秀教师不幸牺牲在潜水过程中,至今令人扼腕叹息!

参考文献

[1] 毕永良, 孙毅, 黄谟涛, 等. 海洋测量技术研究进展与展望[J]. 海洋测绘, 2004, 24 (3): 65–70.

[2] 曹乃峰. 基于光电传感技术的海水盐度计研制[D]. 青岛: 中国海洋大学, 2010.

[3] 曹文熙, 杨跃忠, 张敬祥. 锚泊光学浮标浮体设计及近海试验[J]. 热带海洋学报, 2010, 29 (2): 1–6.

[4] 蔡树群, 张文静, 王盛安. 海洋环境观测技术研究进展[J]. 热带海洋学报, 2007, 26 (3): 76 – 80.

[5] 蔡树群, 甘子钧. 南海北部孤立子内波的研究进展[J]. 地球科学进展, 2001, 16 (2): 215 – 219.

[6] 蔡励勋. 海洋多参数水质在线自动连续监测浮标的应用[J]. 中国水产, 2008 (4): 57 – 59.

[7] 陈长霖. 全球海平面长期趋势变化及气候情景预测研究[D]. 青岛: 中国海洋大学, 2010.

[8] 陈上及、马继瑞. 海洋数据处理分析方法及其应用[M]. 北京: 海洋出版社, 1991.

[9] 陈兆云, 张振昌, 江毓武, 等. Argos浮标及模型反演吕宋海峡区域流场季节变化特征[J]. 厦门大学学报: 自然科学版, 2009, 48 (5): 719 –724.

[10] 陈常龙. 一种新型浮标水动力特性研究及系留系统探讨[D]. 青岛: 中国海洋大学, 2010: 1–12.

[11] 陈达熙. 渤海、黄海、东海海洋图集——水文分册[M]. 北京: 海洋出版社, 1992.

[12] 陈卫民. 海底勘查技术的最新发展[J]. 海洋技术, 1996, 15 (3): 25–29.

[13] 陈邦彦, 梁广胜. 海洋重力测量和KSS31 型重力仪[J]. 海洋地质, 1998, 3 (4): 8~200.

[14] 陈明剑, 侍茂崇, 高郭平. 近普里兹湾大陆架外水域水文物理特征[J]. 青岛海

洋大学学报, 1995, 25（增刊）： 235 – 247.

[15] 常金龙, 钟敏, 段建宾, 等. 联合卫星重力和卫星测高资料研究热容海平面季节性变化[J]. 大地测量与地球动力学, 2007, 27： 44 – 48.

[16] 常广弘. 高频地波雷达海态反演算法研究[D]. 青岛: 中国海洋大学, 2014.

[17] 程世来, 张小红. 基于PPP技术的GPS浮标海啸预警模拟研究[J]. 武汉大学学报: 信息科学版, 2007, 32（9）: 764 –766.

[18] 丛丕福. 海洋叶绿素遥感反演及海洋初级生产力估算研究 [D]. 北京: 中国科学院研究生院（遥感应用研究所）, 2006.

[19] 段华敏, 王剑. 基于X波段雷达海面波高估计的改进方法[J]. 海洋通报, 2009, 28（2）: 103 – 108.

[20] 冯彦, 孙涵, 毛飞. 地磁测量仪器发展综述[J]. 地震地磁观测与研究. 2009（1）: 103 – 110.

[21] 冯伟, 钟敏, 许厚泽. 联合卫星重力、卫星测高和海洋资料研究中国南海海平面变化[J]. 中国科学, 2012, 42 （3）: 313 – 319.

[22] 冯向波, 严以新. 台湾近海水文观测体系的构建及其数据分析方法[J]. 热带海洋学报, 2011, 30（1）: 35 – 42.

[23] 冯向波, 严以新, 高家俊, 吴立中. X波段雷达近岸影像波谱分析[J]. 海洋工程, 2010, 28（1）: 104 – 108.

[24] 高郭平, 董兆乾, 侍茂崇. 南极普里兹湾附近73° E断面水文结构及多年变化[J]. 青岛海洋大学学报, 2003, 33（4）: 493 – 502.

[25] 高郭平, 韩树宗, 董兆乾, 杨士瑛. 南印度洋中国中山站至澳大利亚费里曼特尔断面海洋锋位置及其年际变化[J]. 海洋学报, 2003, 25（6）: 9 – 19.

[26] 高郭平, 刘齐, 侍茂崇. 印度洋南极锋线位置及下潜南极表层水的分离[J].青岛海洋大学学报（增刊）, 1995, 25： 424 – 431.

[27] 高爱国. 海洋沉积物标准物质体系建设[J]. 海洋地质与第四纪地质, 2001, 21（3）： 113 – 117.

[28] 甘锡林. 合成孔径雷达海洋内波遥感研究[D]. 杭州: 国家海洋局第二海洋研究所, 2007.

[29] 郭桂军, 史久新, 赵进平, 等. 北极海冰快速减少期间加拿大海盆上层海洋夏季淡水含量变化[J]. 极地研究, 2012, 24（1）: 35 – 46.

[30] 郭炳火, 左海滨. 海底漂浮物初步实验[J]. 黄渤海海洋, 1984, 2（2）: 71 – 74.

[31] 国巧真, 陈云浩, 李京, 格日乐, 史晓霞. 遥感技术在我国海冰研究方面的进展[J]. 海洋预报. 2006 , 23（4）: 95 – 106.

[32] 国家海洋局科技司. 全球观测系统[M]. 北京: 海洋出版社, 1994.

[33] 国家海洋局科技司. 全国海洋资料浮标工程技术研讨会文集[C]. 北京: 海洋出版社, 1988.

[34] 国家海洋局科技司. 海洋大词典[M]. 沈阳: 辽宁人民出版社, 1998.

[35] 国家海洋信息中心. 海洋高技术进展[M]. 北京: 海洋出版社. 1991.

[36] 国家海洋局海洋科技情报所. 海洋技术年鉴[M]. 北京: 海洋出版社. 1982.

[37] 何继善, 鲍力知. 海洋电磁法研究的现状和进展[J]. 地球物理学进展, 1999, 14(1): 7 – 39.

[38] 何汉漪. 二十一世纪的地震勘探技术[J]. 地学前缘, 2000, 7(3): 267 – 273.

[39] 何贤强, 潘德炉, 黄二辉, 赵艳玲. 中国海透明度卫星遥感监测[J]. 中国工程科学, 2004, 6(9): 33 – 38.

[40] 何宜军. 成像雷达海浪成像机制[J]. 中国科学, 2000, 30(5): 554 – 560.

[41] 胡毅, 刘怀山, 陈坚, 许江. 地震海洋学研究进展[J]. 地球科学进展, 2009, 21(10): 1094 – 1104.

[42] 胡景. 卫星高度计数据提取海洋潮汐信息及气候变化研究[D]. 青岛: 中国海洋大学, 2007.

[43] 黄谟涛, 翟国君, 等. 多波束测深技术研究进展与展望[J]. 海洋测绘, 2001, 21(3): 2 – 7.

[44] 黄祖珂, 黄磊. 潮汐原理与计算[M]. 青岛: 中国海洋大学出版社, 2005.

[45] 黄忠恕. 波谱分析方法及其在水文气象学中的应用[M]. 北京: 气象出版社, 1984: 1 – 82.

[46] 华祖根, 潘国富, 等. 声学技术在大洋多金属结核调查中的应用现状和展望[J]. 海洋技术, 1993, 12(4): 13 – 19.

[47] 金翔龙. 海洋地球物理研究与海底探测声学技术的发展[J]. 地球物理学进展, 2007, 22(4): 1243 – 1249.

[48] 金翔龙. 海洋地球物理技术的发展[J]. 东华理工学院学报, 2004, 27(1): 7 – 13.

[49] 金翔龙, 高金耀. 西太平洋卫星测高重力场与地球动力学特征[J]. 海洋地质与第四纪地质, 2001, 21(1): 1 – 6.

[50] 金翔龙, 高金耀. 我国多波束数据综合处理成图技术的现状和对策[A]. 中国地球物理学会年刊[C]. 武汉: 中国地质大学出版社, 2000: 230.

[51] 金光炎. 水文统计计算[M]. 北京: 水利电力出版社. 1979.

[52] 金兴良, 刘丽, 赵英, 等. DO、BOD 与 COD 的监测方法与相互关系探讨及其在海洋监测中的应用[J]. 海洋湖沼通报, 2005, 1: 43 – 48.

[53] 兰淑芳, 傅秉照. 南黄海和东海"人工水母"投放试验[J]. 海洋科学, 1989, 3: 21 – 26.

[54] 梁捷. 海洋观测技术[J]. 声学技术, 2012, 31(1): 61 – 63.

[55] 李宁, 陈建峰, 黄建国, 等. 各种水下声源的发声机理极其特性[J]. 应用声学, 2009, 28(4): 241 – 248.

[56] 李庆辉, 陈良益, 陈烽, 邓年茂. 机载蓝绿激光海洋测深[J]. 光子学报, 1996, 5（1）: 11009 – 1013.

[57] 李家彪. 多波束勘测原理技术与方法[M]. 北京: 海洋出版社, 1999: 1 – 240.

[58] 李岳生. 齐东旭, 样条函数方法[M]. 北京: 科学出版社, 1979.

[59] 李慧青, 朱光文, 李燕, 高艳波, 葛运国. 欧洲国家的海洋观测系统及其对我国的启示[J]. 海洋开发与管理, 2011 （1）: 1 – 5.

[60] 李琛, 唐原广. SZF型波浪浮标标准化定型[J]. 海洋技术, 2009, 28（4）: 8 – 10.

[61] 李小波. 基于子母式浮标的海浪谱反演技术的研究[D]. 济南: 山东科技大学, 2008: 3 – 10.

[62] 李大炜. 多源卫星测高数据确定海洋潮汐模型的研究[D]. 武汉: 武汉大学, 2013.

[63] 李立, 许金电, 靖春生, 等. 南海海面高度、动力地形和环流的周年变化—TOPEX/Poseidon 卫星测高应用研究[J]. 中国科学D 辑: 地球科学, 2002, 32: 978 – 986.

[64] 李立, 许金电, 蔡榕硕. 20 世纪90 年代南海海平面的上升趋势: 卫星高度计观测结果[J]. 科学通报, 2002, 47: 59 – 62.

[65] 李伟, 陈曦, 庄峙厦, 等. 基于荧光猝灭原理的光纤化学传感器在线监测水中溶解氧[J]. 北京大学学报: 自然科学版, 2001 , 37 （2）: 226 – 230.

[66] 李忠强, 王传旭, 卜志国等. 水质浮标在赤潮快速监测预警中的应用研究[J]. 海洋开发与管理, 2011, 28（11）: 63 – 65.

[67] 李立. 台湾海峡冬季亚潮频水位波动的初步研究[J]. 海洋学报, 1989, 11（3）: 275 – 283.

[68] 李立. 南海北部沿岸冬季水位亚潮波动特征研究[J]. 热带海洋, 1993, 12 （3）: 52 – 60.

[69] 李宁, 陈建峰, 黄建国, 等. 各种水下声源的发声机理及其特性[J]. 应用声学, 2009.

[70] 李启龙. 声呐信号处理引论[M]. 北京: 海洋出版社, 2000.

[71] 李刚. 光学技术在赤潮监测中的应用 [D]. 天津: 天津大学, 2007.

[72] 刘雁春, 暴景阳, 李明叁. 我国海洋测绘技术的新进展[J]. 测绘通报, 2007 （3）: 1 – 7.

[73] 刘保华, 丁继胜, 裴彦良, 李西双. 海洋地球物理探测技术及其在近海工程中的应用[J]. 海洋科学进展, 2005, （03）: 54 – 59.

[74] 刘经南, 赵建虎. 多波束测深系统的现状和发展趋势[J]. 海洋测绘, 2002, 22 （5） : 3 – 6.

[75] 刘琳, 高立宝. 东南印度洋海洋锋面处低空大气的垂向分布结构[J]. 极地研究, 2012, 24（2）: 136 – 142.

[76] 刘赢. 近海海水深度和浪高的测量[J]. 渤海大学学报: 自然科学版, 2005, 26（2）: 165 – 168.

[77] 刘付前, 骆永军, 王超. 卫星高度计应用研究现状分析[J]. 舰船电子工程, 2009（183）: 28 – 31.

[78] 刘华兴. 被动声学测波新方法的实验研究及应用[D]. 青岛: 中国海洋大学, 2010: 2 – 13.

[79] 刘书明. 利用卫星图像研究黄渤海大气边界层波动[D]. 青岛: 国家海洋局第一海洋研究所, 2010.

[80] 刘高岭. 海洋信息源数据目录服务系统的设计与实现[D]. 青岛: 中国海洋大学, 2008.

[81] 卢嘉锡. 高技术百科词典[M]. 福州: 福建人民出版社. 1994.

[82] 类彦立, 徐奎栋. 海洋底栖原生动物生态学研究的方法学综述[J]. 海洋科学, 2007, 31: 49 – 57.

[83] 林纪曾. 观测数据的数学处理[M]. 北京: 地震出版社. 1981.

[84] 林华清, 陈华章. 数字式海水盐度计的研制[J]. 广东工业大学学报, 2002, 19（3）: 43 – 46.

[85] 龙小敏. SZS3-1 型压力式波潮仪[J]. 热带海洋学报, 2005, 24（3）: 81 – 85.

[86] 吕新刚. 黄东海上升流机制研究[J]. 北京: 中国科学院海洋研究所, 2010.

[87] 陆俊. 多波束系统在水下探测中的应用[D]. 南京: 河海大学, 2006.

[88] 马纯芳. 基于Map Objects的海底地形地貌成图技术研究[D]. 哈尔滨: 哈尔滨工程大学, 2008.

[89] 孟昭翠, 类彦立, 和莹莹, 等. 沉积物样品保藏方式和时间对荧光计数海洋底栖细菌及原生生物的影响[J]. 海洋科学, 2010, 34: 13 – 20.

[90] 苗育田, 于洪华, 许建平. 斜航普里兹湾断面水温分布及温度锋特征[J]. 青岛海洋大学学报, 1995, 25（增刊）: 383 – 393.

[91] 潘惠周, 孔祥德, 徐贤俊, 等. 浅海内波的功率谱分析[J]. 海洋通报, 1982, 6（1）: 10 – 16.

[92] 蒲书箴, 董兆乾, 胡筱敏, 等. 普里兹湾陆缘水边界的变化 [J]. 海洋通报, 2000, 19（6）: 1 – 9.

[93] 裴彦良, 刘保华, 张桂恩, 梁瑞才. 磁法勘察在海洋工程中的应用[J]. 海洋科学进展, 2005,（01）: 114 – 119.

[94] 齐义泉, 施平, 王静. 黄海中部风浪特征分析[J]. 海洋通报, 1997, 16（6）: 1–6.

[95] 邱章, 许锡祯, 龙小敏. 南海北部一观测点内潮特征的初步分析[J]. 热带海洋, 1996, 15（4）: 63 – 67.

[96] 任贵永, 孟昭瑛, 安国亭. 海洋大型导航浮标研究[J]. 海洋学报, 1993, 15（4）: 114 – 121.

[97] 任福安, 邵秘华, 孙延维. 船载雷达观测海浪的研究[J]. 海洋学报, 2000（5）: 152 – 156.

[98] 申辉. 海洋内波的遥感与数值模拟研究[D]. 北京: 中科院博士论文, 2005.

[99] 孙朝辉, 刘增宏, 朱伯康, 等. Argo剖面浮标观测资料的接收、处理与共享[J]. 海洋技术, 2005, 2（2）: 130 – 134.

[100] 孙强, 孙军. SBY2-1型空气超声波浪仪[J]. 海洋技术, 2007, 26（4）: 4 – 7.

[101] 孙建. SAR影像的海浪信息反演[D]. 青岛: 中国海洋大学, 2005.

[102] 孙学军, 王晓蕾, 等. 大气探测学[M]. 北京: 气象出版社, 2009.

[103] 史久新, 赵进平, 矫玉田, 曲平. 太平洋入流及其与北冰洋异常变化的联系[J]. 极地研究, 2004, 16（3）: 253 – 260.

[104] 侍茂崇, 等. 物理海洋学[M]. 济南: 山东教育出版社, 2004.

[105] 侍茂崇, 高郭平, 鲍献文. 海洋调查方法导论[M]. 青岛: 中国海洋大学出版社, 2008.

[106] 苏育嵩. 黄、东海地理环境与环流系统分析[J]. 青岛海洋大学学报, 1989, 19: 145–158.

[107] 苏育嵩, 苏洁. 利用卫星图像对黄海表层水系的分析[J]. 海洋与湖沼增刊, 1995, 26（5）: 16 – 22.

[108] 苏纪兰, 袁业立. 中国近海水文[M]. 北京: 海洋出版社, 2005.

[109] 唐原广, 王金平. SZF型波浪浮标系统[J]. 海洋技术, 2008, 27（2）: 31 – 33.

[110] 唐原广, 康倩. 波浪浮标测波方法比较[J]. 现代电子技术, 2014, 37（15）: 121 – 122.

[111] 唐原广, 李琛. 多功能波浪浮标的研制[J]. 气象水文海洋仪器, 2004, 3（4）: 12 – 15.

[112] 吴培中. 世界卫星海洋遥感三十年[J]. 国土资源遥感, 2000, 1: 1–10.

[113] 吴自银, 郑玉龙, 初凤友, 等. 海底浅表层信息声探测技术研究现状及发展[J]. 地球科学进展, 2005, 20（11）: 1210 – 1217.

[114] 王志雄, 高平, 莫杰. 海底地质勘查现代技术方法的应用现状及发展趋势[J]. 海洋地质与第四纪地质, 2002, 22（2）: 109 – 114.

[115] 王毅民, 高玉淑, 王晓红. 世界大洋锰结核及沉积物标准物质评介[J]. 岩矿测试, 1997, 16（3）: 26 – 38.

[116] 王朝英. 测深侧扫声呐仿真研究[D]. 哈尔滨: 哈尔滨工程大学, 2007.

[117] 王佳, 袁业立, 潘增第. 陆架波的数值研究及分析[J]. 海洋学报, 1988, 10（6）: 666 – 677.

[118] 王婷. 国外海洋潜标系统的发展[J]. 声学技术, 2011, 30（3）: 324–326.

[119] 王军成. 国内外海洋资料浮标技术现状与发展[J]. 海洋技术, 1998, 17（1）: 9 – 15.

[120] 王亚洲, 李忠君. SBF3－1型波浪浮标体结构设计[J].山东科学, 2006, 19 (5)：51－53.

[121] 王波, 李民, 刘世萱, 陈世哲, 朱庆林, 王红光. 海洋资料浮标观测技术应用现状及发展趋势[J]. 仪器仪表学报, 2014, 35(11)：2401－2406.

[122] 王军成. 国内外海洋资料浮标技术现状与发展[J]. 海洋技术, 1998, 17(1)：9－15.

[123] 王甫红, 张小红, 黄劲松. GPS单点测速的误差分析及精度评价[J]. 武汉大学学报: 信息科学版, 2007, 32(6)：515－519.

[124] 王金平. SZF型波浪浮标数据采集系统及数据处理软件设计[D]. 青岛: 中国海洋大学, 2008.

[125] 王军成, 候广利, 刘岩, 等. 船基激光法波浪测量仪器的研究[J]. 海洋技术, 2004, 23(4)：14－17.

[126] 王喜凤. 基于卫星高度计资料的海浪周期反演研究[D]. 青岛: 中国海洋大学, 2006.

[127] 王淑娟, 王剑, 刘永玲, 等. 利用X波段雷达图像估计有效波高[J]. 海洋湖沼通报, 2009: 185－190.

[128] 王斌. 由卫星测高资料确定海洋潮汐模型的研究[D]. 武汉: 武汉大学, 2003.

[129] 汪小勇. 908专项我国近海海洋光学调查与研究[J]. 海洋开发与管理, 2010 (6)：46－47.

[130] 温孝胜. 海洋地质学的发展现状与未来展望. 海洋通报, 2000, 19(4)：67－70.

[131] 夏综万, 郭炳火. 山东半岛和辽东半岛顶端附近水域的冷水现象及上升流. 黄渤海海洋, 1981, 1(1)：13－19.

[132] 许占堂, 杨跃忠, 孙兆华, 等. 海洋光学浮标实时图像监测系统的设计与实现[J]. 光学技术, 2008, 34(S)：157－159.

[133] 徐莹. HY–2卫星高度计有效波高反演算法研究[D]. 青岛: 中国海洋大学, 2014.

[134] 徐明, 朱庆春. 风向风速测量仪设计[J]. 气象水文海洋仪器, 2008, 4: 5－10.

[135] 徐钢, 王颖, 朱大奎. 长江口海面上升量分析[J]. 南京大学学报(自然科学), 1998, 34(3)：273－276.

[136] 徐超, 李海森, 陈宝伟, 周天. 多波束相干海底成像技术[J]. 哈尔滨工程大学学报, 2013, 34(9)：1159－1164.

[137] 杨劲松, 黄韦艮, 周长宝. 星载SAR海浪遥感中波向确定的一种新方法[J]. 遥感学报, 2002, 6(2)：113－116.

[138] 万凯. 卫星SAR图像的海洋大气边界层特征参数的反演[J]. 海洋科学进展, 2005, 23(3)：320－327.

374

[139] 伍荣生. 大气动力学[M]. 北京: 高等教育出版社, 2002.

[140] 杨云, 丁蕾, 权继梅. 直接辐射表校准结果的不确定度分析[J]. 气象水文海洋仪器, 2011(4): 1 – 5.

[141] 严金辉, 李锐祥, 侍茂崇, 葛人峰, 孙永明. 2011年1月普里兹湾埃默里冰架附近水文特征[J]. 极地研究, 2012, 24(2): 101 – 109.

[142] 严金辉. 粤西长期海流观测揭示的低频流特征及其动力机制分析[D]. 青岛: 中国海洋大学, 2005.

[143] 姚春华, 陈卫标, 臧华国, 等. 机载激光测深系统中的精确海表测量[J]. 红外与激光工程, 2003, 32(4): 351 – 376.

[144] 阮海林, 杨燕明, 李燕初, 陈海颖, 台湾岛周边海域16a来海平面变化研究[J]. 热带海洋, 2010, 29(3): 395 – 401.

[145] 元萍. 一种船用波浪测量仪的设计[J]. 山东科技, 2010, 23(1): 51 – 55.

[146] 游大为, 汤超莲, 陈特固, 等. 近百年广东沿海海平面变化趋势[J]. 热带地理, 2012, 32(1): 1 – 5.

[147] 左其华. 现场波浪观测技术发展和应用[J]. 海洋工程, 2008, 26(2): 124 – 139.

[148] 杨明华, 陈祥光. 大型浮标在海洋导航中的应用[J]. 海洋通报, 1988, 7(4): 85 – 90.

[149] 杨跃忠, 孙兆华, 曹文熙, 等. 海洋光学浮标的设计及应用试验[J]. 光谱学与光谱分析, 2009, 29(2): 565 – 569.

[150] 杨大丽. 传感器技术的应用与发展趋势分析[J]. 科技信息, 2007(4)

[151] 颜宏. 二十一世纪气象预报系统展望[N]. 中国气象报, 2000 – 03 – 20.

[152] 张育玮, 董东憬, 李汁军, 等. 利用GPS量测波浪研究[J]. 海洋工程, 2009, 27(4): 73 – 80.

[153] 张绪琴. 渤海、黄海和东海的水色分布和季节变化[J]. 黄渤海海洋, 1989, 7(4): 39 – 43.

[154] 张文祥, 杨世纶, 陈沈良. 一种新的潮滩高程观测方法[J]. 海岸工程, 2009, 28(4): 31 – 33.

[155] 张遒梁. 海洋重力仪的发展和现状[J]. 海洋科学, 2001, 25(9): 23 – 27.

[156] 张志. 浅谈海洋资料浮标观测的地位和发展[J]. 海洋技术, 1998, 17(2): 44 – 46.

[157] 张宝华, 赵梅. 海水声速测量方法及其应用[J]. 声学技术, 2013, 32(1): 24–28.

[158] 楮同金, 曹恒永, 王军成, 等. 中国海洋资料浮标[M]. 北京: 海洋出版社, 2001.

[159] 朱光文. 我国海洋探测技术五十年的回顾与展望(二)[J]. 海洋技术, 1999, 18

（3）: 1213.

[160] 赵建虎. 多波束深度及图像数据处理[M]. 武汉: 武汉大学出版社, 2008.

[161] 赵建虎, 张红梅. 高精度GPS 水准高程求解算法研究[J]. 测绘信息与工程, 2001，26（3）: 27 - 29，37.

[162] 赵保仁: 黄海潮生陆架锋的分布[J], 黄渤海海洋, 1987, 5（2）: 16 - 23.

[163] 赵保仁. 南黄海西部的陆架锋及冷水团锋区环流结构的初步研究[J]. 海洋与湖沼, 1987, 18（3）: 217 - 226.

[164] 赵勇, 廖延彪. 海水盐度和温度实时检测的新型光纤传感器研究[J]. 光学学报, 2002，22（10）: 1241 - 1244.

[165] 赵保仁, 胡敦欣, 熊庆成. 秋末南黄海透光度及其与环流关系[J]. 海洋科学集刊, 1986, （27）: 97 - 115.

[166] 赵建虎, 刘经南著. 多波束测深及图像数据处理[M]. 武汉: 武汉大学出版社. 2008.

[167] 朱兰部, 赵保仁. 渤、黄、东海透明度的分布与变化[J]. 海洋湖沼通报, 1991, 3: 1 - 5.

[168] 郑彦, 彭景吓, 吴芳, 王萍, 蔡宗群, 等. 中国海洋化学分析方法研究进展 2007（46）: 67 - 71.

[169] 郑东. 三次样条函数在海洋水文资料整理中的应用[J]. 青岛海洋大学学报, 1989, 4（1）: 343–349.

[170] 中国大百科全书——大气 海洋水文卷[M]. 北京: 中国大百科全书出版社, 1987.

[171] 中国科学院《中国自然地理》编委会. 中国自然地理—海洋地理[M]. 北京: 科学出版社（北京）, 1979, 91 - 115.

[172] JTJ/T 277–2006水运工程波浪观测和分析技术规程[S]. 北京: 人民交通出版社, 2006.

[173] 中华人民共和国交通部（主编单位: 交通部第一航务工程勘察设计院）. 1998: 中华人民共和国行业标准（JTJ213–98）海港水文规范[S]. 北京: 人民交通出版社.

[174] 中国气象局监测网络司. 常规高空气象探测规范[S]. 北京: 气象出版社, 2002: 10 - 12.

[175] 中国气象局监测网络司, 中国气象局大气探测技术中心.海洋气象浮标观测站功能需求书[S].北京: 气象出版社, 2008.

[176] Apel J R., J R .Holbrook, A K.Liu, J J.Tsai. The Sulu Sea Internal Soliton Experiment[J].J.Phys.Oceanogr., 1985, 15（12）, 1613 - 1624.

[177] Apel J R., J R .Holbrook, A K.Liu, J J.Tsai. The Sulu Sea Internal Soliton Experiment[J].J.Phys.Oceanogr., 1985, 15, 1625 - 1651.

[178] Brink KH. Coastal–trapped waves and wind–driven currents over the continental shelf[J]. Annu Rev Fluid Mech, 1991, 23: 389 – 412.

[179] Cheng X H, Qi Y Q. Trends of sea level variations in the South China Sea from merged altimetry data[J]. Global Planet Change.

[180] Gill, A.E Atmosphere– Ocean Dynamics[M]. Academic Press, 1982, New York, N.Y.662pp.

[181] Gao, G., C. Chen, J. Qi and R. C. Beardsley, An Unstructured–grid Finite-volume Sea Ice Model（UG–CICE）: Development, Validation and Applications[J].J. Geophys. Res., 2011, doi: 10.1029/2010JC006688.

[182] Gao Guoping（2011）, An Unstructured–grid Finite–Volume Arctic Ice–Ocean Coupled Model （AO–FVCOM）: Development, Validation and Applications[D]. PhD Dissertation, School of Marine Sciences, University of Massachusetts, 2011

[183] Ho C R, Zheng Q N, Soong Y S, et al. Seasonal variability of sea surface height in the South China Sea observed with TOPEX/Poseidon altimeter data[J]. J Geophys Res, 2000, 105（C6）: 13981 – 13990.

[184] Hsu M K, Liu A K, Liu C.Nonlinear internal wave in the south China Sea[J]. Canadian J.Rem.Sens.2000, 26（2）: 72 – 81.

[185] Igeta Y, Kitade Y, Matsuyama M. Characteristic of coatal–trapped waves induced by typhoon along the south east coast of Honshu, Japan[J]. Journal of Oceanography, 2007, 63: 745 – 760.

[186] Klymak J M, Robert Pinkel, Cho–Teng Liu, Antony K. Liu, Laura David. Prototypical solitons in the South China Sea[J]. Geophycal research Letters, 2006, Vol.33, L11607.

[187] Liu A K, Chang Y S, Hsu M K, Liang N K.Evolution of nonlinear internal wave in the East and South China Sea[J].J.Geophys.Res., Sea[J], J.Geophys.Res., 1998, 103: 7995–8008.

[188] Liu Q Y, Jia Y L, Wang X H, et al. On the annual cycle characteristics of the sea surface height in South China Sea[J]. Adv Atmos Sci, 2001, 18: 613 – 622.

[189] Martinez JA, Allen JS. A modeling study of coastal–trapped wave propagation in the gulf of California. Part Ⅰ: response to remote forcing[J]. Journal of Physical Oceanography, 2004, 34: 1313 – 1331.

[190] Martinez JA, Allen JS. A modeling study of coastal–trapped wave propagation in the gulf of California. Part Ⅱ: response to idealized forcing[J]. Journal of Physical Oceanography, 2004, 34: 1332 – 1349.

[191] Merrifield, M.A.. A comparison of long coastal–trapped wave theory with

remote storm generated wave events in the Gulf of California[J]. Journal of Physical Oceanography, 1992, 22: 5 – 18.

[192] Merrifiled MA, Yang L, Luther DS. Numerical simulation of a storm-generated island-trapped wave event at the Hawaiian Islands[J]. Journal of Geophysical Research , 2001, 107 (C10): 1 – 33.

[193] Shaw P, Chao S, Fu L. Sea surface height variations in the South China Sea from satellite altimetry[J]. Oceanol Acta, 1999, 22: 1 – 17.

[194] Thiebaut S, Vennell R. Observation of a fast shelf wave generation by a storm impacting Newfoundland using wavelet and cross-wavelet analyses[J]. Journal of Physical Oceanography, 2000, 40: 417 – 428.

[195] Thompson R O R Y. Low-pass filters to suppress inertial and tidal frequencies[J]. J P Oceanogr, 1983, 13 (6): 1077 – 1083.

[196] Thompson R O R Y. Low-pass filters to suppress inertial and tidal frequencies[J]. J P Oceanogr, 1983, 13 (6): 1077 – 1083.

[197] UCAR. TOGA COARE Intensive observing Period Operations Summary[J]. USA. 1993.06.

[198] Williams M J M, Grosfeld K, Warner R C, et al. Ocean circulation and ice-ocean interaction beneath the Amery Ice Shelf, Antarctic[J]. Journal of Geophysical Research, 2001, 106 (22): 383 – 399.

[199] Zamudio L, Hurlburt HE, Metzger EJ, Smedstad OM. On the evolution of coastally trapped waves generated by Hurricane Juliette along the Mexican West Coast[J]. Geophysical Research Letters, 2002, 29: 2141.

[200] Zamudio L, Metzger EJ, Hogan PJ. Gulf of California response to hurrican Juliette[J]. Ocean Modelling, 2010, 33: 20–32.

[201] Zheng Shaojun, Shi Jiuxin, Jiao Yutian, Ge Renfeng. Spatial distribution of Ice Shelf Water in front of the Amery Ice Shelf, Antarctica in summer[J]. Chinese Journal of Oceanology and Limnology, 2011 (6): 1325–1338.